装备科技译著出版基金　　天线前沿技术与应用丛书

立方星天线设计

CubeSat Antenna Design

［法］ 奈赛·查赫特（Nacer Chahat）　主编
　　谢拥军　杨放　叶鸣　　　　　译

国防工业出版社
·北京·

著作权合同登记　　图字:01-2023-0339 号

图书在版编目(CIP)数据

立方星天线设计/(法)奈赛·查赫特
(Nacer Chahat)主编;谢拥军,杨放,叶鸣译. —北京:
国防工业出版社,2024.6
书名原文:CubeSat Antenna Design
ISBN 978-7-118-13200-7

Ⅰ.①立… Ⅱ.①奈… ②谢… ③杨… ④叶… Ⅲ.
①人造卫星—卫星天线—天线设计　Ⅳ.①TN827

中国国家版本馆 CIP 数据核字(2024)第 110815 号

Cubesat Antenna Design edited by Nacer Chahat
ISBN 978-1-119-69258-4
Copyright © 2021 by John Wiley & Sons, Inc.

All rights reserved. This translation published under license. Authorized translation from the English language edition, Published by John Wiley & Sons. No part of this book may be reproduced in any form without the written permission of the original copyrights holder.

Copies of this book sold without a Wiley sticker on the cover are unauthorized and illegal.

本书中文简体中文字版专有翻译出版权由 John Wiley & Sons, Inc. 公司授予国防工业出版社出版社。未经许可,不得以任何手段和形式复制或抄袭本书内容。

本书封底贴有 Wiley 防伪标签,无标签者不得销售。

版权所有,侵权必究。

※

国防工业出版社出版

(北京市海淀区紫竹院南路 23 号　邮政编码 100048)
雅迪云印(天津)科技有限公司印刷
新华书店经售

*

开本 710×1000　1/16　插页 6　印张 16¼　字数 304 千字
2024 年 6 月第 1 版第 1 次印刷　印数 1—1600 册　定价 168.00 元

(本书如有印装错误,我社负责调换)

国防书店:(010)88540777　　书店传真:(010)88540776
发行业务:(010)88540717　　发行传真:(010)88540762

译者序

立方星是一种广泛应用于航天科学研究的微纳卫星，具有成本低、功能密度大、研制周期短、入轨快等优点，被 *Science* 杂志评为"2014 年全球十大科学突破"之一。通过组网，立方星可以实现对大气环境、海洋、航空飞行器等的监测，应用在空间无线通信、大气科学研究、空间成像等诸多领域。立方星天线的设计涵盖了 UHF 频段、X/Ka 波段等多个频段，包括低增益、中等增益、高增益等天线类型，涉及阵子天线、微带贴片天线、反射面天线等多种天线形式。立方星天线的设计既要考虑立方星体积小、天线容纳空间小的特点，又要考虑空间环境对天线的影响；既要考虑天线在空间飞行的电性能，又要考虑天线的力学性能。

本书主要介绍了作者在美国喷气推进实验室设计的立方星天线，详细介绍了天线的设计和实际应用。美国喷气推进实验室发起了一场立方星天线的革新研究，这些立方星使从低轨道到深空探测的一系列项目的实施成为可能。本书内容涉及多个频段、多种形式立方星天线的设计和应用，是目前国内外介绍立方星天线设计比较全面的书籍。其主要读者是航天、微波与天线设计领域的本科生、研究生、工程师和科研人员，该书的引进将为我国从事该领域研究开发的科研人员提供参考和帮助。

本书的翻译工作由西安建筑科技大学"雁塔学者"特聘教授、北京航空航天大学电子与信息学院谢拥军教授及西安建筑科技大学信息与控制工程学院杨放副教授、叶鸣教授共同完成。杨放完成了前言、作者简介及第 1~5 章的翻译，叶鸣完成了第 6~8 章的翻译，谢拥军对全书进行了统稿和审稿。西安建筑科技大学信息与控制工程学院电子信息专业的硕士生白永江、王雪儿、刘薇参与了全书内容的整理和校对。

本书获得装备科技译著出版基金的资助，在此表示感谢。

由于作者水平和知识范围有限，翻译不当之处在所难免，敬请广大读者指正并提出宝贵的意见和建议。

译者
2023.11

前 言

本书介绍了在喷气推进实验室设计的立方星天线,其目的是同全世界的大学生、研究生和工程师分享这方面的知识。喷气推进实验室发起了一轮立方星可展开天线的技术革新,使从低地球轨道到深空探测的一系列新任务的实现成为可能。

第 1 章简要介绍了立方星,对现有的立方星天线进行了详细介绍,并将立方星天线分为低增益、中等增益和高增益三类天线。根据立方星的需求和限制条件,重点介绍了高增益天线的选择。考虑到读者可能不熟悉航天器天线的设计,介绍了空间环境(如辐射、材料释气、温度变化、二次电子倍增击穿)对天线的影响,这些重要因素作为额外的约束条件决定了天线的设计。

第 2 章介绍了火星立方体 1 号(MarCO)任务的通信子系统,重点是天线的研制。首先,介绍了每种天线的需求并结合任务背景进行了解释,这有助于读者理解每种天线的选择过程。其次,介绍了四个 X 波段低增益贴片天线、一个 X 波段高增益反射阵列天线和一个 UHF 频段可展开圆极化环形天线。其中,反射阵列天线和 UHF 天线的性能已经进行了在轨验证。最后,介绍了天线在地面和空间所获得的详细性能。

第 3 章介绍了立方星雷达(雨立方,RainCube)的使能技术。从电气和机械的角度对 Ka 波段可展开网状反射器的设计步骤进行了详细阐述。通过学习本章的内容,读者将深刻理解天线的机械设计和电气设计是如何紧密关联的:一方面的设计可以增加或者减小另一方面设计的复杂性。本章还简要介绍了无线通信面临的挑战。

第 4 章介绍了与 6U 类立方星(OMERA)兼容的最大的反射阵列(米级反射阵列天线)的电气和机械设计。在介绍了可展开反射阵列的研究现状之后,详细介绍了可展开反射阵列的电气和机械设计。

第 5 章介绍了一种应用于深空任务的 X 波段和 Ka 波段无线通信的米级网状反射面天线。

第 6 章从电气和机械的角度,介绍了一种工作于 X 波段的充气天线及其在空间工作相关的所有挑战。

第 7 章介绍了一种新颖的、主要由金属制成的用于立方星的贴片阵列天线。该天线在 X 波段深空网络上行链路和下行链路中均具有超高的效率(大于

80%),同时能够承受高辐射水平和极端温度。

  第 8 章介绍了多个超表面天线的设计。虽然超表面天线尚未实现空间飞行,但是喷气推进实验室正在准备在未来空间任务中引入超表面天线的技术。本章介绍了超表面天线的优缺点,同时还详细介绍了一些超表面天线的创新性概念。

Nacer Chahat

加利福尼亚州

帕萨迪纳市

2019.1

作者简介

Nacer Chahat 博士(S'09 – M'12 – SM'15)2009 年获法国雷恩高等工程师学校电气工程硕士学位,并于 2009 年获法国雷恩第一大学电子通信研究所通信技术硕士学位,2012 年在该研究所获信号处理与电信科学博士学位。他是位于美国加利福尼亚州帕萨迪纳市的加州理工学院美国航空航天局(NASA)喷气推进实验室的一名天线与微波高级工程师。Nacer Chahat 博士从 2013 年开始在 NASA 喷气推进实验室任微波天线工程师,2018 年成为实验室最年轻的技术部门管理人员。

从入职喷气推进实验室,他已经参与了多个飞行项目,如 Mars Perseverance and Mars Ingenuity、SWOT、NiSAR、Europa Clipper、Psyche、MarCo、NeaScout、Lunar Flashlight、RainCube、LunaH – Map、Lunar Ice – Cube、BioSentinel 和 CUSP。

这里列举其几项主要贡献。他通过参与发明 Ka 波段可展开网状反射面天线,实现了首个立方星——雨立方(RainCube)有源雷达。这项专利技术从那时起获得许可,现今已得到了商业应用。他还参与发明了应用于首个星际立方星——火星立方体 1 号(MarCo)的标志性可展开反射阵列天线,实现了"洞察"(InSight)号在进入、下降和着陆过程中的实时中继通信。最近,他获得的全金属高增益天线技术的专利,使得从 Europa 着陆器任务的理念中获得直接到地球的通信信道成为可能,而这在之前是不可能实现的。在 Mars Perseverance and Mars Ingenuity 任务中,Nacer Chahat 作为主要参与人参与了通信子系统的产品交付,这项任务将尝试在火星上首次进行直升机飞行。2018—2020 年,他担任地表水和海洋地形(SWOT)任务高功率放大器的产品交付经理。从 2020 年 1 月开始,他成为 SWOT 任务有效载荷系统工程师的部门领导。

Nacer Chahat 博士已在期刊和会议上发表论文 100 余篇,撰写了 4 部著作,并拥有 5 项专利。其研究兴趣包括立方星和小卫星可展开天线、航天器通信天线、雷达、成像系统、超表面天线及超表面波束控制天线。

Nacer Chahat 博士是 2011 年度 CST 高校出版奖、2011 年度生物电磁学会最佳论文奖和 2012 年度 IEEE 天线和电波传播学会博士研究奖的获得者,还被雷恩一大基金授予雷恩大学优秀博士奖。2013 年,他获得了法国 EEA 俱乐部颁发的法国电气工程优秀博士论文奖。同年,他还获得了法国空客集团基金最佳论文奖。2015 年,因他早期职业生涯做出的重要科学贡献,获得了法国工程师和科学家早期职业生涯奖(Prix Bretagne Jeune Chercheur)。

2017年,Nacer Chahat 因在雨立方任务中关于 Ka 波段可展开网状反射面天线的论文获得 IEEE A. Schelkunoff 期刊论文奖。同年,他因"作为领导在快速航天器天线研制和电信系统工程中表现出卓越才能"而获得 NASA 喷气推进实验室颁发的 Lew Allen 杰出贡献奖。2018年,他获得工程师委员会授予的未来技术领军者奖以及美国政府和 NASA 联合颁发的 NASA 早期职业生涯成就奖章。

其他贡献者简介

Manan Arya 博士于2011年获多伦多大学工程科学学士学位,分别于2012年和2016年获加州理工学院博士学位和空间工程硕士学位。其研究兴趣包括可展开航天器结构设计和超轻超薄复合材料。2016年,他加入喷气推进实验室,支持遮星板技术研发并参与了小卫星可展开射频天线反射器的研制。

Alessandra Babuscia 博士于米兰理工大学获得理学学士学位和硕士学位,并于2012年获得麻省理工学院(MIT)博士学位。她目前是 NASA 喷气推进实验室飞行通信部的一名电信工程师。她是立方星项目充气天线的首席研究员,也是 Mars2002 和 Europa Lander 任务的通信系统工程师,还是 ASTERIA、LunaH-Map、RainCube 等任务的主要通信工程师,喷气推进实验室 TeamXc 首席通信工程师,并参与了多项立方星任务的设计理念和设计提案。她目前的研究兴趣包括通信架构设计、统计风险估计、充气天线、小卫星和立方星通信系统设计。

Goutam Chattopadhyay 博士是加州理工学院 NASA 喷气推进实验室高级研究员,美国帕萨迪纳加州理工学院物理、数学和天文学部客座教授。他于2000年获得美国加州理工学院电气工程博士学位,是美国电气电子工程师学会(IEEE)和印度电子和通信工程师学会(IETE)会士、IEEE 杰出讲师。其研究兴趣包括微波毫米波及太赫兹接收机系统和雷达、太赫兹纳米技术的应用。他已在国际期刊和会议发表论文300余篇,拥有15项以上专利,获得35项以上 NASA 技术成就和新技术发明奖,2018年获得 IEEE 区域6工程年度奖,2017年获得印度工程科学技术学院杰出校友奖,2013年获得 IEEE 太赫兹科学与技术汇刊(IEEE Transactions on Terahertz Science and Technology)最佳论文奖,2017年获得欧洲天线与电波传播会议天线设计与应用最佳论文奖,2014年获得 IETE S. N. Mitra 教授纪念奖。

Tom Cwik 博士在 NASA 喷气推进实验室领导空间技术和海洋探索技术的研发,他以前是空气推进实验室副首席技术员。他于伊利诺伊大学厄巴纳—香槟分校获得电气工程学士、硕士和博士学位,1988年加入喷气推进实验室,参与了一系列先进工程和项目活动,包括天线设计、仪器研制、仪器和电磁系统高保真度建模的高性能计算等。他以前的职位是喷气推进实验室地球科学仪器与技术办公室领导。他领导了测量海洋表面含盐量的地球观测任务 Aquarius/SAC-D NASA Earth System Pathfinder 的提案开发。他指导了喷气推进实验室高性能计算小组,并且在一系列的任务和项目中担任工程职位,如 Cassini Mission、the Deep Space Network、空军特别项目办公室的一项长期的资助,该资助开创了计算电磁学和设计中大规模并行计算的领域。Tom Cwik 是 IEEE 会士、AIAA 副会士、喷气推进实验室的一名主要成员,是华盛顿州西雅图市华盛顿大学电气工程系兼职教授。他曾获得伊利诺伊大学厄巴纳—香槟分校电气和计算机工程系 2012 年度杰出校友荣誉。他已经撰写了 8 部著作、30 余篇同行评议期刊论文,拥有两项美国专利。他还从事产业咨询,已成为很多领域新创公司的合伙人。

Emmanuel Decrossas 博士分别于 2004 年和 2006 年在法国巴黎第六大学获得材料科学和电气工程荣誉学士与硕士学位,2012 年获得美国阿肯色大学费耶特维尔分校电气工程博士学位。作为作者和共同作者,他已经发表期刊和会议论文及邀请报告 40 余篇,撰写 1 部著作,拥有 5 项以上专利。2012 年,Emmanuel Decrossas 获得 NASA 博士后奖学金,该奖学金根据研究的科学价值、2012 年度的学术及研究表现,每年在全世界范围内仅授予 60 名博士后。虽然从 2015 年才开始加入喷气推进实验室,但是他已经为火星立方体 1 号(MarCO)、Sentinel-6(ex JASON-CS)和冷原子实验室(CAL)交付了大量的飞行硬件。目前,他正致力于 SWOT Karin 仪器(峰值功率 2000 W)高功率馈源吸收器盖和 EUROPA REASON 雷达探测仪器天线的研制。Decrossas 博士是 IEEE 电气工程荣誉协会(ETA Kappa Nu)的会员。2017 年,他因使飞行任务成功完成的创新性天线的研制而获得了 Charles Elachi 早期职业生涯杰出成就奖。2018 年,Decrossas 博士获得了著名的 NASA 早期职业生涯奖章,以表彰其早期职业生涯中研制创新性航天器天线所取得的成就,这些成就使支撑 NASA 研究任务的新型空间仪器和电信系统成为可能。

Gregg Freebury 于 1985 年获斯坦福大学航空航天工程硕士学位。他是 Tendeg 公司的创始人和总裁,有 30 多年的航空航天、卫星和飞行设计、分析和测试经验。在创立 Tendeg 公司之前,他已经在 Northrop 任高级工程技术员职位并在空间可展开领域从事了 20 多年的技术咨询工作。他已经设计研制了大量的商业产品,并获得了 6 项关于空间可展开结构的专利。

M. Michael Kobayashi 于 2006 年获加利福尼亚大学尔湾分校电气工程学士学位,2007 年在该校获电气与计算机工程硕士学位,同年作为射频微波工程师加入喷气推进实验室。他已经参与了多项微波飞行硬件研制,如应用于 Curiosity Mars Rover 终端降落传感器的 Ka 波段上行/下行转换器和应用于 Soil

Moisture Active Passive 任务的 550W L 波段发射机。他目前的研究工作主要是关于星载软件无线电和应答器的研制，包括 Iris 深空应答器、通用空间应答器、应用于 NASA/ISRO SAR(NiSAR) 的高速率 Ka 波段调制器。他已经参与多项喷气推进实验室立方星项目的电信和无线电部分的研制，如 INSPIRE、MarCo、EM-1 等立方星项目。目前，他是 NiSAR 项目的有效载荷系统工程师，该项目致力于研制用于下载近地轨道获得的 26Tb/天的科学和工程数据的 Ka 波段高速通信系统。

David González-Ovejero 博士 1982 年出生于西班牙甘迪亚，2005 年获西班牙瓦伦西亚理工大学电信工程学位，2012 年获比利时法语天主教鲁汶大学电气工程博士学位。2006—2007 年，他在瓦伦西亚理工大学任研究助理。2007—2012 年，他在天主教鲁汶大学任研究助理。2012—2014 年，他在意大利锡耶纳大学任研究助理。2014 年，他加入了美国加州理工学院喷气推进实验室，作为玛丽居里博士后人员一直到 2016 年。之后，他成为法国国家科研中心的一名科研人员，该研究中心位于法国雷恩的电子通信研究所。David González-Ovejero 博士是 2013 年欧洲委员会玛丽居里国际友好奖学金获得者，也是 2016 年 IEEE 天线和电波传播学会 Sergei A. Schelkunoff 期刊论文奖和 2017 年第 11 届欧洲天线和电波传播会议天线设计和应用最佳论文奖的获得者。

Jonathan Sauder 博士于 2009 年获布拉德利大学机械工程学士学位，2011 年获南加州大学产品开发工程硕士学位，2013 年获南加州大学机械工程博士学位。在加入喷气推进实验室之前，他分别在 Mattel、Microsoft、Monsanto 等公司和科技初创企业从事研发工作。2014 年，他作为技术人员加入喷气推进实验室。Jonathan Sauder 博士目前是喷气推进实验室技术融入团队高级机械电子工程师，该团队致力于寻求跨越技术成熟度"死亡之谷"的革新理念。他是阶段 I 和阶段 II NIAC 研究项目"极端环境下自动化漫游车"的主要研发者，几种待授权专利的可展开天线的发明者，几项可展开天线研究项目的主要研究者。他是雨立方(RainCube)航天器机械工程的领队，负责融入新的天线技术，使之实现从原型到空间飞行。同时，他还是 NASA 工程和安全中心机械系统技术决策团队的一名成员，而且在南加州大学讲授高级机械设计课程。

Mark Thomson 是空间大型精密可展开结构领域的一名发明人员和技术研发主要成员。他作为喷气推进实验室部门 35 仪器和小型航天器机械工程分部的总工程师，从 2006 年起作为飞行任务构思、研发和实施过程中可展开结构课题的专家，在实验室开展咨询工作。喷气推进实验室的项目包括应用于 SMAP、SWOT、NiSAR、Europa 和大量的立方星(包括雨立方)的主雷达和辐射计天线。他目前正在研发应用于系外类地行星成像的直径 40m 传统光学遮星板。Thomson 还花费了大量时间指导喷气推进实验室的下一代机械工程师在大结构和空间机械系统的低成本快速成型方面的研究。1988—2006年,在诺斯罗普·格鲁曼航空航天系统中,Thomson发明并研制了Astromesh型天线,其中10副天线已经实现了飞行、展开和在轨工作,天线口径可达12m。在诺斯罗普·格鲁曼航空航天系统中,他还研制了展开James Webb太空望远镜遮阳板和RadarSat 15m L波段合成孔径雷达可展开天线的伸缩臂。Thomson于1981年获得南加州大学机械工程学士学位,并辅修建筑设计。

Okan Yurduseven博士分别于2009年和2011年获土耳其伊斯坦布尔伊尔迪兹工业大学电气工程学士和硕士学位,2014年获英国纽卡斯尔诺森比亚大学电气工程博士学位。他目前是英国贝尔法斯特女王大学电子电气工程和计算机科学学院电子通信与信息技术研究所无线创新中心的高级讲师(副教授),同时还是美国杜克大学兼职助理教授。2018—2019年,他是加州理工学院NASA喷气推进实验室博士后。2014—2018年,他是杜克大学电气与计算机工程系博士后研究员,与美国国土安全局开展合作研究。他的研究兴趣包括微波毫米波成像、多输入多输出(MIMO)雷达、无线能量传输、天线与电波传播、天线测量技术和超材料。他已经发表了100余篇同行评议的技术期刊和会议论文,组织和主持了很多国际论坛和会议的分会场,包括IEEE国际天线和电波传播论坛和欧洲天线与电波传播会议。Okan Yurduseven博士是2013年伦敦英国-土耳其学者协会杰出学者奖获得者,还获得了2012年地中海微波论坛最佳论文奖及英国工程技术学会的旅行奖。2017年,他获得了高校空间研究协会与NASA签约管理的NASA博士后项目奖学金。2017年,他获得了杜克大学杰出博士后奖和博士后职业发展奖。他是美国电气电子工程师学会高级会员,欧洲天线与电波传播学会会员。

Min Zhou博士1984年出生于中国北京,2009年获得丹麦灵比丹麦科技大学电气工程硕士学位,2013年获该校博士学位。2007年秋,他在美国伊利诺伊大学厄巴纳-香槟分校学习了5个月。从2009年开始,他在丹麦哥本哈根TICRA公司工作,从事计算技术和空间天线的研究和开发,以及TICRA公司的软件包开发。其研究兴趣包括计算电磁学、天线理论、准周期表面(如反射阵列和频率选择表面)的分析和设计技术。2013年,Min Zhou博士因在反射阵列的博士研究工作获得丹麦科技大学青年学者奖,他也是2015年第36届欧洲航天局天线研讨会空间科学天线和射频系统最佳创新论文奖的获得者。

目 录

第1章 概 述 ·· 001
 1.1 立方星介绍 ·· 001
  1.1.1 引言 ··· 001
  1.1.2 形状因子 ··· 003
  1.1.3 立方星子系统简介 ·· 004
  1.1.4 立方星天线 ·· 009
  1.1.5 空间环境对天线的影响 ····································· 021
 1.2 小结 ·· 024
 参考文献 ·· 024

第2章 火星立方体1号 ··· 028
 2.1 任务简介 ·· 028
 2.2 Iris 无线电设备 ·· 030
 2.3 X 波段子系统 ··· 034
  2.3.1 频率分配 ·· 034
  2.3.2 应用低增益天线的近地通信 ······························· 034
  2.3.3 火星与地球的通信 ·· 038
 2.4 进入、下降和着陆 UHF 链路 ······································· 053
  2.4.1 UHF 可展开立方星天线的研究现状 ··················· 055
  2.4.2 圆极化环形天线的概念 ····································· 057
  2.4.3 机械结构和展开方案 ··· 060
  2.4.4 仿真和测试 ·· 063
  2.4.5 飞行性能 ·· 066
 2.5 小结 ·· 068
 参考文献 ·· 069

第3章 立方星雷达：雨立方 ·· 073
 3.1 任务简介 ·· 073
 3.2 可展开高增益天线 ··· 075

XIII

3.2.1 研究现状 …… 075
3.2.2 抛物面反射器天线设计 …… 080
3.2.3 雨立方高增益天线 …… 082
3.2.4 机械展开 …… 097
3.2.5 空间环境设计和测试 …… 101
3.2.6 飞行性能 …… 104
3.3 通信挑战 …… 105
3.4 小结 …… 107
参考文献 …… 108

第4章 米级反射阵列天线 …… 111
4.1 引言 …… 111
4.2 反射阵列天线 …… 113
4.2.1 反射阵列简介 …… 113
4.2.2 反射阵列的优点 …… 113
4.2.3 反射阵列的缺点 …… 113
4.2.4 研究现状 …… 113
4.3 米级反射阵列天线 …… 116
4.3.1 天线简介 …… 116
4.3.2 可展开馈源 …… 117
4.3.3 反射阵列设计 …… 119
4.3.4 展开精度 …… 121
4.3.5 支柱的影响 …… 124
4.3.6 预估的增益和效率 …… 125
4.3.7 原型和测量 …… 126
4.4 小结 …… 128
参考文献 …… 128

第5章 12U类立方星 X/Ka 波段米级网状反射面天线 …… 130
5.1 引言 …… 130
5.2 机械设计 …… 133
5.2.1 优化设计 …… 133
5.2.2 反射器结构设计 …… 134
5.2.3 展开 …… 138
5.3 X/Ka 波段射频设计 …… 140

  5.3.1　天线结构和仿真模型 ························ 140
  5.3.2　X波段馈源和网状反射面天线 ················ 142
  5.3.3　Ka波段网状反射面天线 ····················· 148
  5.3.4　X/Ka波段网状反射面天线 ··················· 152
 5.4　小结 ··· 152
 参考文献 ·· 153

第6章　立方星充气天线 155
 6.1　引言 ··· 155
 6.2　充气高增益天线 ···································· 157
  6.2.1　研究现状 ··································· 157
  6.2.2　X波段充气天线设计 ························· 163
  6.2.3　结构设计 ··································· 170
  6.2.4　充气和在轨硬化 ····························· 173
 6.3　航天器设计的挑战 ·································· 178
 6.4　小结 ··· 180
 参考文献 ·· 180

第7章　高口径效率全金属贴片阵列天线 182
 7.1　引言 ··· 182
 7.2　研究现状 ··· 184
 7.3　双频段圆极化8×8贴片阵列天线 ···················· 187
  7.3.1　天线需求 ··································· 187
  7.3.2　单元优化 ··································· 187
  7.3.3　8×8贴片阵列天线 ··························· 190
  7.3.4　与现有研究比较 ····························· 194
  7.3.5　其他阵列结构 ······························· 195
 7.4　小结 ··· 196
 参考文献 ·· 196

第8章　小卫星超表面天线 198
 8.1　引言 ··· 198
 8.2　调制超表面天线 ···································· 199
  8.2.1　研究现状 ··································· 199
  8.2.2　调制超表面天线设计 ························· 203
  8.2.3　300GHz硅微加工超表面天线 ·················· 209

8.2.4　Ka 波段全金属无线通信天线 …………………………… 216
8.3　应用全息超表面天线的波束综合 ……………………………………… 224
　　　8.3.1　简介 ………………………………………………………… 224
　　　8.3.2　全息超表面天线案例 ………………………………………… 226
　　　8.3.3　W 波段波束控制枕形盒超表面天线 ………………………… 229
　　　8.3.4　关于有源波束控制天线 ……………………………………… 236
8.4　小结 ……………………………………………………………………… 239
参考文献 ………………………………………………………………………… 239

第1章 概　述

Nacer Chahat
NASA 喷气推进实验室/美国加利福尼亚州帕萨迪纳市加州理工学院

1.1　立方星介绍

1.1.1　引言

得益于大型航天器(如 Voyager、Galileo 和 Cassini 等)应用于空间观测的技术革命,人们对宇宙、太阳系和地球的认识已经发生了翻天覆地的变化。虽然这些空间任务所取得的科学成就目前不是小卫星所能企及的,但是小的平台能以快速和更廉价的方式有针对性地解决一些科学问题。

雨立方(RainCube)雷达[1]和火星立方体1号(Mars Cube One,MarCo)[2]成功开启了立方星的新时代。RainCube 是第一个立方星有源雷达,其成功证明了有源降水雷达可以安装在 6U 外形尺寸的立方星上并收集有价值的大气信息。2018 年 7 月 13 日,RainCube 立方星在国际空间站(ISS)外从 NanoRacks 展开器得到释放。RainCube 所取得成就的一个例子就是它成功观测到了台风"潭美"(Trami)。美国国家航空航天局(NASA)的另一颗立方星 Tempest – D 在 5min 内也观测到了"潭美"。叠加在 Tempest – D 的 165GHz 亮温图上的 RainCube 立方星天底 Ka 波段反射率如图 1.1 所示。说明这些小卫星可以通过发射组成星座获得前所未有的满足观测天气演变所需的时间分辨率(min 级)。RainCube 立方星的后续任务是计划通过发射 12U 立方星组成星座,容纳更大尺寸的可展开天线,以实现具有更高分辨率的小的雷达覆盖区域。

2018 年,在"洞察"(InSight)号火星着陆器的发射中,包括了两个 6U 双子立方星,称为 MarCO 立方星。这两个立方星在着陆器的进入、下降和着陆(EDL)过程中成功提供了实时的中继通信。这也是第一个旅行到另一个行星(火星)和实现深空探测的立方星。得益于这两个功能强大但是体积很小的航

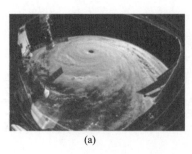 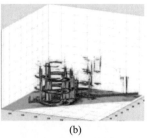

图 1.1 （a）国际空间站拍摄的台风"潭美"图片 （b）叠加在 Tempest – D 的 165GHz 台风"潭美"的亮温图上的 RainCube 天底 Ka 波段反射率

天器,全世界数百万人目睹了 InSight 号的成功着陆(图 1.2)。实际上,InSight 号拍摄的第一幅火星着陆点的图片是通过 MarCO 立方星从火星表面实时传送到地球的。假如没有 MarCO 立方星,这张图片和火星着陆器进入、下降和着陆的现场实时报道是不可能实现的,其数据的重建将会延迟 2~3h。

图 1.2 InSight 成功着陆后拍摄的着陆点的图片(由 MarCO – A 和 MarCO – B 传输,比火星勘测轨道器早 3h,图片由 NASA 提供)

MarCO 立方星和 RainCube 立方星的成功为未来应用于地球科学和深空探测的小型航天器的发展铺平了道路,这些小型航天器将使星际空间科学和高性能地球科学的研究成本更低且易于实现。

2021 年,将发射 13 颗立方星作为 Exploration 任务 1 号试飞的次级有效载荷,Lunar Flashlight[3] 和 Near – Earth Asteroid Scout(NeaScout)[4] 就是这些任务中的两个例子,它们主要采用商业化的零部件。Lunar Flashlight 应用反射的太阳光来推算在永久背光的月球极地陨石坑的表面是否存在水或者冰,它使用四波段光谱仪观测反射光来探测暴露的水或冰。NeaScout 将完成一颗小行星的勘测,它使用大尺寸的太阳光帆驱动,将对小行星的星历、形状、旋转状态、光谱类型、局部尘埃和废墟、区域地貌和风化层特征进行准确的测量。这些都属于科学探索推动的空间任务,应用了和 MarCO 大致相同的通信能力(图 1.3)。

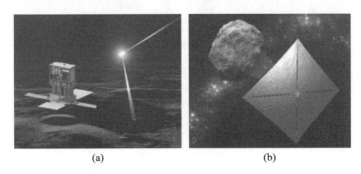

图 1.3 (a) Lunar Flash[3] 应用反射的太阳光来推算在永久背光的月球极地陨石坑的表面是否存在水或者冰;(b) NEA Scout[4] 飞行中邂逅小行星,率先对小行星及其环境进行特写观察,为人类探索此类目标铺平了道路

1.1.2 形状因子

小卫星的质量为 0.1~500kg,包括微卫星(10~100kg)、纳卫星(1~10kg)和皮卫星(0.1~1kg)。立方星属于纳卫星,标准立方星是由 10cm×10cm×11.35cm 的单元组成的,每个单元的可用尺寸是 10cm×10cm×10cm,质量不超过 1.33kg。立方星可以有不同的外形尺寸,从 1U 到 12U,如图 1.4 所示。

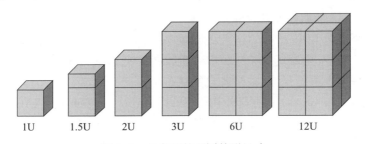

图 1.4 立方星的不同外形尺寸

本书介绍的大多数任务采用 6U 类立方星(尺寸为 10cm×20cm×30cm 或 12cm×12cm×36cm)。为了扩展立方星的能力,未来的任务正在探索使用更大平台,如 12U(尺寸为 20cm×20cm×30cm,或 24cm×24cm×36cm)的可能性。图 1.5 是 NASA 的 3U 和 6U 立方星的例子。

图 1.5　3U 和 6U 立方星的例子
（a）ISARA(3U)；(b) RainCube(6U)。

1.1.3　立方星子系统简介

1. 姿态控制

立方星的飞行方向对其工作的很多方面都是至关重要的。例如，雷达仪器需要精确对准以进行准确测量就是立方星的姿态和指向在工作过程中需要精细控制的例子。

立方星的展开装置是典型的低成本弹射系统。如果非对称的展开力量使立方星翻滚，就需要对其进行姿态控制。

实现姿态测定和控制的系统包括反作用轮、磁力矩器、推进器、星体跟踪器、太阳传感器及全球定位系统(GPS)接收机。把这些方法结合起来使用可以充分发挥每种方法的优点，减少各自的缺点。

NeaScout 和 MarCO 立方星使用了 Blue Canyon Technologies XACT 姿态控制单元(图 1.6)，包括一个星体跟踪器、陀螺仪、太阳传感器和三轴反作用轮。星体跟踪器用来实现精准定向，太阳传感器用来实现粗略定向，陀螺仪用来感知旋转速度，三轴反作用轮用来调整指向。

2. 推进系统

推进系统对于立方星来说是"奢侈"的，因为立方星需要为科学仪器节省有限的空间和质量。立方星推进技术已经在冷气体推进、化学推进、电推进和太阳帆等方面取得了快速进展。推进系统可用于姿态控制或者轨道修正。

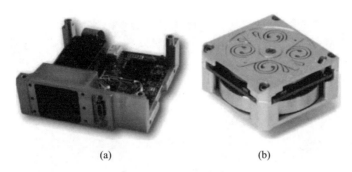

图 1.6 （a）太阳传感器；（b）三轴反作用轮（图片由 Blue Canyon Technologies 提供）

例如，MarCO 立方星使用带有 4 个反作用轮推进器和 2 个轴向推进器的冷气体推进系统，安装在 2U 体积里，提供标称 50mN 的推力和 755N·s 的总冲量。它使用 R-236FA 作为推进剂，这是一种地面上用在灭火器里的冷气体推进剂。推动力以压缩气体的方式存储。姿态控制单元控制实现反作用轮去饱和及轨道修正的推进器点火。为了安全起见，控制和数据处理子系统保持推进系统的功率控制。MarCO 立方星使用的推进单元如图 1.7 所示。

图 1.7　MarCO 立方星使用的推进单元（图片由 VACCO 提供）

NASA 正在研制中的 NeaScout 立方星，既使用冷气体反作用控制系统，又使用一个大的太阳帆（图 1.8）。太阳帆由超薄高反射率材料制成，当太阳光子轰击像镜子一样的表面时通过反弹传递其推进力。

图 1.8　完全展开的 NeaScout 立方星太阳帆(图片由 NASA 提供)

3. 能源

截至目前,立方星使用太阳能电池把太阳光能转化为电能存储在可充电的锂离子电池中,在行星日食时或太阳能板偏离太阳的工作过程中提供能量,以及在高峰负荷时间提供额外的能量。太阳能电池可以置于立方星公用平台上,也可以展开使用。一个专用的电能系统控制电池的充放电,并监视和管理电池的健康状态。未来立方星也可能使用其他的能源系统。

需要更高功率的任务可以应用姿态控制使太阳能板能够保持最有效地朝向太阳,可以通过增加展开的太阳能阵列并调整其指向来满足更多的能量需求,这意味着多个子系统之间的均衡。例如,通信天线的指向要求和对准太阳的最佳太阳能阵列存在矛盾,太阳能阵列和这个矛盾(优化)会随着立方星本身长期的轨道变化而变化。这是在项目早期系统工程均衡需要考虑的,因为它对多个子系统限定了严格的约束条件。

与 3U 和 6U 立方星兼容的可展开太阳能阵列有市售。例如,MarCO 立方星使用了两个太阳能阵列,共 42 个单元,这两个阵列采用双轴向排列,折叠放置在 1U×3U 的配载空间里,提供寿命初期 36W 功率(图 1.9)。

对飞行中的立方星的一项重要的要求是其次级有效载荷。在现有政策下,为了防止对发射载体和初级载荷产生电信号或者射频干扰,立方星的所有电子设备不能是有源的。带有可充电电池的立方星在发射过程中必须停止工作,或者在电池放电后发射。因此,需要一个发射前移除的销钉,在多皮星轨道部署器之外整合的过程中,使立方星停止工作。一旦立方星放入多皮星轨道部署器,就会移除销钉。

图 1.9　MarCO 立方星上的两个双轴向排列 36W 寿命初期功率可展开太阳能阵列,每个阵列包裹在 1U×3U 的配载空间上

4. 通信技术

低地球轨道任务和深空探测任务遇到的通信技术方面的难题是不相同的。在近地轨道任务中,地面天线的增益可以补偿有限的星载天线的增益和射频功率,立方星能够管理功率产生的限制和通过高功率器件周期工作的方式实现散热。大多数商业化的立方星无线电设备工作在 UHF 频段[5]或者 S 波段[5-6]。

大多数近地轨道立方星依靠 UHF 和/或 S 波段无线电设备接收指令,或者向地面站发射遥测数据。例如,RainCube 雷达使用的是 UHF 频段和 S 波段兼具的通信系统向地面传送数据(图 1.10)。

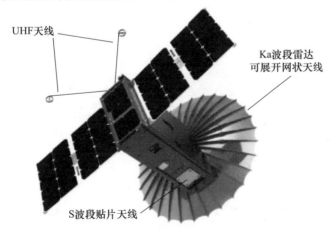

图 1.10　RainCube 近地轨道立方星使用 UHF 频段和 S 波段兼具的通信系统

只有少数 X 波段[7]和 Ka 波段[8]的无线电设备有售。Iris 无线电设备是唯一可以和 NASA 深空网络(deep space network,DSN)在 S 波段为指令、遥测和导航(测距和 delta-差分单程测距)提供互换性的立方星无线电设备。Iris 无线电设备是在 2018 年 5 月 5 日第一次随 MarCO 立方星一起发射到深空的,并在两个 MarCO 立方星上在 X 波段和 UHF 频段获得了成功验证。这个具有 5W 的 X 波段射频输出功率的 Iris 抗辐射软件无线电设备有 4 个接收端口和 4 个发射端口,以及 1 个外部的固态功率放大器和低噪声放大器。Iris 无线电设备的细节将在第 2 章涉及。

Artemis 立方星任务紧随 MarCO 立方星之后。大多数 Artemis 深空立方星在立方星的每面使用了两个 X 波段低增益贴片天线(发射天线 Tx 和接收天线 Rx)实现宽波束近地通信或者安全模式的通信,使用中等增益或高增益天线实现更远距离高速数据通信。图 1.11 是近地小行星侦察机(NeaScout)的实例。

使用这些低增益天线及 5W 固态功率放大器(SSPA)的立方星,当传输距离达到 0.15AU,偏离视轴 90°时,能够以 62.5kb/s 的速率向 70m DNS 地面站传输遥测数据。使用低增益发射天线的立方星 1AU 传输距离能够容忍的偏差是 ±1°,与 70m DNS 地面站以 62.5kb/s 的速率传输时断开链接的对准要求与传输距离之间的函数关系如图 1.12(b)所示。

立方星可以用低增益天线(7dBi 的贴片天线)以 62.5kb/s 的速率从 34m DNS 地面站接收指令,偏离视轴 90°时,最大传输距离是 0.338AU。在 1AU 的传输距离,航天器能容忍的偏差可达 ±62°(图 1.12(a))。应用 70m DNS,当传输距离达到 0.67AU,偏差是 ±90°时,上行链路会关闭。上行链路应用 70m DNS,以 62.5kb/s 速率传输能够容忍的偏差可达 ±80°。

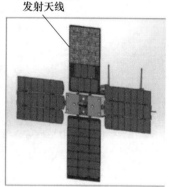

图 1.11 近地 Asteroid Scout(NeaScout)使用 4 个低增益天线和 1 个中等增益天线

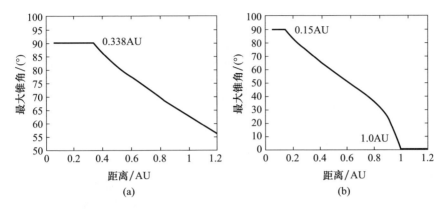

图1.12 以62.5kb/s速率传输时关闭链路的最大天线偏差
(a)34m DNS 地面站安全模式的上行链路；(b)70m DNS 地面站安全模式的下行链路。

1.1.4 立方星天线

对现有的立方星天线技术而言，可以将其分为低增益天线（增益<8dBi）、中等增益天线（增益<25dBi）和高增益天线（增益>25dBi）三种类型。本部分对不同类型的立方星天线进行概述。

1. 低增益天线

低增益天线主要用于不需要对准时接收数据或者发射遥测数据。当用于科学研究的载荷或者太阳能电池控制航天器的指向要求迫使通信天线偏离其指向时，低增益天线的宽波束特性就得到了应用。同样，在安全模式下，如果指向是未知的，低增益天线就能够实现低速率的通信链接。

在近地轨道，全向天线允许航天器与地面站随时保持联系，而不需要旋转或者重新对准航天器。近地轨道中通常使用的是 UHF 频段或者 S 波段低增益天线。在第 3 章将给出 RainCube 近地轨道任务的例子，其中 UHF 频段和 S 波段都用来向地面站传输科学数据。

1）偶极子天线

偶极子天线主要应用在 VHF 或者 UHF 频段。最常用的 UHF 立方星天线是商业化的可展开偶极子天线，它由 4 条长度 55cm 的带状弹性天线组成[9]（图1.13）。天线可以是不同的形状（单极子、偶极子、十字形）以获得线极化或者圆极化的全向方向图，增益约为0dBi，输出功率为2W。

2）贴片天线

空间通信通常采用圆极化是为了减小天线之间排列不一致带来的极化损失，大气层引起的去极化，以及大气条件引起的信号退化。

圆极化很容易用贴片天线实现。圆极化是通过激励两个正交的线极化来

图1.13　十字形 UHF 可展开偶极子天线（图片由 ISIS 提供）

实现的,这两个不同的模式必须功率相同,相位差为 90°。圆极化贴片天线设计技术的例子如图 1.14 所示。由于避免了馈电网络的设计,单馈电切角的贴片天线备受青睐。

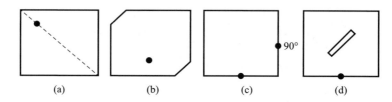

图1.14　圆极化贴片天线设计技术的例子
(a)对角线馈电近似方形贴片;(b)切角的贴片天线;(c)双馈电边缘馈电贴片;
(d)开细槽的方形贴片。

近地轨道立方星通常使用商业化的 S 波段圆极化贴片天线。图 1.15 中的天线设计工作在 2.4~2.5GHz 的 ISM 频段,传统的切角的微带贴片天线用来获得圆极化,其增益为 8.3dBic,半功率波瓣宽度为 71°。

现有的深空立方星都应用喷气推进实验室研制的 X 波段圆极化接收和发射贴片天线。例如,MarCO 立方星上搭载的 X 波段低增益天线如图 1.16 所示。它们由双馈电贴片边缘馈电的贴片天线组成,可以获得更大的带宽。这两个右旋圆极化(RHCP)贴片天线印刷在 RT Duroid 介质基板上(相对介电常数为 2.2,厚度为 0.787mm)。这些天线视轴方向增益大于 7dBic,在 ±90°方向上增益大于 −8dBic。虽然天线的设计相对简单,但是为了避免长时间温度变化引起脱层,铝板和介质的黏合过程至关重要,这个过程必须很好控制使之能够胜任空间飞行。关键的参数是环氧树脂板的选择、胶层厚度和表面准备处理。所有的飞行硬件都需要进行测试,以减小加工过程中可变因素带来的失败风险。

2. 中等增益天线

中等增益天线的增益范围为 12~25dBi,主要应用在深空立方星上,用较高的天线增益实现远距离和更高数据速率的通信。

图 1.15　S 波段低增益切角圆极化贴片阵列（图片由 EnduroSat 提供）

图 1.16　与深空网络兼容的 MarCO 立方星低增益圆极化贴片天线阵列
(a)X 波段低增益接收天线；(b)X 波段低增益发射天线。

如果贴片阵列能在分配的空间内不需要任何复杂的机械展开的情况下满足增益的要求，就非常适用于立方星天线。贴片阵列受立方星最大尺寸的限制，在 6U 类立方星上，8×8 的贴片阵列很容易安装在 19cm×19cm 的范围内。

如 NeaScout、Biosentinel、CuSP 等一些任务使用了只用于发射的 8×8 贴片阵列，提供 23.4dBic 以上的增益，实现了使用 34m DSN 天线传输距离 1AU、传输速率 1kb/s 或者使用 70m DSN 天线传输速率 4kb/s。为 NeaScout 研制的中等增益天线如图 1.17 所示。天线黏合在碳纤维制成的太阳能阵列固定装置上。为了适应 Rogers 5880(x 方向和 y 方向热膨胀系数分别是 $31\times10^{-6}/℃$ 和 $48\times10^{-6}/℃$）和碳纤维（热膨胀系数 $0\times10^{-6}/℃$）热膨胀系数的不匹配，我们研制了一种新的黏合工艺，天线能够耐受 $-55\sim110℃$ 的温度变化周期。

最近，我们研制了一种新型的应用于 Europa Lander[10]（见第 7 章）的全金属贴片阵列。8×8 贴片阵列可获得前所未有的高于 80% 的效率和 25.3dBic 的增益。另外，该天线既可以工作在上行链路频段，又可以工作在下行链路频段。与之前的阵列相比，天线的增益提高了 2dB，相当于数据传输速率可提高 1.6 倍。该天线的缺点之一是其质量增加，但是可以考虑使用公用平台作为其接地板。

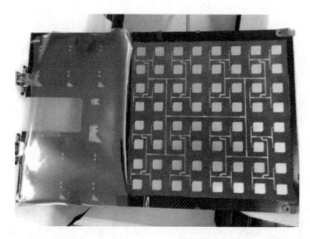

图 1.17 NeaScout 太阳能电池附近的 X 波段中等增益天线(8×8 贴片阵列安装在碳纤维可展开翼板上,同样的天线应用在其他深空任务(Biosentinel,CuSP)不同的位置)

表 1.1 总结了多个阵列结构的尺寸、增益和半功率波瓣宽度。

表 1.1 不同结构贴片阵列的性能

阵列	尺寸/(cm×cm)	增益/dBic	半功率波瓣宽度/(°)
2×2	4.8×4.8	13.2	39.5
2×4	4.8×9.5	16.2	39.5/19.4
4×4	9.5×9.5	17.0	19.4
8×4	19×9.5	20.0	9.5/19.4
8×8	19×19	23.4	9.5

第一个全金属超表面天线是使用金属增材技术[11]加工的(见第 8 章)。在下行链路 DSN 频段(只发射信号),天线工作在 Ka 波段。直径 10cm 的超表面天线获得了 26.1dBic 的增益。这样的天线可以印刷在公用平台表面,使用立方星最大的一侧作为辐射口径。其不足之处是全金属超表面天线的辐射效率仍比较低(小于 40%)。然而,最近的报道表明超表面天线可能获得高达 70% 的效率[12],这或许使它们成为 X 波段或者 Ka 波段只用于发射的中等增益天线的好的解决方案,尤其是它们可以通过设计获得任意的辐射方向图(定向、等通量等)。假设能够获得更高的效率,与贴片阵列类似,印刷在介质上的超表面天线也可以用作中等增益天线。

3. 高增益天线

1)选择标准指南

选择应用于深空通信或者遥感设备的高增益天线不易,而且对于任务的成功至关重要。图 1.18 给出了高增益立方星天线选择指南。

现有的立方星高增益天线技术很多,如贴片阵列[10]、可展开反射阵列[13-15]、网状反射面天线[16-18]、充气天线[19-21]和薄膜天线[22-23]。可应用于立方星潜在的新技术包括超表面天线[11-12]和缝隙阵列[24-25]。

天线的选择标准主要包括配载空间、工作频段、带宽和性能。

例1　如果某项任务需要 X 波段高增益天线,星上公用平台内没有配载空间,首选贴片阵列。如果立方星的最大面不能提供所需的增益(增益大于26dBic,见表1.1),则应选择可展开反射阵列。这就是第 2 章讨论的 MarCO 立方星的情况。

例2　如果要寻找 Ka 波段高效率天线(效率大于50%),有配载空间,可以选择可展开反射阵列或者网状反射面天线。然而,网状反射面天线效率更高,而且对温度变化更不敏感,因此选择网状反射面天线。这就是第 3 章讨论的 RainCube 的情况。

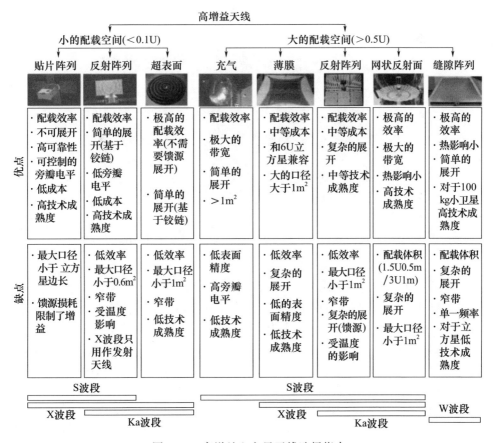

图1.18　高增益立方星天线选择指南

例3　对于需要23dBic的增益向34m DSN天线以1AU传输距离,以1kb/s的速率传输遥测数据的任务,对于6U类立方星,天线的选择更加果断。一个8×8的贴片阵列不需要任何展开就可以安装在立方星的一侧(图1.17)。这就是NeaScout的情况。

2)反射阵列

1996年,NASA喷气推进实验室的John Huang博士引入了应用平板组成的可展开反射阵列的理念,平板可以和反射阵列后面的太阳能电池结合起来[26-27]。这个理念利用了依靠弹簧铰链实现简单机械展开的平坦反射表面。他的这个理念在立方星集成太阳能阵列和反射阵列(Integrated Solar Array & Reflectarray Antenna,ISARA)[13]上第一次实施并得到了技术验证。ISARA是第一个空间反射阵列,其设计是为了实现工作在26GHz、增益33.0dBic的近地轨道通信天线,这意味着天线效率为26%。其效率低的原因:低效率的馈源、平板与大铰链的间隙引起了天线的旁瓣电平增加和增益下降。天线在轨道上成功展开,如图1.19所示。

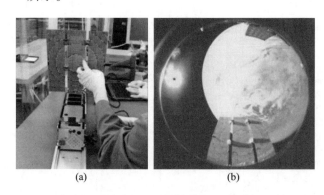

图1.19　(a)集成和测试中的NASA喷气推进实验室ISARA立方星;
(b)成功在轨展开的ISARA照片

此项工作扩展到了使用从6U立方星展开的反射阵列的X波段通信系统,该立方星和NASA InSight Mars着陆器任务一起发射,在任务的进入、下降和着陆阶段提供辅助通信[2,14]。这个只用于发射的反射阵列具有29.2dBic的增益(天线效率为42%),更高的效率可以通过移除平板之间的间隙,使用低轮廓的铰链,以及有效提高馈源效率获得。如果没有X波段可展开反射阵列,MarCO立方星接近实时的弯管通信(8kb/s)在火星距离(约1.56亿km)是不可能实现的,因为其固态功率放大器限制在5W[2,14]。对于MarCO立方星来说,高增益天线技术的选择是显而易见的,因为星内公用平台内的容量非常有限,采用非展开贴片阵列满足增益需求的天线口径不能实现。立方星接近火星时展开的天线的图片如图1.20所示。在InSight进入、下降和着陆的过程中,测量MarCO

立方星反射阵列的天线增益在 0.4dB 内变化,提供了无可挑剔的接近实时的新闻报道。关于此反射阵列设计的细节将在第 2 章给出。

图 1.20　(a) 集成和测试中的 NASA 喷气推进实验室 MarCO 立方星;
(b) MarCO 在深空飞向火星途中的图片[2]

为了实现更小的遥感覆盖范围,我们研制了一个与 6U 类立方星兼容的高度压缩的可展开反射阵列(图 1.21)[15],这是目前最大的 Ka 波段立方星天线。虽然该天线主要是为地球遥感设计的[15],但是它容易重新设计应用在 Ka 波段深空通信中。Ka 波段高增益反射阵列天线使用卡塞格伦光学结构安置一个展开机械装置,把反射阵列板和馈源组件配载在一个高度受限的空间体积里。尽管有着严格的机械方面的限制,但这个线极化天线在 35.75GHz 表现出良好的性能,增益为 47.4dBi[15]。关于该天线设计的更多细节在第 4 章中介绍。

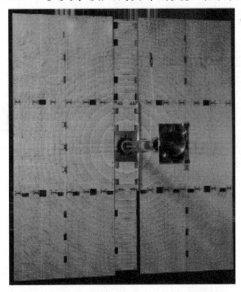

图 1.21　与 6U 类立方星兼容的米级反射阵列[15]

为米级反射阵列(OMERA)研制的可调节铰链允许在高达 Ka 波段的频率从公用平台的一侧准确展开 6 个平板。因此,容易把 MarCO 立方星天线的设计外推到更大的 X 波段天线。我们为 6U 类立方星设计了一个工作在 8.40 ~ 8.45GHz DSN 频段的 6 个平板可展开反射阵列(图 1.22)。天线在 X 波段的增益为 33.0dBic。与 MarCO 立方星天线类似,天线的馈源折叠紧靠在立方星的公用平台上,它是一个 2×2 的圆极化贴片阵列,插入损耗只有 0.4dB。

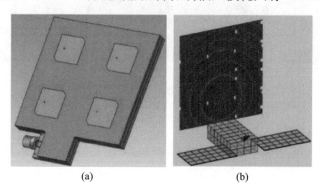

图 1.22　工作在 X 波段的深空立方星天线
(a)只用来发射的 X 波段馈源;(b)使用 Trica GRASP 和 QUPES 工具仿真的立方星公用平台上的 6 个平板可展开反射阵列

相同的 Ka 波段六反射板可展开阵列也可以设计成在 Ka 波段工作(图 1.23(a))。馈源是一个简单的 Ka 波段多张角喇叭,深空立方星 Ka 波段天线在 Ka 波段下行链路频段(31.8 ~ 32.3GHz)提供了 33dBic 的增益。

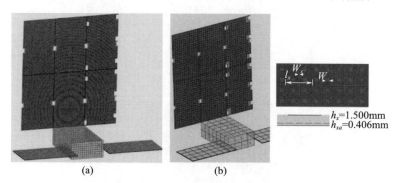

图 1.23　深空立方星天线,工作在
(a) Ka 波段　(b) X/Ka 波段

可以用两个并置的馈源把 X 波段和 Ka 波段工作合并起来。使用一个喇叭馈源和一个 X 波段 2×2 贴片阵列馈源,实现了工作在 X 波段和 Ka 波段的 6 个反射板的反射阵列天线。通过反射阵列本身设计调节天线的波束指向,使在两个频段天线具有相同的波束方向,航天器能够在 X 波段或者 Ka 波段通信而不需要调整其姿态。涵盖 X 波段和 Ka 波段的单元格如图 1.23(b)所示,其中方形贴片作为 Ka 波段的单元格,十字形双极子作为 X 波段单元格。反射阵列面板比较薄,同时能够支持所需要的带宽。十字形双极子是窄带的,因此对制造公差比较敏感。十字形双极子层厚度的选择要满足考虑了可以实现的制造公差的带宽要求。

表 1.2 比较了现有的可展开反射阵列天线的重要特性。

表 1.2 立方星可展开反射阵列的性能

名称	类型	口径尺寸/ (m×m)	频率/GHz	增益/ dBic	效率/ %	立方星 类型
IASAR[13]	反射阵列	0.33×0.27	26	33.0	26	3U
MarCO[14]	反射阵列	0.60×0.33	8.40~8.45	29.2	42	6U
OMERA[15]	反射阵列	1.05×0.91	35.75	47.4	32	6U
DSCX	反射阵列	0.60×0.67	8.40~8.45	33.0	50	6U
DSCKa	反射阵列	0.60×0.67	31.8~32.3	43.5	40	6U
DSCXKa	反射阵列	0.60×0.67	8.40~8.45	32	40	6U
			31.8~32.3	43.0	35	

注:效率定义为天线的可实现增益和方向性系数的比值。其中,方向性系数是 $10\lg(4\pi A/\lambda_0^2)$,$A$ 为天线的口径面积,λ_0 为自由空间的波长。天线效率定义了天线面积有效利用的程度。

3) 网状反射面天线

目前已经研制出了多种应用于立方星的可展开网状反射面天线,分别工作在 S 波段[28-29]、X 波段[18]或者 Ka 波段[16-17]。与 6U 类立方星兼容的 Ka 波段 0.5m 可展开网状反射面天线可应用于深空通信[17]和地球科学任务[16]。虽然天线安装在有限的 1.5U 的空间里(10cm×10cm×15cm),但是仍然实现了增益 42.4dBi 和效率 56%。该天线在 2018 年 7 月 28 日在近地轨道成功展开(图 1.24)。天线的射频设计和机械展开将在第 3 章详细介绍。

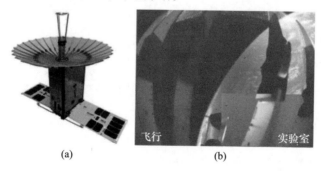

图 1.24 NASA 喷气推进实验室 RainCube 立方星上的 0.5m 网状反射面天线[16]
成功展开和在轨工作

与 12U 类立方星兼容的偏置网状反射面天线目前正在 Tendeg 公司进行研制[18]。偏置结构允许天线获得更高的效率(没有馈源遮挡)和更低的旁瓣电平,以及在其他频率和多频点重新设计。该天线设计应用在 X 波段和 Ka 波段深空通信中[30](图 1.25)。在 X 波段,在上行链路频段和下行链路频段分别获得了增益 36.1dBic 和 36.8dBic(效率分别约为 72% 和 62%);在 Ka 波段,在下行链路频段获得了增益 48.4dBic(效率约为 62%)。虽然天线的机械展开还在研制中,但结果是很有前景的。天线的机械和射频设计将在第 5 章详细讲述。

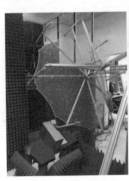

图 1.25 应用于 X、Ka、X/Ka 波段深空通信的米级可展开网状反射面天线[30]
(其机械展开参见文献[18])

表 1.3 总结了这两种网状反射面天线的性能。与反射阵列可展开天线(表 1.2)相比,以更大的配载空间和复杂性为代价,网状反射面天线获得了更高的效率。

表 1.3 立方星可展开网状反射面天线的性能

名称立方星	类型	口径尺寸/m	频率/GHz	增益/dBic	效率/%	立方星类型
KapDA[17]	网状反射面	0.5	32	42.0	57	6U
			34	42.4	55	
KaTENna[18,30]	网状反射面	1	8.4	36.8	62	12U
			36	48.4	62	

注:效率定义为天线的可实现增益和方向性系数的比值。其中,方向性系数是 $10\lg(4\pi A/\lambda_0^2)$,$A$ 为天线的口径面积,λ_0 为自由空间的波长。天线效率定义了天线面积有效利用的程度。

4)充气天线

充气天线已经在 S 波段[19]和 X 波段[20]深空通信中研制成功并进行了综合测试,另一个团队也已经在 W 波段开展了研究[21]。虽然球形的表面异常可以通过调整馈源位置[20-21]或者通过校准透镜[31]得到补偿,但在 S 波段以上的频率保持表面精度是不可能的。

5)薄膜天线

NASA 喷气推进实验室的 John Huang 博士[32-34]对小卫星薄膜天线进行了大量研究,因为薄膜天线允许以很高的配载效率实现大口径。薄膜天线可以是贴片阵列[32]或者反射阵列[33-34],是立方星的天然选择。最近报道了一种应用于 6U 类立方星的 S 波段大的贴片阵列天线[22](图 1.26),一个 1.53m² 的线极化贴片阵列在 2U 的配载空间展开。经过多次展开,测量得到天线的增益为 28.6dBi,意味着天线效率是 18%。

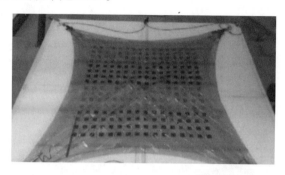

图 1.26 一次展开后的 S 波段 1.5m² 可展开薄膜天线

喷气推进实验室正在研制一种 X 波段反射阵列薄膜天线[23](图 1.27)。该天线在直径 20cm、高度 9cm 的小筒中展开成表面粗糙度为 0.5mm 的 1.5m² 的口径。使用位于其焦点的馈源喇叭时测得其增益为 39.6dBi。虽然天线尚未完成,但是天线获得的效率约为 40%(表 1.4)。馈源展开的不准确、馈源损耗和馈源遮挡会形成额外的损耗。

图 1.27 微波暗室中的 X 波段 1.5m² 口径可展开薄膜天线

表 1.4　可展开高增益立方星天线的性能

名称	类型	口径尺寸/ （m×m）	频率/GHz	增益/dBi	效率/%	立方星 类型
Membrance[22]①	薄膜	1.24×1.24	3.6	28.6	18	6U
LaDeR[23]①	薄膜	1.5×1.5	8.4	39.6	40	6U

注：①没有全部完成，缺少的单元会影响天线的增益和效率。

6）缝隙阵列

可展开缝隙阵列的概念是为 100kg 小卫星提出的[24]。它由折叠在航天器周围的 6 个可展开平板组成（图 1.28）。缝隙阵列是线极化或者圆极化单波段和窄带应用的好的解决方案。文献[24]介绍的理念可以在 Ka 波段及以上频段立方星上面实施。文献[25]提出了一种 S 波段缝隙阵列的研制，它能够产生全向、多波束及单向三个工作模式。

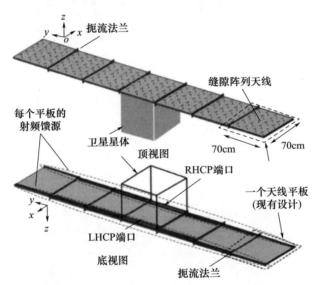

图 1.28　应用于小卫星的 X 波段可展开缝隙阵列（图片来源：Akbar 等[24]© IEEE）

7）超表面天线

超表面天线可能是高增益天线一种好的潜在的解决方案。超表面天线提供了展开大口径天线的能力，而不需要在离天线口径焦距的位置配置馈源。当天线口径增大时，这是最大的挑战[15,35]。可以使用与可展开反射阵列相似的展开方法。从 6U 到 12U 类立方星，可以实现的最大口径约为 $1m^2$，平板之间小的间隙影响仍然需要评估。如前所述，超表面天线是窄带天线，文献[36-37]报道了用同一个口径实现双频工作的方法。

第 8 章将通过多个例子详细介绍超表面天线的设计过程。

1.1.5 空间环境对天线的影响

在太空中使用天线时,与空间环境有关的影响因素分别是空间辐射、材料释气、温度变化和二次电子倍增击穿。

1. 空间辐射

空间辐射如 β、γ 和 X 射线在很多方面和核辐射相似,所以空间高能辐射是空间应用的一个至关重要的设计限制条件,设计航天器天线时选择材料是至关重要的。

经过长期或短时暴露在宇宙空间,宇宙辐射会破坏材料,改变材料电特性,如介电常数和损耗正切。在照射过程中,材料的介电常数和损耗因数会暂时增加,它们受树脂中电荷分布的影响,电荷分布随时间衰减,因此辐射的剂量率很重要。

宇宙辐射也会破坏材料的力学性能,这是因为大的聚合物分子分解成了小分子引起了分子重量的减少。分子重量下降的影响主要是在力学性能方面,材料的脆性会增加,抗拉强度、模数和延伸率会下降。

由于电介质的电导率很低,随着时间的推移,电子能够在其中聚集。如果过量的电荷在电介质中聚集,一旦电场强度超过了材料的击穿极限和电介质强度,就会出现电弧、放电等静电放电现象。值得一提的是,辐射造成的损坏在无氧自由环境(如太空)中是最小的。

立方星贴片天线使用的电介质大多数基于聚四氟乙烯(PTFE)复合物(Rogers 5880)。PTFE 的机械变化似乎取决于总辐射剂量而与剂量率无关。PTFE 受影响的程度本质上是其吸收的能量的函数,而不管是什么样的辐射。表 1.5 总结了辐射剂量和 PTFE 在空气和真空中的损坏程度之间的关系。

表 1.5 对 PTFE 材料造成损坏的辐射剂量   单位:rads

项目	空气中	真空中
阈值	$(2\sim7)\times10^4$	$(2\sim7)\times10^5$,或更大
50% 抗拉强度	10^6	10^6,或更大
40% 抗拉强度	10^7,或更大	8×10^8,或更大
保留 100% 延伸率	$(2\sim5)\times10^5$	$(2\sim5)\times10^6$

由于立方星意味着短周转期和较低成本,推荐使用已经经过测试的材料。

2. 材料释气

材料释气是滞留在材料中的气体的释放。释气引起材料在真空中,尤其是在高温条件下,以气体或者不稳定的可压缩物质的形式丢失其质量,从而会潜在影响材料的力学性能和电性能。

在空间设备中,释放的气体会浓缩在关键设备,如摄像机的镜头或者其他光学系统上,使之不能正常工作,因此必须进行严格的测试,选择具有最低释气特性的材料。

NASA 测试流程 SP-R-0022A 用来测试复合材料。ASTM International——业界评价很高的材料标准组织,已经研制了测试流程 ASTM E595-84[38] 来测量材料的关键参数,如总质量亏损和挥发物质冷凝量来评价不同材料在真空环境释气引起的质量变化。ASTM E595-84[38] 概述了一种评价测试样品在真空环境、温度为 125℃、持续 24h 质量变化的测试方法。NASA 可接受的总质量亏损值小于 1%,挥发物质冷凝量小于 0.1%。

释气测试并不是必须在深空的真空水平(典型值是 10^{-14} Torr①)下进行。根据 ASTM 进行总质量亏损和挥发物质冷凝量测试,在温度 125℃、持续 24h 测试真空水平要求小于 7×10^{-5} Torr。另一项测试,即水汽量,可以在这两项测试结束后进行。

表 1.6 总结了在我们的贴片天线(见第 2 章和第 7 章)所用的复合物的释气特性,航天器材料的更多释气数据可参见文献[39]。总的来说,在航天器中应该避免使用总质量亏损超过 1.0% 或者挥发物质冷凝量超过 0.1% 的材料。

表 1.6　Rogers 5880 和 Rogers 4003C 的释气测试结果

材料	Rogers 5880	Rogers 4003C
材料成分	带有玻璃微纤维的聚四氟乙烯	碳氢化合物陶瓷编织玻璃
标称介电常数	2.20	3.38
总质量亏损/%	0.03	0.06
挥发物质冷凝量/%	0	0
水汽量/%	0.02	0.02

3. 温度变化

在设计航天器天线时,应该考虑空间温度对天线电特性和物理特性的影响。由于太空是没有传导媒质的真空,在没有太阳光时物体的温度会非常低,有太阳光照射时温度会非常高。

材料的选择对于减小热膨胀系数的不匹配以及在很大的温度变化范围内电介质特性的变化至关重要。这些温度的变化会引起材料物理尺寸的变化,影响黏合层和材料的介电特性。

温度引起的物理尺寸的变化用材料的热膨胀系数来描述,分别用 x、y、z 三

---

① 1 Porr≈1.33×10^2 Pa。

个方向的 $10^{-6}/℃$ 来表示。例如，Rogers 4003C 在 x、y、z 三个方向上测量得到的热膨胀系数分别是 $11×10^{-6}/℃$、$14×10^{-6}/℃$ 和 $46×10^{-6}/℃$。铝和铝合金的热膨胀系数在 $19\sim25×10^{-6}/℃$ 之间变化。

黏合过程必须做好记录，仔细检查以避免在温度变化周期中脱层。长期以来，NASA 已经形成了一个特定材料黏合过程的记录清单。

介电常数的热系数也用 $10^{-6}/℃$ 来表示。例如，Rogers 4003C 的介电常数热系数为 $40×10^{-6}/℃$。

通常应用热膨胀系数的变化进行仿真以确保天线能正常工作，或者在设计天线时留出足够的温度保护（如更大的带宽）来减小温度变化引起的性能下降。

有时天线的性能参数可以在指定的可实现的温度范围内进行测量。例如，天线的反射系数随温度的变化可以在热室里进行测量。较少的时候，天线的方向图也可以在高温和低温条件下进行测量。

如果可展开天线尺寸足够小，那么可以在真空热室里高温和低温情况下展开，对 RainCube 天线就进行了这种测试（见第 3 章）。

4. 二次电子倍增击穿

航天器部件对微波击穿（二次电子倍增或电晕放电）方面的要求越来越严格，因为在遥感和通信中器件的功率普遍增大，而对于立方星来说这个问题没有那么严重。

在真空（或者近似真空）中被射频场加速的电子通过二次电子发射引起的电子雪崩能够自我维持时，就发生了二次电子倍增击穿。电子和表面的撞击取决于其能量和角度，能够往真空中释放一个或者更多的二次电子。这些电子被表面电场加速，与这个表面或者其他表面撞击。这种现象按照指数规律增长，引起射频器件和天线的潜在损坏或者最终毁坏。

这里需要指出二次电子倍增击穿的两个重要特征：一是击穿和所发生的气体的类型无关，因为二次电子倍增只依赖来自电极的次级电子发射；二是二次电子倍增的击穿机制和压力无关，压力要足够低使得平均自由程比电极分隔距离长。

R. Woo 的关于同轴传输线射频电压击穿的 NASA 技术报告[40]，给出了计算击穿电压所需的所有曲线和这种现象的详细描述。

这里推荐 ECSS 二次电子倍增工具软件，该工具软件应用欧洲航天技术中心（ESTEC）对于阿洛丁、银、金、铜、铝五种材料二次电子倍增预计算微放电敏感性曲线，根据曲线计算击穿电平。

另一个能够实现考虑三维电磁场分布的二次电子倍增效应全数值仿真的常用软件是 Spark3D。Spark3D 是用来计算很多种无源器件（包括基于腔体、波导、微带和天线的器件）射频击穿功率的仿真工具。由 CST Studio Suite 和 HFSS

仿真得到的结果可以直接导入Spark3D分析真空击穿（二次电子倍增）和气体放电。据此，Spark3D计算在没有产生放电效应的情况下器件能够承受的最大功率。

本书不讨论电晕放电或者电离击穿，因为这种现象只发生在低压情况下，而立方星天线是在空间真空中工作的。

1.2 小　　结

作为从近地轨道到探索太阳系的深空任务的小的航天器项目，研制周期短和低成本的新型天线对于实现这一历史性的空间进步是至关重要的。引言部分对立方星进行了简单的介绍（外形和关键子系统），总结了从低增益到高增益，工作在UHF、S、X、Ku和Ka波段的立方星天线方面的创新性的工作。当规划新的任务时，高增益天线技术的选择并不简单，本章介绍了实现任务目标的高增益天线选择的清晰的例子和限制条件。本章还对正在进行的有前景结果的研究理念，如薄膜天线、更大尺寸的网状反射面和反射阵列的设计进行了总结。

最后详细介绍了和空间环境相关的四个主要影响因素（空间辐射、材料释气、温度变化以及二次电子倍增击穿），这些因素对设计航天器天线至关重要。

参 考 文 献

[1] E. Peral, S. Tanelli, Z. S. Haddad, G. L. Stephens, and E. Im, "RaInCube: A proposed constellation of precipitation profiling radars in CubeSat," *Proceedings of the AGU Fall Meeting*, San Francisco, CA, Dec. 2014.

[2] N. Chahat, "A mighty antenna from a tiny CubeSat grows", *IEEE Spectrum*, vol. 55, no. 2, pp. 32–37, Jan. 2018.

[3] B. A. Cohen, P. O. Hayne, D. A. Paige, and B. T. Greenhagen, "Lunar flashlight: mapping lunar surface volatiles using a CubeSat," *Annual Meeting of the Lunar Exploration Analysis Group*, vol. 35812, p. 3031, 2014.

[4] L. McNutt, L. Johnson, P. Kahn, J. Castillo – Rogez, and A. Frick, "Near – earth asteroid (NEA) scout," *AIAA SPACE 2014 Conference and Exposition*, San Diego, CA, 4–7, Aug. 2014.

[5] "Syrlinks products line for cube & nano satellites," Available: online: https://www.syrlinks.com/en/produits/all/space/nano – satellite.

[6] "SpaceQuest: TX – 2400 S – band transmitter," Available: online: http://www.spacequest.com/radios – and – modems/tx – 2400.

[7] C. B. Duncan, *Iris V2 CubeSat Deep Space Transponder. X –, Ka –, S – Band and UHF Deep Space Telecommunications and Navigation*. Available：online：https://deepspace. jpl. nasa. gov/files/dsn/Brochure_IrisV2_201507. pdf, Jan. 7, 2016.

[8] "Tethers Unlimited Ka – band reprogrammable radio," Available：online：http://www. tethers. com/Spectsheets/Brochure_SWIFT_KTX. pdf.

[9] "Deployable UHF and VHF antennas," Available：online：http://www. isispace. nl/brochures/ISIS_AntS_Brochure_v. 7. 11. pdf.

[10] N. Chahat, B. Cook, H. Lim, and P. Estabrook, "All – metal dual frequency RHCP high – gain antenna for a potential Europa lander," *IEEE Transactions on Antennas and Propagation*, vol. 66, no. 12, pp. 6791 – 6798, Dec. 2018.

[11] D. González – Ovejero, N. Chahat, R. Sauleau, G. Chattopadhyay, S. Maci, and M. Ettorre, "Additive manufactured metal – only modulated metasurface antennas," *IEEE Transactions on Antennas and Propagation*, vol. 66, no. 11, pp. 6106 – 6114, Nov., 2018.

[12] G. Minatti, M. Faenzi, M. Mencagli, F. Caminita, D. G. Ovejero, C. D. Giovampaola, A. Benini, E. Martini, M. Sabbadini, and S. Maci, "Chapter 9：Metasurface antennas," in *Aperture antennas for Millimeter and Sub – millimeter wave applications*, Springer International Publishing, ISBN：978 – 3 – 319 – 62772 – 4,2018.

[13] R. Hodges, D. Hoppe, M. Radway, and N. Chahat, "Novel deployable reflectarray antennas for CubeSat communications," *IEEE MTT – S International Microwave Symposium*(IMS), Phoenix, AZ, May 2015.

[14] R. E. Hodges, N. Chahat, D. J. Hoppe, and J. Vacchione, "A deployable high – gain antenna bound for mars：developing a new folded – panel reflectarray for the first CubeSat mission to mars,"*IEEE Antennas and Propagation magazine*, vol. 59, no. 2, pp. 39 – 49, Apr. 2017.

[15] N. Chahat, E. Thiel, J. Sauder, M. Arya, and T. Cwik, "Deployable One – Meter Reflectarray For 6 – U Class CubeSats," *2019 13th European Conference on Antennas and Propagation*(*EuCAP*), Krakow, Poland, 2019, pp. 1 – 4.

[16] N. Chahat, J. Sauder, M. Thomson, R. Hodges, and Y. Rahmat – Samii, "CubeSat deployable Ka – band reflector antenna development for earth science mission," *IEEE Transactions on Antennas and Propagation*, vol. 64, no. 6, pp. 2083 – 2093, June 2016.

[17] N. Chahat, R. E. Hodges, J. Sauder, M. Thomson, and Y. Rahmat – Sammi, "The Deep space network telecommunication CubeSat antenna：using the deployable Ka – band mesh reflector antenna," *IEEE Antennas and Propagation magazine*, vol. 59, no. 2, pp. 31 – 38, Apr. 2017.

[18] G. E. Freebury, and N. J. Beidleman, "Deployable reflector," Patent WO 2017/131944A4, Jan. 2016.

[19] A. Babuscia, M. Van de Loo, Q. J. Wei, S. Pan, S. Mohan, and Seager, "Inflatable antenna for CubeSat：fabrication, deployment and results of experimental tests," *Proceedings of*

the IEEE Aerospace Conference, 2014.

[20] A. Babuscia, T. Choi, J. Sauder, A. Chandra, and J. Thangavelautham, "Inflatable antenna for CubeSats: development of X - band prototype," *IEEE Aerospace Conference*, Big Sky, MT, 2016.

[21] M. Alonso-DeiPino, P. Goldsmith, C. Elmaleh, T. Reck, and G. Chattopadhyay, "Efficiency optimization of spherical reflectors by feed position adjustment," *IEEE Antennas and Wireless Propagation Letters*, vol. 16, pp. 2865 - 2868, 2017.

[22] P. A. Warren, J. W. Steinbeck, R. J. Minelli, and C. Mueller, "Large, deployable S - band antenna for a 6U CubeSat," *Proceedings of the 29th Annual American Institute of Aeronautics and Astronautics/Utah State University Conference on Small Satellites*, 2015.

[23] M. Arya, J. Sauder, and R. Hodges, "Large - area deployable reflectarray antenna for CubeSats," Scitech, San Diego, CA, Jan. 7 - 11, 2019.

[24] P. R. Akbar, H. Saito, M. Zang, J. Hirokawa, and M. Ando, "X - band parallel plate slot array antenna for SAR sensor onboard 100kg small satellite," *2015 IEEE International Symposium on Antennas and Propagation & USNC/URSI National Radio Science Meeting*, Vancouver, BC, 2015, pp. 208 - 209.

[25] J. Padilla, G. Rosati, A. Ivanov, F. Bonguard, S. Vaccaro, and J. Mosig, "Multi - functional miniaturized slot antenna system for small satellites," *Proceedings of the 5th European Conference on Antennas and Propagation (EUCAP)*, Rome, 2011, pp. 2170 - 2174.

[26] J. Huang, "Microstrip reflectarray and its applications," *Proceedings of the ISAP*, vol. 96, pp. 1177 - 1180, 1996.

[27] M. Zawadzki and J. Huang, "Integrated RF antenna and solar array for spacecraft applications," *IEEE International Conference on Phased Array Systems and Technology*, Dana Point, CA, 2000, pp. 239 - 242.

[28] M. Aherne, T. Barrett, L. Hoag, E. Teegarden, and R. Ramadas, "Aeneas—Colony I meets three - axis pointing," *AIAAUSU Conference Small Satellite*, Aug., 2011.

[29] C. "Scott", MacGillivray, "Miniature high gain antenna for CubeSats," presented at the 2011 CubeSat Developers Workshop, California Polytechnic State University, San Luis Obispo, CA, Apr. 22, 2011.

[30] N. Chahat, J. Sauder, M. Mitchell, N. Beidlemen, and G. Freebury, "One - meter deployable mesh reflector for deep - space network telecommunication at X - and Ka - band," *IEEE Transactions on Antennas and Propagation*, vol. 68, no. 2, pp. 727 - 735, Feb. 2020.

[31] P. F. Goldsmith and M. Alonso - DelPino, "A spherical aberration corrective lens for centimeter through submillimeter wavelength antennas", *IEEE Antennas and Wireless Propagation letters*, vol. 17, no. 12, pp. 2228 - 2231, Dec. 2018.

[32] J. Huang, G. Sadowy, C. Derksen, L. Del Castillo, P. Smith, J. Hoffman, T. Hatake, and A. Moussessian, "Aperture - coupled thin - membrane microstrip array antenna for beam scanning application," *2005 IEEE Antennas and Propagation Society International*

Symposium, vol. 1A, Washington, DC, 2005, pp. 330-333.

[33] J. Huang and A. Feria, "Inflatable microstrip reflectarray antennas at X and Ka-band frequencies," *IEEE Antennas and Propagation Society International Symposium*, *1999 Degest.*, vol. 3, Orlando, FL, 1999, pp. 1670-1673.

[34] S. Hsu, C. Han, J. Huang, and K. Chang, "An offset linear-array-Fed Ku/Ka Dual-band reflectarray for planet cloud/precipitation radar," *IEEE Transactions on Antennas and Propagation*, vol. 55, no. 11, pp. 3114-3122, Nov. 2007.

[35] J. Sauder, M. Arya, N. Chahat, E. Thiel, S. Dunphy, M. Shi, G. Agnes, and T. Cwik, "Deployment mechanisms for high packing efficiency one-meter reflectarray antenna (OMERA)," *6th AIAA Spacecraft Structures Conference*, 2019.

[36] A. Tellechea, J. C. Iriate, I. Ederra, R. Gonzalo, E. Martini and S. Maci, "Characterization of a dual band metasurface antenna with broadside and isoflux circularly polarized radiation patterns," *11th European Conference on Antennas and Propagation(EUCAP)*, Paris, 2017, pp. 3408-3411.

[37] M. Faenzi, D. Gonzalez-Ovejero, F. Caminita, and S. Maci, "Dual-band self-diplexed modulated metasurface antennas," *12th European Conference on Antennas and Propagation(EuCAP 2018)*, London, 2018.

[38] A. Designation, "Standard test method for total mass loss and collected volatile condensable materials from outgassing in a vacuum environment," *American Society for Testing and Materials*, *Annual book of Standards*, E595-93, 1993.

[39] W. A. Campbell, Jr, R. S. Marriott, and J. J. Park, "Outgassing data for spacecraft materials," *NASA Reference Publication* 1124, Goddard Space Flight Center, Greenbelt, MD, June 1984.

[40] R. Woo, "Final report on RF voltage breakdown in coaxial transmission lines," *NASA Technical Report*, 32-1500, Oct. 1970.

第 2 章
火星立方体 1 号

Nacer Chahat, Emmanuel Decrossas, M. Michael Kobayashi
NASA 喷气推进实验室/美国加利福尼亚州帕萨迪纳市加州理工学院

2.1 任务简介

在过去 10 年,立方星已经从非常适合大学生的能力训练项目,成长为功能非常强大的小卫星。技术的进步已经扩展了立方星在地球监视、地球科学遥感、行星探索、军事通信等多个领域的应用,引起了科学家和工程师更大的兴趣。这是因为立方星已经从最初的 1U 类,即 10cm 的立方体外形尺寸,发展到现在的 6U 类(尺寸约为 12cm×24cm×36cm)立方星[1]。

到目前为止,立方星仅发射在近地轨道,科学家和工程师已经开始探索以月球、小行星和行星为目标的立方星任务。在这些任务中,通信系统必须解决非常大的自由空间衰减的问题,以获得即使只有几千比特每秒的数据传输速率。在立方星上满足这些通信系统的要求是一个巨大的挑战,这是因为发射功率有限以及天线的增益不够高。

由于太阳能帆板的功率限制、严重的热管理问题、电子封装密度等,大多数立方星 X 波段射频发射功率限制在几瓦(X 波段可以达到 5W)[2]。就天线增益而言,其设计目标是在给定的频段产生最大的面积和效率。然而,立方星有限的质量和体积带来了巨大的设计挑战。这个问题是在发射任何立方星到深空之前需要解决的,也是实现第一个星际立方星任务(MarCO)需要解决的。

MarCO 的发射主要是为了工程目的而非科学研究。"洞察"号(InSight)任务已经在火星的表面放置了一个研究火星内部的着陆器。在其进入、下降和着陆的过程中,着陆器发射飞行进展的实时遥测数据,并通知我们其按照预期成功着陆的情况。火星勘测轨道器接收 InSight 的数据流,但是其设计不能同时接收着陆器的数据并将数据传送回地球。从地球上看,火星勘测轨道器在传送 InSight 的数据之前消失在火星的背面。火星勘测轨道器在能够接收到成功着陆的确认信息 3h 之后才能将信息传送回地球。

NASA喷气推进实验室的工程师提出发射两个完全相同的立方星MarCO-A和MarCO-B来捕获和向地球实时传输InSight数据,又称"弯管中继"(以相同的速率在接收数据时发射数据)(图2.1)。MarCO航天器在高度3500km飞越火星。每个MarCO立方星安装了一个可展开圆极化环形天线收听InSight着陆器的UHF广播,同时一个X波段可展开反射阵列天线实时把数据传送回地球。

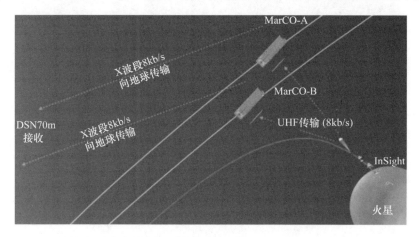

图2.1 MarCO任务由两个伴随InSight着陆器飞向火星的立方星组成,提供弯管通信链接,向地球传输InSight的进入、下降和着陆的数据

MarCO航天器是被发射InSight着陆器到火星的同一个运载火箭的上面级运载到太空的。在增压级释放以后,每个立方星成为一个独立的航天器。然后,每个航天器展开太阳能帆板、X波段高增益天线[3-4]和UHF天线,为其飞往火星的六个半月的飞行做准备。当InSight到达火星时,经历进入、下降和着陆的过程,每个MarCo向NASA的深空网络传输数据。这两个航天器必须完成5次轨道修正,准确无误地越过InSight的着陆区域。

MarCO立方星的详细描述见图2.2,它由一个6U立方星组成,包括姿态测定和控制系统(blue canyon technology,BCT)、冷气体推进器、通信子系统(具有UHF频段和X波段通信能力的Iris无线电设备、固态功率放大器、低噪声放大器和天线)、指令和数据处理、两台摄像机、电池、太阳能帆板、电能子系统等。

MarCO A和MarCO B是和NASA的InSight火星着陆器在2018年5月5日太平洋时间4:05(东部时间7:05)从加利福尼亚中部范登堡空军基地一起发射的。两个航天器都已经成功完成任务并成为第一批星际立方星。

对所有的X波段天线,包括接收和发射低增益天线、接收和发射火星低增益天线、高增益天线及UHF天线在两个航天器上都进行了测试。本章将介绍使任务成为可能的X波段和UHF频段天线研制的详细信息。

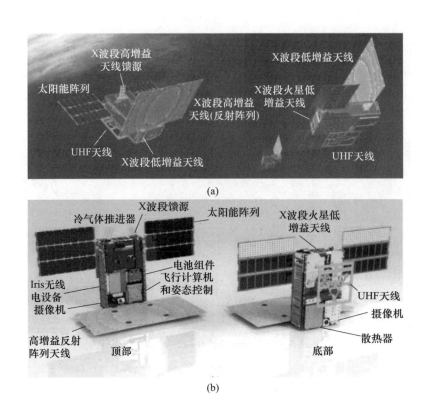

图 2.2 （a）MarCO 立方星，重点是通信子系统；（b）MarCO 立方星描述

2.2 Iris 无线电设备

航天器天线接收的经过信息编码的电磁波必须进行取样和解码，以使得指令和数据处理子系统能够处理从地球发来的指令。遥测数据必须经过编码和调制，以使得航天器天线能够把数据辐射回地球。对于很多近地轨道立方星来说，这个接收和发射功能是用无线电收发两用机实现的，典型的收发两用机工作在 VHF 和 UHF 射频频段[4-7]。对于星际任务，如 MarCO，带有大天线的地面站是必需的，如 NASA 的 DSN，用来克服大的自由空间的路径损耗。对于标准的深空工作来说，经常应用 X 波段的频率（上行链路 7.2GHz，下行链路 8.4GHz），以利用微波信号能够在没有天气影响的情况下在大气中近似透明的传输[8]。DSN 的 3 个深空通信复合体戈德斯通、堪培拉和马德里都支持 34m 和 70m 天线 X 波段上行链路和下行链路[9]。

除了基本的通信系统，还经常使用一个单独的 GPS 接收机来确定飞行中的立方星的精确位置[10-12]。然而，对于飞出了 GPS 覆盖范围（如月球、星际和深空飞行)的航天器,就必须有一个单独的测量航天器相对于地球的速度、距离和角位置的方案进行轨道测定。射频跟踪测量技术,如顺序测距和 delta－差分单程测距,提供了产生 DNS 导航产品的方法[13]。然而,航天器上典型电子设备中的振荡器不具备精确的射频测量所需的足够高的频率稳定度。一种相位相干无线电架构,其中下行链路载波信号和上行链路信号具有相同的频率稳定度(DSN 使用氢原子钟作为主参考时钟,10000s 的阿伦偏差 $\sigma(\tau) < 10^{-14[9]}$),经过喷气推进实验室研究人员多年的深空探索,已被证明可以实现精确的航天器跟踪。双路相干应答器以及专用导航音对于任何深空任务都是需要的。

为了满足立方星和小卫星深空通信与导航的需要,喷气推进实验室研究人员研制了 IRIS V1 应答器[14],其研制始于相关环境中星际纳米航天器"探路者"(INSPIRE)"第一个到深空的立方星"任务[15]。Iris 软件无线电设备主要继承了喷气推进实验室飞行应答器的设计和专有技术,包括 Electra Proximity Operations UHF 收发机、小的深空应答器以及正在研制中的通用空间应答器。Iris 的硬件架构遵循相同的基于锁相环的接收机和同相/正交调制器,允许现有的数字信号处理器代码库的协同开发。在 Iris 的硬件设计阶段,不仅小型化是一个驱动因素,模块化也是应答器的一个重要特征。因此,Iris 应答器功能非常强大,允许对不同任务需求的可配置性和 Ka、S 和 UHF 工作频段的模块化的扩展。

MarCO 的主要任务需求是为 InSight 的进入、下降和着陆过程提供中继通信[16]。可以发现,基于 MSP430 的指令和数据处理子系统,具有 8kB 的 RAM 和 128kB 的闪存,没有足够的处理能力编码和分组来自 InSight 的 8kb/s 的进入、下降和着陆过程的数据流(8kb/s 在 20min 进入、下降和着陆的过程约等于 10Mb 的数据量)。用作 Iris 应答器主要数字处理器的 Xilinx Virtex 现场可编程门阵列(FPGA),具有足够的资源一起完成调制解调器处理函数和数据处理函数。然而,INSPIRE 任务的 Iris V1 设计没有包含软件功能,因此缺少程序存储与执行的处理器和 RAM。另外,必须有一个新的 UHF 接收机获取 InSight 传输的数据。这些新的需求促使了 Iris V2 深空应答器的研制[17]。

应用于 MarCO 的 Iris V2 应答器由三个单元组成,如图 2.3 所示。图 2.3(a)所示的主应答器单元是一个螺栓固定的模块化的组件,自下而上为 UHF 接收机、X 波段接收机、X 波段激励器、电源板、抗辐射的带有 Xilinx 的数字片断(RaDiX)。X 波段低噪声放大器单元(图 2.3(b))为 X 波段接收机部分提供所接收的 DSN 上行链路信号的前端射频放大,设计时靠近接收天线以减少系统线缆损耗引起的噪声。X 波段固态功率放大器单元(图 2.3(c))实现了从发射天线辐射的调制信号的射频放大。

简化的应答器顶层框图如图 2.4 所示。

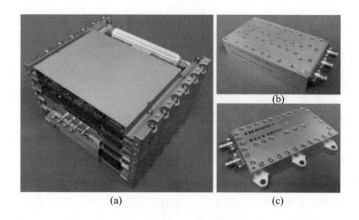

图 2.3　MarCO 飞行硬件
(a)带有 UHF 接收机的 Iris V2 深空应答器;(b)X 波段低噪声放大器单元;
(c)X 波段固态功率放大器单元。

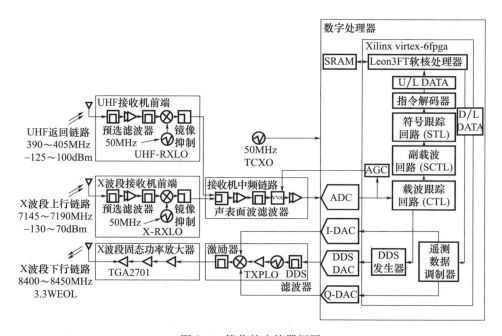

图 2.4　简化的应答器框图

典型的航天器通信系统包含一个双工器,使得同一副天线既可以发射指令和数据也可以接收指令和数据。这考虑到了和地面站的双向通信,而对航天器的公用平台设计不增加额外的物理限制,或者在任务阶段不增加操作限制。然而,具有足够通道隔离度的 X 波段双工器通常是由体积庞大的波导空腔谐振器构建的,这并不十分适合立方星的应用。就有源射频系统而言,大功率的发射机会干扰敏感的接收机的标称工作,因此发射隔离是一项重要的指标。Iris 低噪声放大器单元的设计是保持接受放大器线性的情况下可以接受可达 15dBm 的功率。使用 5W(37dBm)的发射机,至少需要保持 22dB 的发射接收隔离度。已经证实,应用于立方星的贴片天线使用独立的发射和接收天线时,能够获得高于 35dB 的隔离度[18],这样的立方星天线是本书介绍的重点。除了高隔离度,不使用高损耗的双工器对上行和下行空间链路都有好处。

为了节省质量和空间,Iris V2 应答器接收机架构采用共享的中频(IF)设计。X 波段和 UHF 接收机仿照 Iris V1 的设计[18],都是单一的下变频超外差式接收机。在 IF 链路之前增加一个功率合成器,使来自 X 波段或者 UHF 频段片断的下变频中频信号能够馈入共享的放大器、滤波器和自动增益控制(AGC)电路中的压控衰减器(VVA)等(图 2.4)。该技术的局限性是不能以牺牲空间为代价,实现双频同时接收(UHF 频段和 X 波段)。IF 信号用数字处理器电路板上的 12 位模数转换器(ADC)进行采样,然后馈入 FPGA 中的调制解调器处理器,在这里数字载波跟踪环(CTL)获得上行链路载波的频率锁定。在双向相干模式中,这个频率调节信息馈入直接数字合成器(DDS),在 880/749 的转换比下为 DSN 产生合适的下行链路载波。载波跟踪环回路滤波器的带宽配置是控制应答器性能的一个关键设计参数。较大的带宽在应对多普勒动态中保持载波锁定是必需的,但是,为了减小随机效应,增加接收机敏感度,窄的带宽是必要的。软件无线电的可配置性提供了对不同任务阶段和需求的适应性。例如,MarCO 任务的大部分阶段接收机环路带宽名义上设置在约 75Hz,但是在进入、下降和着陆模式中,为了在 InSight 降落伞打开的多普勒动态和进入、下降和着陆的过程中其他动态效应中保持载波锁定,带宽增加到 200Hz。

从航天器下行链路传输指令数据既可以采用单路模式也可以采用双路模式。在只发射模式中,DDS 频率设置成固定值,标称的下行链路载波在期望的波段频率产生。值得一提的是,由于航天器上振荡器的稳定性有限,下行链路的载波频率会发生漂移。MarCO Iris 单元使用了 50MHz 温度补偿石英晶体振荡器(TCXO),其 1s 的短期稳定度是 0.001×10^{-6};但是,由于这个频率要倍频到 X 波段,其稳定性下降到 0.5×10^{-6},或者约 ±4kHz。遥测数据进行编码,应用同相/正交混频器调制到这个载波上,混频器由数字电路板上独立的 10 位数模转换器驱动。固态功率放大器对到达地面站的调制信号进行放大。MarCO 固态功率放大器单元提供的射频功率标称值为 5W。

从最初的 Iris 形态到 MarCO Iris V2 单元,对数字处理器电路板进行了很大的升级。很多具有未知辐射效应的互补金属氧化物半导体(COMS)器件用抗辐射器件代替,主处理单元升级成 Xilinx Virtex-6 FPGA,以更低的功耗提供更多的计算资源,增加了用于程序存储和执行的抗辐射存储单元。因为电路板空间非常有限,不能应用专用的中央处理单元(CPU),所以在 FPGA 上实现了嵌入式软核处理器。这里选择 Leon3 - FT 软核 SPARC 处理器,主要目的是和喷气推进实验室飞行应答器保持协同代码的兼容性,因为飞行应答器也使用基于 SPARC 的处理器。处理器的兼容性也是考虑到为将来的 Iris 单元合并一些特征,例如空间数据系统咨询委员会 Proximity - 1 协议[19]和自适应数据速率模块[20]。

MarCO 的 Iris 软件负责应答器、指令处理、遥测数据组帧、进入下降和着陆数据处理的基本结构。基于寄存器的调制解调器界面允许数据率、编码方案、接收器环路的带宽等的程序控制。下行链路遥测数据按照空间数据系统咨询委员会的先进轨道系统(advanced orbiting system, AOS)空间数据链接协议组帧[21],在 8920 位的数据帧里实现 Turbo - 1/6 编码。在进入、下降和着陆模式中,软件也负责管理 InSight 进入、下降和着陆数据流,通过把解码的位数存储在内存里,并重新装载先进轨道系统组帧的数据以实现弯管重新传输。

前面给出的 Iris 与 DNS 兼容的立方星平台通信和导航应答器已经应用于 INSPIRE 和 MarCO 任务中。应答器模块化的设计和软件定义特性提供了相对容易适应不同任务需求的灵活性。目前,在喷气推进实验室研究人员正在研制 Ka 波段高速率近地通信和 S 波段水星探索的硬件模块,以及在 Europa 上潜在应用的更高效率的 X 波段功率放大器。2018 年,空间发射系统"猎户座"(Orion)航天器的 EM - 1 发射计划部署 11 个次级载荷立方星,主要任务是月球和深空探索[22]。对于新时代的很多立方星任务来说,Iris 深空应答器是一个关键的技术器件。

2.3 X 波段子系统

2.3.1 频率分配

由于 MarCO 的目标是火星,因此被认为是一项深空任务。DNS"深空"频段分配给距离地球大于 200 万 km 的航天器是上行链路(地球到空间)7.145 ~ 7.190GHz,下行链路(空间到地球)8.400 ~ 8.450GHz。MarCO 和 DSN 地面站之间基本在 X 波段通信,所有的天线在深空频段进行优化。

2.3.2 应用低增益天线的近地通信

1. 天线需求

在航天器一端(在反射阵列板的后面)有两个应用于数据传输速率 62.5b/s(Iris V2 处理的最低速率[1])的近地(小于 0.1AU)应急通信的低增益天线。天线放置的要求是航天器不能干扰其宽波束特性。直径34m的DSN天线将用于非进入、下降和着陆阶段的通信,从地球接收指令及向地球传输遥测数据。

虽然设计一个同时具有收发功能的低增益天线从技术上来说是可能实现的,但是Iris V2无线电设备设计容纳两个不同的接收和发射天线[1]。因此,设计了两个低增益天线:LGA-Rx,右旋圆极化(RHCP)接收(Rx)天线;LGA-Tx,右旋圆极化(RHCP)发射(Tx)天线。

对于下行链路来说,天线增益和极化隔离度(XPD)的要求是能够使用直径34m DSN 天线,指向偏离±80°时,能够在0.1AU的距离以应急数据速率向地球传输遥测数据。因此,低增益发射天线的增益在偏离视轴±80°范围内应大于或等于-5dBic,极化隔离度高于3dB。反射系数应该小于-14dB以避免能量反射回无线电设备,避免大量的能量损失或者损坏固态功率放大器。

对于上行链路,同样要求使用直径34m DSN 天线,能够在0.1AU的距离,指向偏离±80°时,以应急数据速率接收来自地球的指令。上行链路频段发射天线和接收天线的隔离度应该大于30dB。表2.1总结了低增益天线的需求。

表2.1 低增益天线的需求

特性	数值
频段/MHz	7145~7190(低增益接收天线),8400~8450(低增益发射天线)
±80°范围内增益/dBic	>-5
视轴仰角/(°)	0±2
视轴方位角/(°)	0±2
极化方式	右旋圆极化
回波损耗/dB	≥14
隔离度/dB	≥30

2. 天线的解决方案和性能

双边缘馈电的圆极化贴片天线(图2.5)满足上述要求。两个右旋圆极化贴片天线印刷在RT Duroid 5880介质基板上($\varepsilon_r = 2.2$,厚度为0.787mm)。

天线的反射系数用Agilent 8510XF矢量网络分析仪(VNA)进行测量,测量前用短路开路负载(SOL)校准的方法对测量装置进行校准。图2.6给出了这两个低增益天线计算和测量得到的反射系数,天线的带宽超过了设计需求。为了实现发射天线和接收天线隔离度的最大化以降低对接收频段滤波器的要求,天线经过旋转使两个天线馈电点之间的距离最大,隔离度大于40dB。

每个天线在中心频率点的辐射方向图如图2.7和图2.8所示,测量和仿真结果吻合很好。偏离视轴±80°范围内增益大于-5dBic,极化隔离度大于3dB。这允许在0.1AU距离,以62.5b/s的数据传输速率留有足够的余量关闭链路。

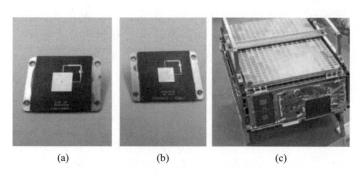

图 2.5 低增益天线
(a)低增益接收天线;(b)低增益发射天线;(c)低增益天线安装在 MarCO 飞行模型上。

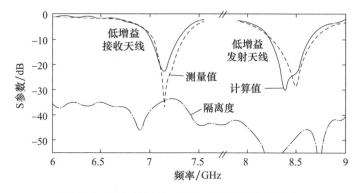

图 2.6 两个低增益天线的反射系数和隔离度

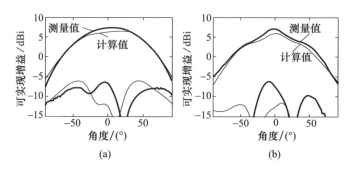

图 2.7 低增益接收天线在 7.1675GHz 的方向图
(a)俯仰面;(b)方位面。

使用低增益接收天线,航天器在指向 ±90°时,最大距离 0.3AU,能够以 62.5b/s 的速率接收直径 34m 的 DSN 地面站的指令(图 2.9)。使用低增益发射天线,航天器在指向 ±90°时,最大距离 0.15AU,能够以 62.5b/s 的速率向直径 70m 的 DSN 地面站传输遥测数据(图 2.10)。

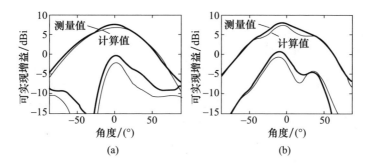

图 2.8 低增益发射天线在 8.425GHz 的方向图
(a)俯仰面;(b)方位面。

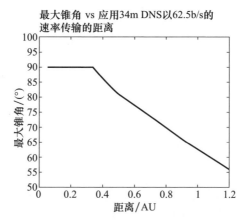

图 2.9 直径 34m 的 DSN 地面站使用低增益接收天线以 62.5b/s 的
速率传输的指向要求

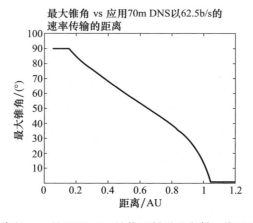

图 2.10 直径 70m 的 DSN 地面站使用低增益发射天线以 62.5b/s 的
速率传输遥测数据的指向要求

2.3.3 火星与地球的通信

1. 与火星通信的上行和下行链路

在着陆时,InSight 在 UHF 链路上以 8kb/s 的速率向火星勘测轨道器发射信号。MarCO 立方星也用它们的 UHF 可展开圆极化环形天线以 8kb/s 的速率接收进入、下降和着陆的数据。为了提供一个弯管系统,MarCO 立方星必须设计在 1.07AU 的距离,以 8kb/s 的速率向地球发送数据。应用直径 70m 的 DSN 天线,使用下行链路 X 波段增益 28.0dBi 的天线能够获得 8kb/s 的传输速率,假设航天器能保持 ±2° 的指向精度。

就高增益天线而言,之所以选择反射阵列天线,是因为天线的配载空间非常有限(参考第 1 章高增益天线的选择指南)。由于天线体积和 Iris V2 无线电设备的限制[1],反射阵列只用作发射天线。因此,上行链路使用互补低增益接收天线(火星低增益接收天线(Rx - MLGA))。上行链路与下行链路不同,其链路所留余地要大得多,主要原因是需要更低的数据速率(62.5b/s),以及 DSN 输出功率比 IRIS 输出功率高几个数量级(20kW 对 4W)。因此,较宽波束较低增益天线对于在火星上关闭链路是合适的。

结果表明,使用了一个 1×2 贴片阵列低增益发射天线(Tx - MLGA)。由于其宽波束提供了遥测的能力而不需要窄波束高增益天线的精确指向,火星发射低增益天线应用于航天器指向不正确时的应急情况。

下面首先从需求和性能的角度介绍低增益天线;然后详细讨论高增益天线,包括其需求、馈源、平板设计和总的性能。

2. 火星低增益天线

两个低增益天线位于航天器的另一侧(图 2.11):Rx - MLGA,右旋圆极化接收天线;Tx - MLGA,右旋圆极化发射天线。

(a)   (b)

图 2.11 安装在 MarCO 飞行模型上的(a)火星低增益接收天线和
(b)火星低增益发射天线

低增益天线的指向要求是由高增益天线的指向偏离公用平台轴向22.7°决定的。对于下行链路,天线增益和极化隔离度的要求是使用70m的DSN天线,偏离指向角22.7°±8°时,能够以应急数据速率62.5b/s从火星向地球传输指令。因此,火星低增益发射天线在偏离公用平台22.7°±8°范围内增益应该大于或者等于7dBic,极化隔离度大于7dB。对于上行链路,同样的需求允许使用直径34m的DSN天线,偏离公用平台轴向22.7°±8°,以62.5b/s的速率接收从地球到火星的指令。回波损耗应该优于14dB,在上行链路火星低增益发射天线和火星低增益接收天线的隔离度应该高于30dB。表2.2总结了火星低增益发射天线和火星低增益接收天线的需求。

表2.2 火星低增益天线的需求

特性	数值
频段/MHz	7145~7190(火星低增益接收天线) 8400~8450(火星低增益发射天线)
偏离视轴±8°增益/dBic	>7
偏离视轴±8°极化隔离度/dB	>7
视轴仰角/(°)	22.7±1
视轴方位角/(°)	0±1
极化方式	右旋圆极化
回波损耗/dB	≥14
隔离度/dB	≥30

偏离公用平台轴向22.7°±8°的指向角用相位差75°的1×2的贴片阵列实现。1×2的贴片阵列(图2.11)由两个印刷在RT Duroid 5880($\varepsilon_r = 2.2$,厚度为0.787mm)介质基板上的右旋圆极化贴片单元组成。图2.12给出了这两个火星低增益天线计算和测量得到的反射系数。总的天线带宽超过了需要的值,提供了有用的热保护。在上行链路频段火星低增益发射天线和火星低增益接收天线的隔离度大于30dB。

图2.13和图2.14给出了接收天线和发射天线在中心频率点计算与测量得到的辐射方向图,测量结果和计算结果吻合得很好。对太阳能平板和反射阵列平板的影响进行了数值研究。虽然太阳能平板对天线的性能没有影响,但是反射阵列可以引起0.3dB的干扰。因为在公用平台轴向14.7°~30.7°范围内增益始终大于8dBi(要求是7dBi),所以这个干扰很小,并不是问题。

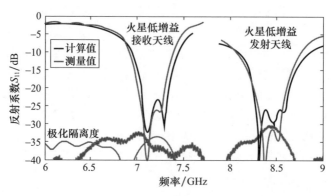

图 2.12 （见彩图）两个火星低增益天线的反射系数（接收和发射天线）以及发射天线和接收天线的隔离度

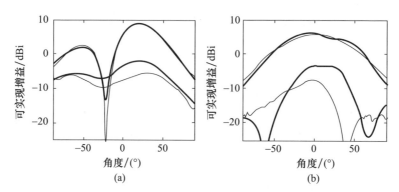

图 2.13 （见彩图）火星低增益接收天线在 7.1675GHz 的辐射方向图
（a）俯仰面；（b）方位面。

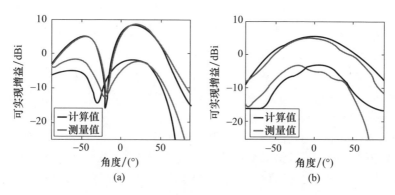

图 2.14 （见彩图）火星低增益发射天线在 8.425GHz 的辐射方向图
（a）俯仰面；（b）方位面。

3. 高增益天线

1) 高增益天线介绍

反射阵列天线的设计是为了在 8.4～8.45GHz 频率范围内获得大于 28.0dBi 的增益,极化隔离度大于 10dB。高增益天线应该满足俯仰角指向偏离公用平台轴向 22.76°。另外,旁瓣电平应该保持在 -15dB 以下。表 2.3 总结了高增益天线需求。

表 2.3 高增益天线需求

特性	数值
频段/MHz	8400～8450
增益/dBic	>28.0
极化隔离度(3dB 带宽范围)/dB	>10
方位面 3dB 波束宽度/(°)	>3.5
俯仰面 3dB 波束宽度/(°)	>6.5
视轴方位角/(°)	0±0.1
视轴俯仰角/(°)	22.76±0.35
方位面最大旁瓣电平/dB	≤-15
俯仰面最大旁瓣电平/dB	≤-15
极化方式	右旋圆极化

MarCO 高增益天线由一个中等增益贴片阵列天线组成,该阵列给 3 个反射阵列平板组成的 33.5cm×59.7cm 的组件馈电。反射阵列天线的展开如图 2.15 所示。馈源安置在一个弹簧铰链上,使之折叠起来平放在航天器上。3 个反射阵列平板通过弹簧铰链连接,折叠起来靠在 MarCO 航天器上。发射时,馈源和反射平板折叠靠在航天器上。3 个反射平板彼此折叠在一起放置在馈源的顶端,发射时阵列固定在航天器上。在飞往火星的航行早期阶段,使用一个燃丝装置把反射阵列和馈源展开。当平板展开时,馈源得到释放和展开。反射阵列垂直于公用平台的一侧展开使主波束偏离公用平台轴向 22.76°,以满足 MarCO 任务的指向要求。

之前报道的集成太阳能阵列和反射阵列天线(ISARA)立方星反射阵列[23]铰链尺寸引起了较大的平板间隙,导致了较高的旁瓣电平和额外的增益损耗。因此,NASA 喷气推进实验室研究人员设计了定制的铰链来减小大的平板间隙(图 2.16)。这大大减小了旁瓣电平,增加了总的增益。3 个平板之间的间隙减小到 0.254mm。设计高增益可展开天线过程中最具挑战性的任务是满足严格的配载空间要求 12.5mm×210mm×345mm。这些定制的铰链还减小了折叠平板的总厚度(图 2.16(c))。

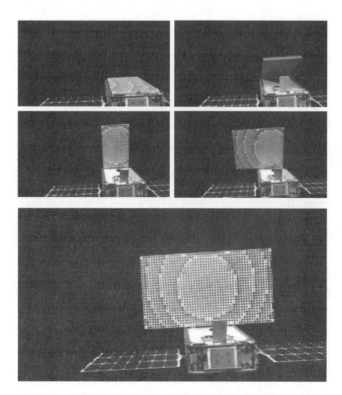

图 2.15　MarCO 高增益天线的展开

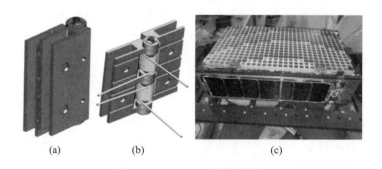

(a)　　　　　　(b)　　　　　　(c)

图 2.16　MarCO 定制的铰链

(a)折叠铰链的 CAD 模型；(b)展开铰链的 CAD 模型；(c)带有折叠的高增益天线的
MarCO 飞行航天器的照片,平板之间的间隙是显而易见的。

为了适合 12.5mm×210mm×345mm 的空间分配,平板厚度实现了最小化。这 3 个反射阵列板由 2 个 0.813mm 的玻璃纤维加固的碳氢陶瓷层压电路板组成,和中间厚 0.589mm 的石墨复合材料共固化。厚度 2.286mm 的对称平板具有非常高的结构刚性(图 2.17)。

图 2.17 MarCO 反射阵列平板结构

MarCO 反射阵列设计应用布置在矩形网格上的可变方形贴片[24]。每个单元需要的相位由反射阵列设计公式计算：

$$\phi_i + \phi_0 - k_0(r_i + \boldsymbol{r}_i \cdot \hat{\boldsymbol{r}}_0) = 2N\pi \quad (2.1)$$

式中：r_i 为从馈源到第 i 个阵列单元的距离；ϕ_i 为第 i 个单元反射场的相位；$\boldsymbol{r}_i$ 为阵列中心到第 i 个单元的矢量；$\hat{\boldsymbol{r}}_0$ 为主波束方向的单位矢量。应用单元格 Floquet 模矩量法[25]设计贴片单元并完成方向图的计算。

MarCO 反射阵列平板由三层组成：第一层，一侧印刷了反射阵列贴片的厚 0.813mm 的 Rogers 4003；第二层，厚 0.589mm 的 STABLCOR 层，提供随温度变化所要求的平整度；第三层，另一个厚 0.813mm 的 Rogers4003，印刷了第一层背面的反射阵列贴片以提供大的温度变化的结构刚度（对称性避免了大的温度变化率）。

这个设计方法假设每个贴片周围被相同的贴片包围，这是一个可以接受的假设。然而，反射阵列由于需要补偿来自馈源的空间相位延迟，本质上是非周期的。局部周期性的假设导致了仿真方向图和实测结果不一致，其他的方法也已经用来解释这个非周期性[26-27]。包围单元的方法没有考虑周期性，它包括所考虑单元周围相邻的单元，因此解释了互相耦合。互相耦合主要影响旁瓣电平和交叉极化电平，其电平不影响通信链路。所以，这里采用的设计方法是满足要求的。

S 参数计算也可以用全波仿真软件如 HFSS 和 CST MWS 来实现，这些软件假设了无限周期性。图 2.18 给出了反射阵列单元格的 S 曲线，它给出了水平极化和垂直极化入射角 22.76°时反射系数相位和贴片尺寸之间的关系。为了从反射阵列获得最佳性能，要考虑每个贴片单元的入射角。

由于 MarCO 口径是电小尺寸的（$9.4\lambda \times 16.8\lambda$），为了最大化贴片的数量，在每个贴片周围产生更加均匀一致的环境，最小化贴片间距是很重要的。通过在非谐振的贴片位置放置铰链和引入其他不连续性（图 2.19），改变 ϕ_0 的值来调节相位包裹方式[4]。这最小化了铰链和其他不连续性对天线总的性能的影响。

值得一提的是，很多方法都可以获得相似的性能。我们可以针对不同的优化目标对性能进行优化（如最大增益、最大极化隔离度、更大的带宽等）。

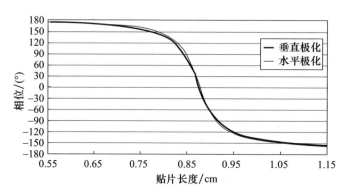

图 2.18 MarCO 反射阵列水平极化和垂直极化反射系数相位的
S 曲线与贴片尺寸的关系(图片来源:Hodges 等[4] © 2017IEEE)

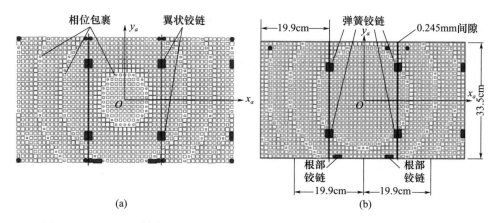

图 2.19 MarCO 反射阵列面板布局 (a)调整相位之前的面板布局 (b)$\phi_0 = 240°$,
调整相位包裹后的面板布局(图片来源:Hodges 等[4] © 2017 IEEE)

然而,大多数性能是由馈源决定的。天线的方向性可以通过改进馈源照射、减少溢出和不均匀照射损耗来提高。馈源安装在公用平台的底部(图 2.20)可以获得最大化的 f/D 值,形成更有效的设计。最大化 f/D 使入射角的变化最小。f/D 值也是决定馈源方向性的关键参数。f/D 值越高,馈源的方向性系数越高,反过来需要更大的馈源。

2)高增益馈源天线阵列

反射阵列的圆极化是通过馈源贴片阵列的设计来实现的。对于通信来说,使用的是右旋圆极化。因此,馈源应该是左旋圆极化的极化方式,馈源覆盖了整个下行链路的频段(8.4~8.45GHz)。

馈源是一个 4×2 的微带贴片阵列,其设计用来产生约 -10dB 的边缘电平。方位面和俯仰面的边缘电平覆盖角度通过反射阵列天线光学设计来设置

(图 2.20)。为了最小化溢出和边缘电平损耗,需要的 -10dB 俯仰面波束宽度为 47.1°±2°,-10dB 方位面波束宽度为 84.1°±2°。

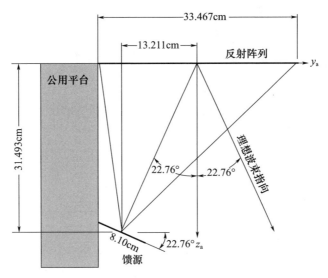

图 2.20　MarCO 反射阵列天线光学设计(图片来源:Hodges 等[4] © 2017 IEEE)

这些指标通过使用适当间距的 4×2 的贴片阵列来实现(图 2.21)。为了最小化加工的复杂度,用切角的贴片在 8.4~8.45GHz 频段实现左旋圆极化。为了避免集成馈线引起的不必要的辐射,天线由集成微带线馈电激励的同轴馈电的贴片单元组成。

另外,应该控制立方星公用平台方向的旁瓣电平并使之最小。在应用物理光学法的 Ticra GRASP 平台上完成的分析表明,旁瓣电平应该低于 -20dB 以避免多径问题。因此,使用泰勒分布使旁瓣电平达到 -20dB,减少旁瓣电平有助于减小溢出损耗。泰勒分布如图 2.21(a)所示。

需要强调的是,每个贴片都是垂直于其 E 面进行激励的,这引起了俯仰面旁瓣电平的不对称性。这允许进一步减少馈源一侧的旁瓣电平,因此减少了朝向立方星的辐射。

关于馈源展开,使用一个 SMP(sub miniature push - on)Full Detent(擒纵式界面)连接器实现旋转式的连接(图 2.22)。馈源用弹簧铰链展开,它被反射阵列平板限制在配载的位置,当平板展开的时候馈源自动展开。SMP 连接器连接在共面波导(CPW)传输线上。对共面波导到微带线的转换器进行优化,使插入损耗最小(约 0.1dB)。所有测试(反射系数和辐射方向图)的参考点选择在长 4cm 的同轴线的末端(图 2.22(a))。测量得到线缆上的插入损耗为 0.25dB。测量结果表明,围绕 SMP 护罩的旋转不影响反射系数或者天线增益。

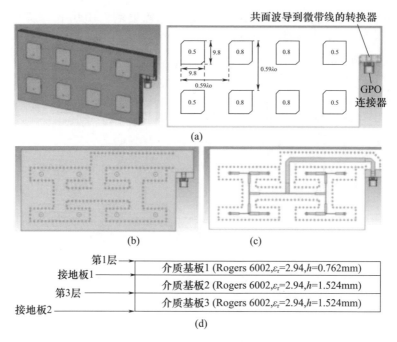

图 2.21 贴片天线阵列模型

(a)泰勒分布的顶层;(b)介质 1 的接地板层;(c)泰勒分布的微带线集成馈电;(d)馈电布局。

图 2.22 馈源天线

反射系数在 8.3～8.5GHz 频率范围内优化到 -15dB 以下以承受 -55～80℃ 的温度变化。图 2.23 给出了测量和仿真得到的反射系数。测量得到的反射系数在 8.20～8.82GHz 范围内低于 -10dB。

天线的辐射方向图在加利福尼亚州帕萨迪纳市 NASA 喷气推进实验室的远场微波暗室进行了测量。图 2.24 给出了 8.4GHz、8.425GHz 和 8.45GHz 的馈源辐射方向图。在仰角平面和方位角平面内主极化和交叉极化分量测试和计算的结果吻合得很好。天线增益的测量采用替代法用标准喇叭进行测量。表 2.4 给出了计算和测量得到的天线的增益,计算和测量结果吻合得很好。

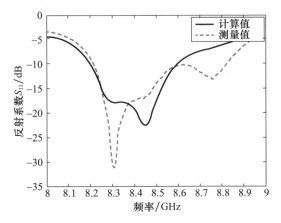

图 2.23 反射阵列馈源的反射系数

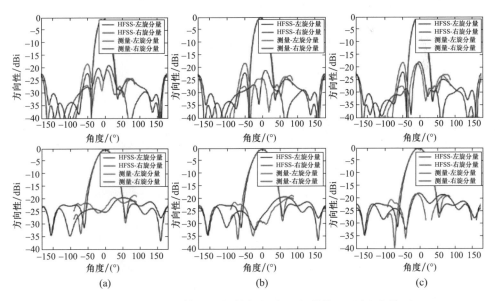

图 2.24 （见彩图）馈源的辐射方向图（顶）俯仰面（底）方位面
(a) $f=8.4$GHz；(b) $f=8.425$GHz；(c) $f=8.45$GHz。

表 2.4 馈源仿真和测试的增益

参数	增益/dBi		轴比/dB	
频率/GHz	计算值	测量值	计算值	测量值
8.375	13.80	13.90	2.0	2.76
8.400	13.96	13.96	1.2	1.53
8.425	13.97	13.93	0.3	0.55
8.450	13.87	13.92	1.6	1.33
8.475	13.78	13.87	3.0	2.60

对馈源展开做了测试并进行了 20 次展开,结果是平均展开角度为 22.82°,最大偏离角达到 0.1°,这么小的偏离不会影响反射阵列的指向。

已证明圆极化馈源对于该天线来说是最大的挑战之一,因为它决定了高增益天线的性能:

(1)最小化影响天线方向性的非均匀照射和溢出损耗;
(2)控制极化隔离度;
(3)减轻立方星公用平台引起的多径干扰(通过减小旁瓣电平实现)。

3)高增益天线计算和测量结果

对两个装载在典型的公用平台上的飞行模型 MarCO 反射阵列和馈源进行加工,以完成天线展开和辐射方向图测试(图 2.25)。图 2.26 是装载在飞行航天器上的飞行模型天线。表 2.5 给出了反射阵列天线的增益预算。预计的 MarCO 天线增益对应的天线总的效率是 42%(3.81dB 损耗),但是如果想获得更高的效率,提高的空间很小,重点是减小非均匀照射和溢出损耗。值得一提的是,馈源就效率而言已经获得了最佳性能。

表 2.5 反射阵列天线的增益预算

特性	增益/dBi	损耗/dB
最大方向性系数(口径)	32.97	—
溢出损耗	31.46	1.51
非均匀照射损耗	30.48	0.98
馈源损耗	29.74	0.74
贴片介质损耗	29.49	0.25
贴片导电损耗	29.45	0.04
不匹配损耗	29.31	0.14
铰链安装区域损耗	29.16	0.15
总计	29.16	3.81

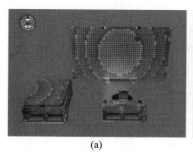
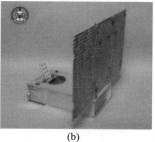

图 2.25 （a）折叠和展开的反射阵列原型；（b）馈源安装在立方星上的高增益天线

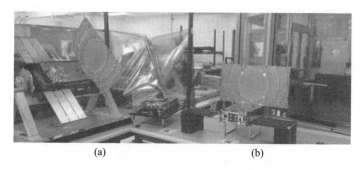

图 2.26 两个 MarCO 飞行航天器

虽然反射阵列铰链通过设计获得了最好的展开精度，但评价展开误差的影响是非常重要的。这些铰链没有调节特性，我们试图应用铝板样品来描述展开精度和可重复性的特性，如图 2.27 所示。中心平板和左右两侧平板的最大展开角度误差分别是约 0.65° 和 −0.06°。我们对两侧平板的展开误差在 ±1°（相对边缘）范围内的影响进行了评估。增益下降 0.3dB，方位角指向 0.4°。值得一提的是，展开的可重复性很好（在 0.03° 范围内），偏离 0.03° 不会影响增益或者指向。因此，在射频测量中获取了平板展开偏移的影响，在空间辐射方向图的指向角和增益就知道了。根部铰链（立方星公用平台和中心平板之间的铰链）也具有约 0.03° 好的可重复性，最大误差为 0.22°。我们的计算预计有 0.01dB 的增益损耗，这个损耗可以忽略。结论是，在 X 波段对铰链的要求没有在 Ka 波段的严格，在 Ka 波段铰链需要具有调节特性（见第 4 章）。在 X 波段，可以得到好的可重复性，容易达到展开精度。

馈源展开精度的影响也需要进行评估。结果表明，馈源的展开在 ±0.1° 范围内。在馈源展开误差 ±0.1° 范围内计算了反射阵列的辐射方向图，结果表明增益和反射阵列的指向不受影响。

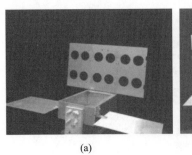
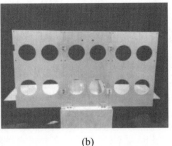

图 2.27 决定展开角度可重复性的 MarCO 展开测试装置

高增益天线飞行模型在由铝制成的简化模型上进行了验证(图 2.28)。反射阵列的辐射方向图在加利福尼亚州帕萨迪纳市 NASA 喷气推进实验室的圆柱形近场暗室里进行了测试(图 2.28(a))。

若想 MarCO 任务成功,需要对波束指向有准确了解。我们在 NASA 喷气推进实验室的测量实验室进行了一系列测量(图 2.28(b)):首先使用 4 个位于测试固定装置表面的 4 个模具球巢为天线近场范围激光测量提供方便的参考;其次使用摄影测量法对反射阵列表面的平整度进行评估;最后使用经纬仪决定馈源的物理中心和指向,确定每个平板 4 个角的位置。这个测量允许确定反射阵列天线坐标系(x_A, y_A, z_A)相对于 4 个模具球巢的最合适的平面。

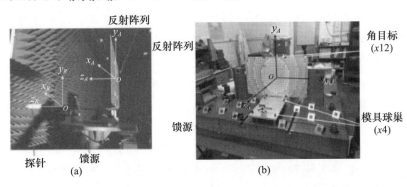

图 2.28 (a)NASA 喷气推进实验室近场暗室高增益天线的测试装置;
(b)测量表面平整度推算最合适平面的实验室测量装置

为了确定高增益天线相对于反射阵列天线坐标系(x_A, y_A, z_A)的最合适平面的波束指向,在近场暗室里进行了两次测量。首先应用这 4 个模具球位置的激光跟踪测量来建立在测量实验室进行测量的坐标系参考;然后应用激光跟踪测量确定近场天线范围的坐标系(x_R, y_R, z_R)。这两组数据允许准确确定相对于反射阵列天线坐标系的最合适平面的波束指向。

表 2.6 总结了频率为 8.4GHz,8.425GHz 和 8.45GHz 俯仰角和方位角的波束指向。预期和测量的方位角指向偏离保持在 0.18°以下时,俯仰角指向的偏离为 0.4°。这样的偏离会造成 0.45dB 的损耗,这对于任务可能是至关重要的。图 2.29 给出了测量得到的辐射方向图。在整个下行链路带宽范围内天线的增益保持在 29dBi 以上,极化隔离度大于 15.2dB。重要的是,立方星释放后高增益天线立即打开,在飞往火星的过程中天线始终是展开的。在地球附近展开后立即全面描述其辐射方向图特性,以验证天线的成功展开,并表征其特性和最佳波束指向。这是任务的一个关键阶段。

表 2.6 高增益天线方向图性能

频率/GHz	8.4		8.425		8.45	
	计算值	测量值	计算值	测量值	计算值	测量值
增益/dBi	29.3	29.2	29.2	29.2	29.2	29.0
方位角波束指向/(°)	-0.08	0.10	-0.06	0.10	-0.05	0.10
仰角波束指向/(°)	22.52	22.14	22.53	22.15	22.54	22.17

在空间描述天线方向图之前,天线展开之后立即对其拍照。应用低增益发射天线将图片传输到地球并与发射之前实验室拍摄的图片进行对比,这样可以排除大的展开差错。

高增益天线获得的性能在所有方面都满足任务的需求。这个高增益天线包含不同的创新技术,由两名射频工程师和两名机械工程师在 6 个月内设计完成,满足星际发射的严格的时限要求。这个任务的另一个创新是可展开 UHF 天线。

4) X 波段高增益天线的飞行性能

2018 年 5 月 5 日,NASA 将 InSight 发射到了火星,MarCO 卫星和 NASA 的 InSight 着陆器一起完成了这段旅程。东部时间 2018 年 11 月 26 日星期一 15 时前着陆器成功触及火星表面。MarCO A 和 MarCO B 将进入、下降和着陆数据从 InSight 传输到 70m DSN 地面站。70m DSN 天线(DSS-63,西班牙马德里)接收的来自两个立方星的载波功率和地球接收时间的函数关系如图 2.30 所示。在进入、下降和着陆过程中,DSS-63 工作在每个口径多个航天器(MSPA)模式。在这种模式中只要发射的波束在地面站天线相同的视域范围内,就可以同时实现来自多个航天器的下行链路的通信。从两个航天器接收的载波功率会有变化,这是由于在 MSPA 模式中一个航天器对于另一个航天器是偏离指向的。另外,两个航天器之间的变化(不同单元、温度变化等)使地面站收到的功率有 1~2dB 的差别。在 InSight 的进入、下降和着陆的过程中,在 0.977947AU 的距

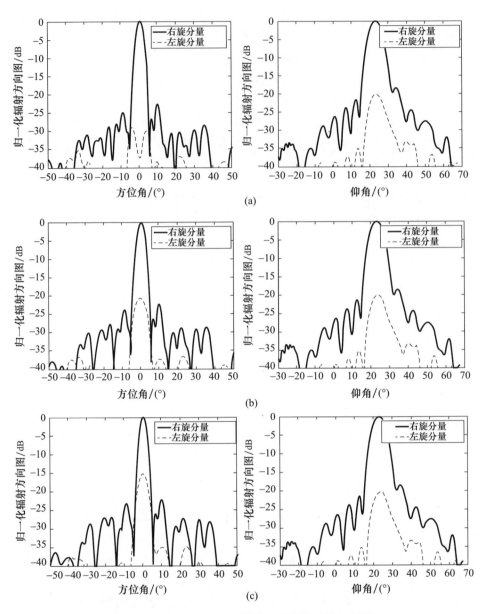

图 2.29 测量的归一化高增益天线的辐射方向图
(a)频率为 8.4GHz;(b)频率为 8.425GHz;(c)频率为 8.45GHz。

离,MarCO A 载波功率变化约为 0.6dB,MarCO B 功率变化约为 1.0dB。在这个距离预期的载波功率约为 $-148\text{dBm} \pm 2\text{dB}$。

当 MarCO 接近火星时,在执行任务之前几分钟,拍下了几幅具有历史意义的火星照片(图 2.31)。

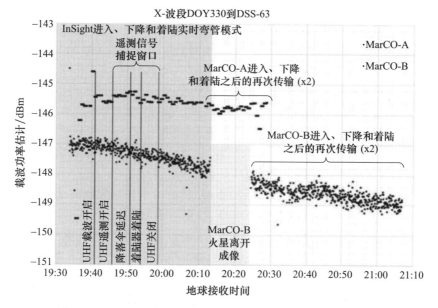

图 2.30　进入、下降和着陆过程中和之后 MarCO A 和 MarCO B 在 0.977947AU 的载波功率

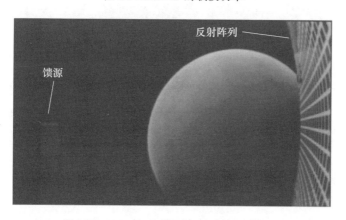

图 2.31　MarCO B 接近火星时拍摄的照片

2.4　进入、下降和着陆 UHF 链路

在这样小的航天器上设计 UHF 系统的一个主要挑战是适应天线的尺寸。典型的立方星 UHF 天线是由放置在立方星底部、顶部或者一侧的正交馈电的 4 个可展开单极子天线组成[28]。然而，用单极子不能满足 MarCO 任务的天线增益要求。

另外,为了使 InSight 航天器始终在视线内,UHF 天线必须安置在立方星的一侧。虽然对不同的 UHF 天线进行了权衡考虑(如贴片和单臂、双臂、四臂螺旋),根据配载因数、需要的增益、极化隔离度和简单的展开装置,这里提出的环形天线提供了最佳性能。另外,因为环形天线具有较大的材料切口,所以它提供了一个有利的航天器热视角因数,提供了满足系统热需求所需要的辐射冷却性能。

单个谐振式线极化环形天线,每周一个波长,圆形、方形、三角形和菱形环的不同设计可参见相关文献。带有反射板的电抗加载环形天线如果在环中引入间隙,可以辐射圆极化波[29]。同样,使用"分支线"作为一定长度耦合到环的传输线的圆极化环形天线已经得到验证[30]。

为 MarCO 设计的环形天线(图 2.32)是具有两个正交馈电的馈电点的一个波长平面方形环。该环放置在反射地板上,反射地板即航天器星体。两个馈电点分开 1/4 波长产生正交的线极化辐射方向图。两个相位差是 90°的相互垂直的线极化波产生需要的圆极化。最后,有限的接地板(立方星体)将双向辐射方向图变换为单向辐射。在展示最初的可展开 UHF 天线之前,首先简单介绍 MarCO 开始研制时文献中可以查到的所有天线概念的研究现状。表 2.7 总结了 UHF 可展开天线的需求。

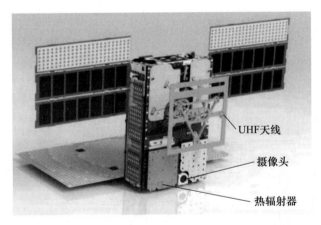

图 2.32　全展开的 MarCO 6U 立方星顶部的 UHF 天线

表 2.7　UHF 可展开天线的需求

特性	数值
频段/MHz	401.6
带宽/MHz	>0.1
±30°内增益/dBic	>0
±30°内极化隔离度/dB	>10

续表

特性	数值
标称波束指向(俯仰角和方位角)	0
极化方式	右旋圆极化
回波损耗/dB	>14

2.4.1 UHF 可展开立方星天线的研究现状

1. 四单极子天线

常用的 UHF 和 VHF 天线是商业化的空间创新解决方案(innovative solutions in Space, ISIS)可展开天线[28]。它由 4 个长达 55cm 的带状弹性天线组成(图 2.33),符合立方星的标准并且完全封装。它包括展开装置、射频接口和可选的安装在天线系统顶部表面的两个太阳能电池。可以采用不同的天线结构(单极子、偶极子、十字形),实现线极化或圆极化全向方向图,增益约为 0dBi。虽然该天线具有很好的配载效率,但是它不能满足 MarCO 的增益要求。

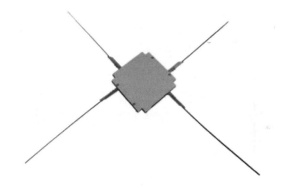

图 2.33 ISIS 可展开 UHF 和 VHF 天线(图片来自 ISISpace)

2. 螺旋天线

虽然螺旋天线需要展开方案以配载到立方星上,但是因其非谐振特性,就增益和带宽而言,它是单极子天线和偶极子天线的替代品[31-32]。目前已经研制成功了应用于立方星的 7 圈可展开螺旋天线[33-34],该天线在 360MHz 提供了大于 50% 的带宽和高于 13dBi 的增益。由于螺旋天线的增益和螺旋的圈数有关[35],为了实现给定的增益,天线可能较长。较长的天线对于立方星姿态控制来说具有挑战性。然而,可能通过双臂和四臂螺旋来减小单臂螺旋的长度[36]。虽然双臂和四臂螺旋提供了相同的性能,但是它们需要使用巴伦和/或合路器/功分器等器件。

加州理工学院研制了一种新型的包括一个螺旋或者四臂螺旋天线的可展开

天线[32]。它使用和金属反向缠绕的螺旋复合材料支撑结构,形成一个螺旋缩放仪,如图 2.34 所示。该结构进行轴向压缩,很像一个线性缩放仪,可以通过向里拉 4 个或 8 个点进行横向压缩。除了螺旋和四臂螺旋天线,其他有趣的可展开天线的理念在文献[32]中进行了总结,包括对数周期天线和圆锥对数螺旋天线。

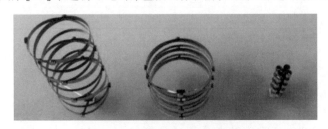

图 2.34　可展开宽带 UHF 天线
（图片由加利福尼亚州帕萨迪纳市加州理工学院提供）

3. 贴片天线

其他类型的立方星 UHF 天线目前正在研究中,如微带贴片天线。实际面临的挑战还是如何在小的空间安装 UHF 天线。例如,设计在 436MHz 的概念天线[37]是在高介电常数厚介质上面完成的（$\varepsilon_r = 6.15$,厚度为 6.4mm）。为了增加贴片的电长度,在贴片周边开锥形槽进一步缩减天线的尺寸（图 2.35）。缺点是,电尺寸如此小的天线的效率比较低（$\eta \approx 30\%$）,增益也比较低（≈ 0dBi）,考虑到功率控制、热视角因数、重量和空间辐射,可能不适合立方星结构。

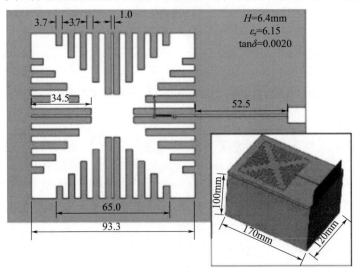

图 2.35　立方星贴片天线
（图片来源:Kakoyiannis 等[37] © 2008 IEEE）

2.4.2 圆极化环形天线的概念

1. 环形天线辐射和极化

虽然很多环形天线是由非导电的支撑柱上支撑的金属管、单股或者多股的导线制造的[38],但是这里介绍的环形天线印刷在厚 1.524mm 的介质上,介质要具有足够的硬度以保持其平整度。这种在介质上画线的方法大大简化了所需要的巴伦和匹配网络的实现,因为后者可以用微带线实现。一个波长的环形天线印刷在 200mm×200mm 的 RT Duroid 4003 介质上(ε_r = 3.38, tan δ = 0.0027)。

当环形天线在底部左端角馈电时,在指向 45°的方向产生线极化辐射,如图 2.36(a)所示。当天线在底部右端角馈电时,在指向 -45°的方向产生线极化辐射,如图 2.36(b)所示。这种情况仿真的输入阻抗约为 150Ω,和环上馈电点的位置无关。有限接地板的加入降低了输入阻抗,增加了天线的方向性系数[39]。在这种情况下,接地板是立方星本身(图 2.36(c))。放置的距离为 86mm(在 401MHz 频率为 $0.11\lambda_0$),可以获得约 100Ω 的输入阻抗和 6.14dBi 的最大方向性系数。当天线合并两个馈源馈电时,天线的极化随着两个馈源的相位差变化,如图 2.36(d)所示。对于所有的馈源位置来说,阻抗和方向性系数接近相同。

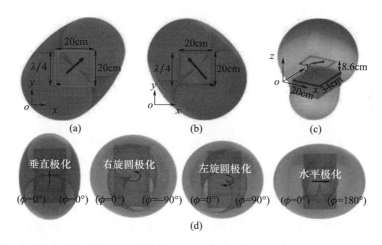

图 2.36 (a)具有双向辐射方向图线极化(45°指向)的一个波长印刷环形天线;(b)基于新的馈电点位置的线极化(-45°指向)的一个波长印刷环形天线;(c)立方星公用平台上的环形天线,由于立方星的反射增强了方向性;(d)基于两个馈电点的相对相位不同组合的环形天线的极化方式(垂直极化、右旋圆极化、左旋圆极化、水平极化)

方向性系数以及谐振环的输入阻抗直接受接地板尺寸和环形天线与接地板之间距离的影响。理想来说,对于一个波长的环,当环在有限接地板的上方

1/4 波长时,天线的方向性系数最大。在 401MHz,理想的距离为 187mm。对于 6U 立方星,可获得的接地板尺寸是 340mm×200mm。减小接地板上方间距到 86mm 简化了天线安装,同时获得了可以接受的环形天线阻抗并保持较好的方向图的方向性。

图 2.36(c)所示的优化后的环形天线获得了立方星任务所需的阻抗和方向性。虽然轴比可以简单地通过两个巴伦相对于馈电点位置的相位差来调节,但是 200mm×340mm 的立方星接地板的长宽比使天线的轴比恶化了约 3dB。这可以通过立方星的非对称尺寸来解释,非对称尺寸影响了两个正交线极化的幅度。

2. 无限巴伦设计和屏蔽环

1946 年,Libby 用同轴线缆解释了屏蔽环形天线的基本原理[30],如图 2.37 所示。同轴线缆的外套用来辐射。同轴电缆的内导体焊接在第二根同轴线的外壳上,形成了无限巴伦。

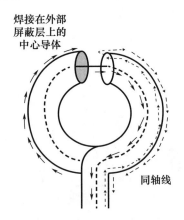

图 2.37 用同轴电缆表示电小尺寸屏蔽环形天线的电流流动
粗实线的箭头表示同轴电缆内导体表面的电流流动,点状箭头表示外导体内表面上的平衡电流,带箭头的虚线表示同轴线外导体表面上的电流。

相同的基本原理应用于所提出的环形天线,除了同轴传输线用微带传输线代替,微带线有利于无限巴伦的实现。在这个结构中,环形天线用宽 5.6mm 的电路布线得到。如图 2.38 所示,无限巴伦通过 100Ω 微带线和环的两个角的 1.38mm 的间隙形成。值得强调的是,巴伦 A 的间隙位于巴伦 B 驻波电流的零点(反之亦然)以使两个无限巴伦互不干扰。

两个巴伦分开的距离是 1/4 波长,接地板上的电流(带箭头的虚线)以及信号微带线上的电流(实线箭头)如图 2.38 所示。和屏蔽环形天线相似,天线的辐射是由微带线接地板上的电流流动形成的。

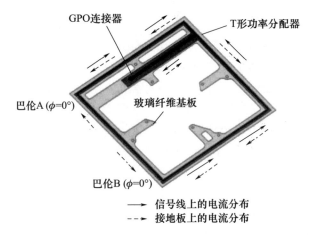

图 2.38　垂直极化时的环形天线设计，除了两个巴伦之外还给出了微带线和接地板电流流动

3. 馈电结构

天线的输入采用 GPO 连接器实现从输入的同轴线到 50Ω 微带线的转换（图 2.39(a)）。另外，在微带线上设计一个简单的 T 形结功率分配器来给两个独立的 100Ω 传输线馈电，如图 2.39(b) 所示。功分器在环上的位置用来调节两个 100Ω 微带线的长度，以获得环形天线馈电的两个无限巴伦之间 90° 的相位差。换句话说，天线的输入连接器和两个无限巴伦之间的长度差设计为 1/4 波长。

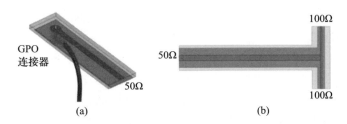

图 2.39　(a) 从同轴线到 50Ω 微带线的转换　(b) 50~100Ω 微带线转换的功率分配器

使用了两个巴伦的电流是用来辐射的，但是一部分电流通过同轴电缆的外表面被带回航天器。减小其对方向图和轴比的影响有两种方法：一种是使用弹性的同轴线尽可能垂直和靠近环的中心；另一种是沿传输线使用铁氧体磁珠来消除同轴传输线上的共模信号（非平衡电流）。然而，铁氧体磁珠增加了质量、展开风险和在配载结构中的天线体积，因此，将同轴电缆的辐射作为设计的一部分。

2.4.3 机械结构和展开方案

UHF 天线的机械结构受配载体积和 InSight 发射日期带来的紧凑的时间安排的要求(从设计理念到交付使用大约 8 个月)两个主要因素的制约。另外,射频设计与物理结构内部紧密集成和展开装置造成了设计的折中。

配载体积是对天线另外的限制条件。为了满足天线性能和航天器热管理的要求,UHF 环形天线电路板和航天器舱面的距离至少为 80mm。然而,为了安装在发射筒内,天线需要安装在距离航天器舱面 6mm 以内。因此,需要一个展开装置。为此,研制了图 2.40 所示的弹簧加载的线缆拉伸结构。这个机械装置考虑了满足 6mm 的配载要求的非常有效的配载体积。它还允许电路板环形天线达到 90mm 的展开高度,仍然保持较好的结构刚度。

图 2.40 UHF 配载和展开的线缆拉伸结构

结构的自然频率是指在没有任何阻尼情况下展开系统的振动频率,这些频率和应用的机械激励无关。若展开的机械结构基本的自然频率太低,则存在其振动(在展开状态)和航天器的姿态控制系统相互干扰的风险。这会导致在相对于惯性参考系期望的位置不能对准航天器。

根据经验,连接在航天器公用平台结构上的大型可展开结构追求 10～20Hz 数量级或者更大的谐振频率。目标是结构的自然频率高于航天器姿态控制系统的控制频率,为了达到航天器控制的目的,结构能够当作刚体[40]。如果展开结构能够当作刚体,航天器就能够被推进器、反作用轮、扭力杆等可靠控制。对于 MarCO 立方星来说,姿态控制系统需要大于 5Hz 的展开自然频率。值得一提的是,已经证实精度驱动的结构也是刚性驱动的结构[41]。换言之,结构精度和刚性是相辅相成的。因此,为了获得更精确的结构,其刚性应该最大化。

图 2.41 示出结构有限元分析仿真[42]计算得到的可展开的 UHF 天线的前 4 个自然频率。仅为了可视化,图 2.41 中的变形被高度放大。第一个自然频率在 90Hz 以上,表明展开的结构刚性非常好,结果应该不存在和航天器姿态控制系统干扰的问题,天线应该具有很好的展开精度。

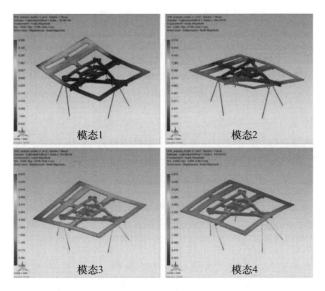

图 2.41　环形天线的 3D 打印支撑结构有限元特征值分析选择的模态振型

如图 2.42 所示，这个可展开天线的主要机械部件是电路板支撑（ULTEM 材料）、射频电路板（RT Duroid 4003 材料）、结构六足拉伸线缆（Vectran 材料）、压缩展开弹簧、下拉/拉伸机械装置和燃丝释放系统。

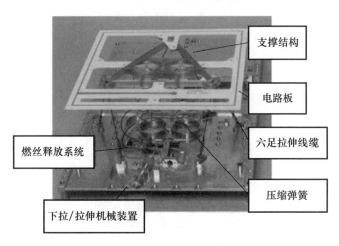

图 2.42　展开的 UHF 天线机械部件和命名

电路板支撑结构的设计满足刚度需求，同时最小化射频干扰和 ULTEM 材料的损耗。为了达到这个要求，材料集中在环形天线的中心，最小量的材料添加在环的边缘下方。值得一提的是，总的天线结构特性依赖 1.524mm 的 Rogers 4003 电路板的刚度。ULTEM 支撑结构的主要荷载来自六足拉伸线缆（第三项）

和位于环中心的压缩弹簧(第四项),如图 2.42 所示。这两个弹簧位于环的中心以使它们对天线性能的影响最小。支撑结构是一个刻有两个圆的三角形,这两个圆和展开弹簧匹配,目的是有效处理来自拉伸线缆的荷载,拉伸线缆安置在一个动态的六足式结构中[43]。结构的总厚度要防止电路板在展开状态下发生弯曲。实际上,弹簧推动结构离开航天器同时拉伸线缆将之拉回,两个相反力量的组合使得系统结实稳定。

为了保证长度的准确性和可重复性,Vectran 六足拉伸线缆,即机械部件的第三项,在一个定制的工装夹具上制作。Vectran 线缆是可弯曲的,和重型钓鱼线相似,但是具有适合严苛的空间环境的材料特性[43-46]。线缆在每端都有开口环,一个环通过单一反手结[47]形成,线缆的另一端使用标准的铜端子。应该指出的是,拉伸(弹性)线缆形成有效的可展开结构单元,因为它们能够配载在各种紧凑的几何形状里,只能受拉时承受荷载,这是最有效的结构单元的应用[48],预载拉伸线缆的压缩弹簧(由镍涂层弹簧钢制成)提供 7.6N 总的预载力,在 6 个六足线缆之间共享。这个预载力(形成约 7.5m/s^2 的脱离加速度)对于承受在空间遇到的极小荷载来说是过度的。换句话说,在空间没有摩擦或者反作用力在天线展开过程中给天线减速。尽管重力矢量的方向不同,但六足拉伸线缆总是保持拉伸状态。因此,当航天器在垂直位置时,天线不会受重力的影响而松弛。

对于配载和发射下拉装置,天线使用另一个 Vectran 线缆(140 lbf(1lbf = 4.448N)的抗拉强度,仅支持下拉荷载)合并一个新颖的小型带有集成弹簧的螺丝扣装置,如图 2.43 所示。

螺丝扣允许 Vectran 下拉线缆很容易拉紧而不必要在拉伸情况下系紧一个结(这是很难实现的,尤其是在狭小的空间)。装置中的集成弹簧使组件保持在配载和拉伸状态,即使热荷载和发射振动引起 Vectran 打结线缆长度轻微变化。最后,应用两个燃丝装置使打结线缆得到释放。

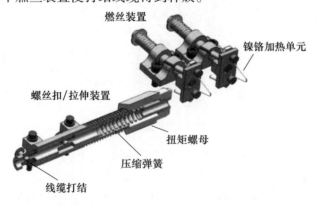

图 2.43　螺丝扣/拉伸装置和燃丝装置(注意,图中没有画出打结线)

这些装置是基于海军研究实验室构思的一项更早的设计[49]，使用了通过打结线缆实现热切断的一个移动镍铬热丝。在1.6A电流施加在设备上不到8s时，燃丝装置切断拉紧线缆。注意，燃丝是冗余的，每个燃丝都可以切断下拉线，释放天线进行展开。

通过对天线的展开可重复性、热循环、随机振动等的测试，验证了天线在MarCO任务的±125℃极端空间环境中能可靠工作。图2.43所示的天线展开装置已经在热室里-60℃的温度（展开阶段的预期温度）进行了测试，验证了低温下同轴电缆的刚度不会影响环形天线的释放方案。

2.4.4 仿真和测试

环形天线的仿真是用三维有限元电磁求解器 ANSYS HFSS 软件完成的。图2.44给出了所加工的环形天线的图片，包括其详细尺寸。天线设计的带宽足够大，以应对在±125℃的极端温度变化范围[50]材料热胀冷缩引起的天线频移。

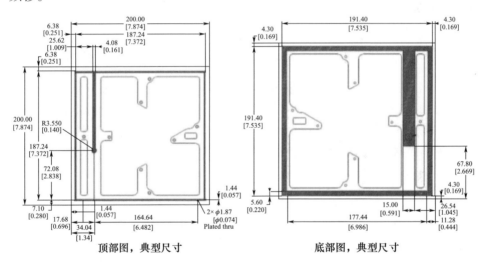

图 2.44 所加工的环形天线（顶部和底部）（包括尺寸，括号里单位为 in，其余是 mm）

图2.45给出了安装在MarCO航天器上的环形天线的HFSS模型和实体模型。模型没有包括相对于波长较小的细节，如燃丝装置、六足拉伸线缆和多层热绝缘层。注意，航天器包括两个展开的太阳能平板，每个太阳能平板在实体模型中用铝制的"窗型格"结构来代表。

由于UHF天线照射在这些尺寸为300mm×200mm的太阳能帆板上，因此在HFSS模型中包括这些太阳能平板是很重要的。太阳能平板总的影响是除了立方星星体之外增加了反射表面，结果形成了更大的有效接地板，提高了天线的方向性系数。仿真只包括了太阳能平板的接地部分,因为我们发现把太阳能电池加到平板上仅稍微提高了天线的方向性。

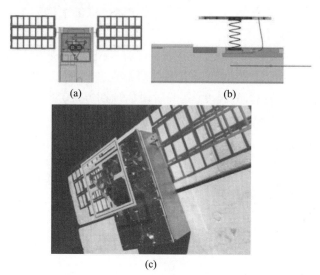

图 2.45　HFSS 仿真的 MarCO 立方星 UHF 天线
(a)顶视图;(b)侧视图;(c)验证天线性能所加工的立方星实体模型的照片。

我们总共加工了 4 副天线并用立方星实体模型进行了性能评估。图 2.46 给出了仿真和测试的反射系数。反射系数是用经过短路开路负载校准的 Agilent 网络分析仪(PNA)E8363B 进行测试的。所有的仿真结果和测试结果吻合较好,差异是展开后的同轴电缆的形状引起的。

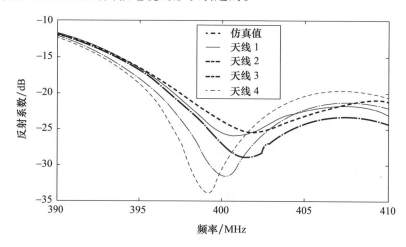

图 2.46　加工的 4 副天线测量和仿真的反射系数的比较

天线的辐射方向图在喷气推进实验室 212 West Range[43]进行了测量,如图 2.47 所示。基于两个标准增益喇叭天线的测量应用替代法提取环形天线的绝对增益。

图 2.47　West Range 天线方向图测试平台,待测天线放置在柱子顶端,地面覆盖吸波材料减小多径干扰

图 2.48 给出了在中心频率(401.6MHz)仿真和测量的右旋分量和左旋分量在俯仰面和方位面增益方向图的比较。误差条描述了这 4 个测量的天线方向图之间的差异。视轴方向的最大增益为 5dBi(辐射效率为 90%)。俯仰角和方位角方向 ±30°范围内增益大于 2.5dBi。在这个范围内测量得到的极化隔离

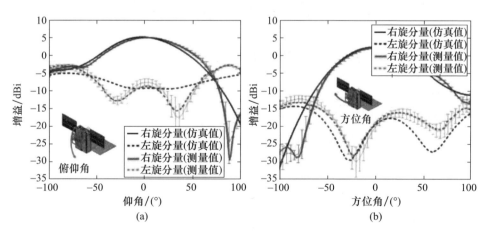

图 2.48　测量和 HFSS 仿真得到的仰角平面和方位角平面右旋圆极化增益,右旋分量和左旋分量的差定义为天线的极化隔离度
(a)俯仰面;(b)方位面。

度高于 10.5dB,相当于在感兴趣的区域天线的轴比小于 4dB。轴比值主要是带有太阳能板的立方星星体的有限接地板引起的。相比于方位角方向的俯仰面高宽比(870mm×340mm)引起了在俯仰角和方位角±30°方向小于 0.3dB 的预期的极化损耗。由图 2.48 的曲线可以明显看出,接地板的不对称和沿着环形天线电流的非均匀分布引起了方向图的不对称。

实际上,方位面的不对称主要是微带馈源的出现和环上电流分布的不均匀引起的;而俯仰面的不对称是由天线在立方星上非对称放置和太阳能板的非对称放置引起的。

使用所提出的可展开 UHF 环形天线,回波损耗、增益、极化隔离度和带宽需求(表 2.7)都得到了满足。

2.4.5　飞行性能

在 InSight 的进入、下降和着陆过程中,Iris 无线电设备设置在弯管传输模式,其中 UHF 接收机用来获取来自 InSight 的信号,X 波段发射机用来将信息实时传送回地球。由于一些重要事件,如大气进入、等离子体断电和降落伞展开,InSight 的进入、下降和着陆过程推动了无线电设备保持载波锁定的高速发展。图 2.49 和图 2.50 表示接收的信号的强度(由接收机增益控制遥测数据插值得到)和每个立方星看到的载波频率偏移。

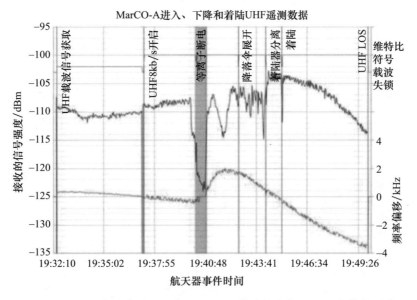

图 2.49　进入、下降和着陆过程中,MarCO A 接收的来自 InSight 的信号强度和多普勒效应引起的载波频率偏移(AOS 代表信号的获取,LOS 代表信号的损耗)

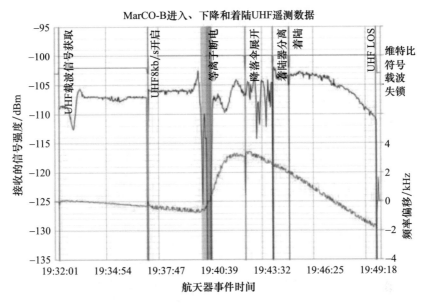

图2.50 进入、下降和着陆过程中,MarCO-B观测到的信号强度和多普勒效应引起的载波频率偏移(AOS代表信号的获取,LOS代表信号的损耗)

进入、下降和着陆之前 InSight 和 MarCO 之间的轨道分析预测接收功率约为 −110dBm±3dB。两个立方星在预期的范围内均测到了较强的信号强度。在超声速进入火星大气的过程中,由于相对于 X 波段信号有更高的等离子体电子密度[51−52],因此通信断电和减弱之前就被观测到了。MarCO-A 观测到了持续 37s 的强烈的断电期,但是 MarCO-B 观测到了没有那么严重的等离子体事件,完全的断电期只持续了 9s。推测 MarCO-A 和 InSight 之间的视线相比于 MarCO-B 和 InSight 之间的视线具有更高的等离子体浓度。应用轨道重建和飞行器热动力建模,在进入探测器苏醒区域等离子体形成正在进一步分析。

通过蒙特卡罗仿真,预期的名义上的多普勒动态范围估计具有 ±4kHz 的频率频移,速率达到 50Hz/s。在进入、下降和着陆过程中,两个立方星均观测到了 6kHz 的总频率偏移,MarCO-A 观测到了 +2kHz/−4kHz 的频率偏移,MarCO-B 观测到了 +4kHz/−2kHz 的频率偏移。多普勒偏移的差别主要来自 MarCO 的飞行轨道(在飞行 B−平面,MarCO-A 位于着陆点的南面而 MarCO-B 位于着陆点的北面)和微小的时间差。在 InSight 降落伞展开时,MarCO-B 遥测数据观测到了快速的频率变化。

2.5 小　　结

MarCO 的天线研制在 9 个月内完成,这可能是 NASA 喷气推进实验室项目中最具挑战性的日程安排之一。尽管时间紧迫,4 个 X 波段低增益天线、X 波段可展开反射阵列天线和可展开 UHF 环形天线均如期交付并且都满足任务需求。这项工作由一个很小的团队完成(图 2.51)。

图 2.51　高增益反射阵列天线和 UHF 可展开天线的 MarCO 天线团队(从右向左:Richard E. Hodges 博士、Joseph Vacchione 博士、Phillipe Walkameyer、Nacer Chahat 博士、Brittany S. Velasco、Vinh Bach 和 Emmanuel Decrossas 博士)

经过审查,NASA 管理者决定暂停原计划的 2016 年 3 月"地震调查、测地与地热流内部探测器"任务的发射。这个决定是在尝试修复科学有效载荷主要仪器的一部分裂缝失败之后做出的,MarCO 任务因此被延期。

2018 年 5 月 5 日,NASA 往火星发射了 InSight。MarCO 卫星和 NASA 的 InSight 着陆器一起完成了这段旅程。着陆器在 2018 年 11 月 26 日星期一东部时间 15 时前成功触及火星。MarCO A 和 MarCO B 将进入、下降和着陆数据完美无缺地从 InSight 传输到 70m DSN 地面站。在关键的进入、下降和着陆事件中,X 波段高增益天线的增益低于预测值 0.5dB。

超越了 MarCO 任务,项目中天线工程师研制的技术对于大量即将到来的星际立方星任务都是很有用的。例如,大量的 NASA 的立方星,如 Near – Earth Asteroid(NEA) Scout、Lunar Flashlight、LunaH – map、BioSentinel、Lunar Icecube 都将使用 X 波段低增益天线。可展开高增益反射阵列天线提供了新的深空通信的能力，允许在空间更远的地方冒险。这些技术将为未来立方星天线的应用铺平道路，这些天线将会带来未来空间和地球观测与探索的技术革新。2016年，美国国家工程院、科学院和医学院认为通信技术是自由飞行的行星立方星的技术瓶颈，这意味着需要更大的天线。从那时起，随着 MarCO 的成功研制和验证以及本书其他章节要介绍的很多天线的创新，这个问题已经解决。

已证明了此项工作对于国家的巨大价值，也对 NASA 的空间探索项目和其使用的探索太阳系的仪器产生重大和持久的影响。

参考文献

[1] N. Chahat, "A mighty antenna from a tiny CubeSat grows," *IEEE Spectrum*, vol. 55, no. 2, pp. 32 – 37, Jan. 2018.

[2] D. Bell, "Iris V2 CubeSat deep space transponder. X –, Ka –, S – band and UHF deep space telecommunications and navigations," *National Aeronautics and Space Administration*, JPL 400 – 1604, 2016.

[3] R. Hodges, D. Hoppe, M. Radway, and N. Chahat, "Novel deployable reflectarray antennas for CubeSat communications," *IEEE MTT – S International Microwave Symposium* (IMS), Phoenix, AZ, May 2015.

[4] R. E. Hodges, N. Chahat, D. J. Hoppe, and J. Vacchione, "A deployable high gain antenna bound for Mars: developing a new folded – panel reflectarray for the first CubeSat mission to Mars," *IEEE Antennas and Propagation Magazine*, vol. 4, Apr. 2016.

[5] G. Hunyadi, D. M. Klumpar, S. Jepson, B. Larsen, and M. Obland, "A commercial off the shelf (COTS) packet communications subsystem for the Montana EaRth – Orbiting Pico – Explorer (MEROPE) CubeSat," *Proceedings, IEEE Aerospace Conference*, Big Sky, MT, USA, 2002.

[6] J. Praks, A. Kestila, M. Hallikainen, H. Saari, J. Antila, P. Janhunen, and R. Vainio, "AALTO – 1 – an experimental nanosatellite for hyperspectral remote sensing," *2011 IEEE International Geoscience and Remote Sensing Symposium*, Vancouver, BC, 2011, pp. 4367 – 4370.

[7] J. W. Cutler and H. Bahcivan, "Radio Aurora Explorer: a mission review," *Journal of Spacecraft and Rockets*, vol. 51, no. 1, pp. 39 – 47, Jan. – Feb., 2014.

[8] J. H. Yuen, *Deep Space Telecommunications Systems Engineering*, Pasadena, CA: JPL Publication, Jul. 1982, pp. 82 – 76.

[9] C. Chang, DSN Telecommunications Link Design Handbook, no. 810 – 005, Rev. E, Jet Propulsion Laboratory, California Institute of Technology, Nov. 2000.

[10] S. C. Spangelo, M. W. Bennett, D. C. Meizer, A. T. Klesh, J. A. Arlas, and J. W. Cutler, "Design and implementation of the GPS subsystem for the radio Aurora explorer,"

Acta Astronautica, vol. 87, pp. 127 – 138, Feb. 2013.

[11] A. Williams, J. Puig – Suari, and M. Villa, "Low – cost low mass avionics system for a dedicated nano – satellite launch vehicle," *2015 IEEE Aerospace Conference*, Big Sky, MT, 2015, pp. 1 – 8.

[12] W. H. Swartz, L. P. Dyrud, S. R. Lorentz, D. L. Wu, W. J. Wiscombe, S. J. Papadakis, P. M. Huang, E. L. Reynold, A. W. Smith, and D. M. Deglau, "The RAVAN CubeSat mission: advancing technologies for climate observation," *2015 IEEE International Geoscience and Remote Sensing Symposium(IGARSS)*, Milan, 2015, pp. 5300 – 5303.

[13] C. L. Thornton and J. S. Border, *Radiometric Tracking Techniques for Deep Space Navigation*, Jet Propulsion Laboratory, California Institute of Technology, Oct. 2000.

[14] C. B. Duncan, A. Smith, and F. Aguirre, "Iris Transponder – communications and navigation for deep space," *Small Satellite Conference*, Logan, UT, 2014.

[15] A. T. Klesh, J. D. Baker, J. Bellardo, J. Castillo – Rogez, J. Cutler, L. Halatek, E. G. Lightsey, N. Murphy, and C. Raymond, "INSPIRE: Interplanetary NanoSpacecraft Pathfinder In Relevant Environment," *AIAA SPACE Conference and Exposition*, San Diego, CA, 2013, pp. 1 – 6.

[16] A. Klesh and J. Krajewski, "MarCO: CubeSats to Mars in 2016," *Small Satellite Conference*, Logan, UT, 2015.

[17] C. B. Duncan, "Iris V2 CubeSat deep space transponder. X – , Ka – , S – band, and UHF deep space telecommunications and navigation," 2016. Available: online: https://deepspace. jpl. nasa. gov/files/dsn/Brochure_IrisV2_201507. pdf.

[18] F. A. Aguirre, "X – band electronics for the INSPIRE CubeSat deep space radio," *Aerospace Conference*, Big Sky, MT, 2015.

[19] *Proximity – 1 Space Link Protocol – Data link layer*, Issue 5, Recommendations for Space Data System Standards(Blue Book), CCSDS 211. 0 – B – 5, Washington D. C. , CCSDS, Dec. 2013.

[20] D. Antso, "Mars Technology Program communications and tracking technologies for Mars exploration," *Aerospace Conference*, Big Sky, MT, 2006.

[21] *AOS Space Data Link Protocol*, Issue 3, Recommendations for Space Data System Standards (Blue book), CCSDS 732. 0 – B – 1, Washington D. C. :CCSDS, Sept. 2003.

[22] M. M. Kobayashi, S. Holmes, A. Yarlagadda, F. Aguirre, M. Chase, K. Angkasa, B. Burgett, L. McNally, and T. Dobreva, "The Iris deep – space transponder for the SLS EM – 1 secondary payloads," *Submitted to IEEE AES*, 2018.

[23] R. Hodges, M. Radway, A. Toorian, D. Hoppe, B. Shah, and A. Kalman, "ISARA – Integrated Solar Array and Reflecrarray CubeSat Deployable Ka – band Antenna," *IEEE APS Symposium*, Vancouver, July 2015.

[24] D. M. Pozar and T. A. Metzler, "Analysis of a reflectarray antenna using microstrip patches of variable size," *Electronics letters*, vol. 29, pp. 657 – 658, Apr. 1993.

[25] D. M. Pozar, S. D. Targonski, and H. D. Syrigos, "Design of millimeter wave microstrip reflectarrays," *IEEE Transactions on Antennas and Propagation*, vol. 45, no. 2, pp. 287–296.

[26] M. Zhou, S. B. Sørensen, R. Jørgensen, O. Borries, E. Jorgensen and G. Toso, "High-performance curved contoured beam reflectarrays with reusable surface for multiple coverages," *European Conference on Antennas and Propagation (EUCAP)*, Paris, 2017, pp. 71–75.

[27] M. Milon, D. Cadoret, R. Gillard, and H. Legay, "'Surrounded-element' approach for the simulation of reflectarray radiating cells," *IET Microwaves, Antennas & Propagation*, vol. 1, no. 2, pp. 289–293, Apr. 2007.

[28] "Deployable UHF and VHF antennas," Available: online: http://www.isispace.nl/brochures/ISIS_AntS_Brochure_v.7.11.pdf.

[29] S. Okubo and S. Tokumaru, "Reactively loaded loop antennas with reflectors for circular polarization," *IECE Transactions (B)*, vol. J65-B, no. 8, pp. 1044–1051, Aug. 1982.

[30] T. Nakamura and S. Yokokawa, "Loop antenna with a branch wire for circular polarization," *IECE Transactions (B)*, vol. J70-B, no. 11, pp. 110–117, 1987.

[31] A. J. Ernest, Y. Tawk, J. Costantine, and C. G. Christodoulou, "A bottom fed deployable conical log spiral antenna design for CubeSat," *IEEE Transactions on Antennas and Propagation*, vol. 63, no. 1, pp. 41–47, Jan. 2015.

[32] G. Olson, S. Pellegrino. J. Costantine, and J. Banik, "Structural architectures for a deployable wideband UHF antenna," *53rd AIAA/ASME/ASCE/AHS/ASC Structures, Structural Dynamics and Materials Conference*, Honolulu, HI, Apr. 2012.

[33] D. J. Ochoa, G. W. Marks, and D. J. Rohweller, "Deployable helical antenna for nano-satellites," US 8970447 B2, Mar 3, 2015.

[34] D. J. Ochoa and K. Hummer, "Deployable helical antenna for nano-satellites," *28th Annual AIAA/USU Conference on Small Satellite*, Logan, Utah, 2014.

[35] J. D. Kraus, *Antennas*, 2nd ed, New York: McGraw-Hill, 1988.

[36] J. Costantine, D. Tran, M. Shiva, Y. Tawk, C. G. Christodoulou, and S. E. Barbin, "A deployable quadrifilar helix antenna for CubeSat," *Proceedings of the 2012 IEEE International Symposium on Antennas and Propagation*, Chicago, IL, 2012.

[37] C. G. Kakoyiannis and P. Constantinou, "A compact microstrip antenna with tapered peripheral slits for CubeSat RF payloads at 436MHz: miniaturization techniques, design & numerical results," *2008 IEEE International Workshop on Satellite and Space Communications*, 1–3 Oct. 2008, pp. 255–259.

[38] W. L. Stuzman and G. A. Thiele, *Antenna theory and Design*, New York: John Wiley & Sons, 1997.

[39] A. A. Ayorinde, S. A. Adekola, and A. Ike Mowete, "Performance characteristics of loop antennas above a ground plane of finite extent," in *PIER Proceedings*, Taipei, 2013, pp. 769–774.

[40] J. R. Wertz and W. J. Larson, *Space Mission Analysis and Design (SMAD)*, 3rd ed, New

York: Springer, 1999.

[41] J. M. Hedgepeth, "Critical requirements for the design of large space structures," *Astro Research Corp*, Carpinteria, CA, NASA CR 3484, 1981.

[42] N. X. Nastran, "Structural analysis," Version 9.1 Siemens, Plano, TX, 2014.

[43] R. Chini, "The hexapod telescope – A never ending story," *Reviews in Modern Astronomy 13: New Astrophysical Horizons*, vol. 13, pp. 257 – 268, 2000.

[44] "Vectran Technical Data Brochure," Kuraray America, Inc. Vectran Division, 2008.

[45] "General Considerations for the Processing of Vectran Yarns," Kuraray America, Inc. Vectran Division, 2007.

[46] R. B. Fette and M. F Sovinski, "Vectran fiber time – dependent behavior and additional static loading properties," NASA/TM – 2001 – 212773, 2004.

[47] C. W. Ashley, *The Ashley book of Knots*, New York: Doubleday, 1944.

[48] R. E. Skelton, J. W. Helton, R. Adhikari, J. P. Pinaud, and W. Chan, *An Introduction to the mechanics of Tensegrity Structures*, Boca Raton: CRC Press LLC, 2002.

[49] A. Thum, S. Huynh, S. Koss, P. Oppenheimer, S. Butcher, J. Schlater, and P. Hagan, "A nichrome burn wire release mechanism for cubeSats," *Proceedings of the 41st Aerospace Mechanisms Symposium*, Jet Propulsion Laboratory, Pasadena, CA, May 16 – 18, 2012.

[50] P. Kabacik and M. E. Bialkowski, "The temperature dependence of substrate parameters and their effect on microstrip antenna performance," *IEEE Transactions on Antennas and Propagation*, vol. 47, no. 6, pp. 1042 – 1049, Jun. 1999.

[51] D. Morabito, "The spacecraft communications blackout problem encountered during passage or entry of planetary atmospheres," *Jet Propulsion Laboratory*, IPN Progress Report 42 – 150, Pasadena, 2002.

[52] D. Morabito, R. Kornfeld, K. Bruvold, L. Craig, and K. Edquist, "The Mars Phoenix Communications Brownout during entry into the Martian atmosphere," *Jet Propulsion Laboratory*, IPN Progress Report 42 – 179, Pasadena, 2009.

第 ❸ 章
立方星雷达:雨立方

Nacer Chahat, Jonathan Sauder, Alessandra Babusca, Mark Thomson
NASA 喷气推进实验室/美国加利福尼亚州帕萨迪纳市加州理工学院

3.1 任务简介

随着最近小型化雷达和立方星技术的发展,同时发射多个雷达仪器是可以实现的。立方星雷达(雨立方)任务,由 NASA 喷气推进实验室研制并于 2018 年发射,是一个 6U(约 12cm×24cm×36cm)立方星降水雷达[1](图 3.1)。它于 2018 年 5 月被送入轨道,2018 年 6 月 25 日从国际空间站展开。

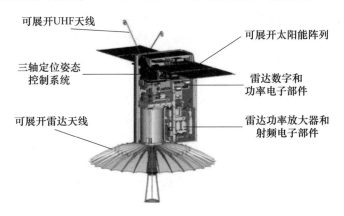

图 3.1 RainCube 6U 立方星降水雷达

得益于雷达部件的简单化和小型化,喷气推进实验室的 RainCube 项目研制了一种与 6U 类立方星兼容的新颖的架构。与现有的星载雷达相比,RainCube 架构将部件数量、功耗和质量减少了几个数量级。这开启了低成本航天器平台选择的新领域,不仅节约了仪器成本,而且降低了发射和航天器成本。

我们现在可以考虑在近地轨道不同的相对位置部署一组完全相同的仪器,以解决需要高分辨率垂直识别能力的现有任务留下的特定的观察间隙的问题。

RainCube 是在低成本、快周期平台上实现 Ka 波段降水雷达技术的一项技术验证任务。RainCube 在 6U 立方星上研制、发射和运行了一个 35.75GHz 雷达有效载荷。这项任务在空间环境验证了一种 Ka 波段雷达的新架构和一种超紧凑可展开 Ka 波段天线,同时证明了立方星平台上实现雷达有效载荷的可行性。天线和其雷达载荷如图 3.2 所示。天线集成到航天器上时可以看到它完全展开(图 3.3)。

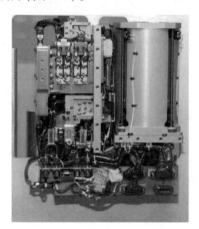

图 3.2　雷达电子设备和集成在飞行底盘上的折叠天线　　图 3.3　RainCube 航天器(其天线在集成和测试过程中完全展开)

RainCube 仪器的构造是一个 Ka 波段固定指向天底的轮廓测量仪[1],在 250m 范围分辨率最小可探测反射率优于 +12dBZ①,在高度 450~500km 具有 10km 的水平分辨率。和天线相关的 RainCube 关键需求是直径 10km 瞬时雷达覆盖范围,覆盖范围限定了天线的方向性系数和波束宽度(小于 1.2°),增益是由雷达敏感度限定的。为了避免雷达模糊,旁瓣电平需要保持在 -17dB 以下。

尽管这个小卫星体积非常有限,但它搭载了一个三轴姿态推算和控制系统、两个可展开太阳能阵列(约 24cm×36cm)、多个电池、一个可展开的上行链路和下行链路 UHF 通信天线、一个 S 波段下行链路贴片天线和电信无线电设备、雷达功率放大器和射频电子设备、雷达数字板和能源提供设备,以及雷达可展开网状反射面天线。

该任务的主要挑战之一是研制一个增益高于 42dBi,并且安装在高度受限体积里(小于 1.5U)的天线。所需的天线增益和有限的配载空间决定了要使用可展开天线。本章将详细介绍立方星可展开天线的研究现状,重点是网状可展

---

① 雷达中使用的对数无量纲技术单位,主要用在气象雷达中,用来比较远目标(mm^6/m^3)反射的雷达信号的等效反射率(Z)和直径 1mm 的雨滴($1mm^6/m^3$)的反射率。

开抛物面天线。本章给出了设计焦点馈电反射器和双反射器天线(卡塞格伦和格里高利反射器)所需要的基本知识,这对于理解 RainCube 工程师如何达成最终的设计是必不可少的,给出了吻合很好的分析和实验结果,还对 S 波段和 UHF 通信能力进行了简要介绍。

3.2 可展开高增益天线

3.2.1 研究现状

目前有充气天线(第7章)[2]、折叠平板反射阵列天线(第4章和第5章)[3]和可展开网状反射面天线[4-6] 3项立方星可展开天线技术正在研制中。这里简要介绍其研究现状,讨论每种选择的优缺点。

1. 充气天线

虽然对充气天线的研究可追溯到20世纪50年代,但是从1996年5月19日开始的 NASA 充气天线的实验是唯一在空间完成的充气天线的展开实验(图3.4(a))。从1996年的 STS-77 任务中的航天飞机发射,这个直径14m的抛物面反射器天线成功展开,但是由于充气系统故障,透镜状结构没有保持所需的形状[7]。文献[2]介绍了一种 S 波段增益为 21dBi 的立方星天线(图3.4(b))。这个充气天线具有很高的展开和配载体积比[2]。然而,Ka 波段工作所需的表面精度不能用充气设计实现,因为表面的皱褶和增压会使表面变形,不再是抛物面。

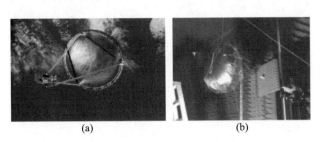

图3.4 (a)充气天线实验;(b)立方星 S 波段充气天线
(图片由 NASA 喷气推进实验室/加州理工学院提供)

2. 可展开反射阵列天线

虽然反射阵列的课题已经研究了很多年,但是到目前为止只有 ISARA 和 MarCO(见第2章)两个反射阵列天线实现了空间飞行。反射阵列天线重量轻、成本低,折叠成平板形成高的配载效率。然而,反射阵列的带宽较窄(小于10%,取决于其单元设计和 F/D 的值[8]),现有结构的最大增益受到实际能折叠到立方星里的平板数量的限制。尽管存在固有的相位误差和单元损耗，反射阵列仍然能够获得相对高的效率。例如，可展开平板反射阵列已经实验证实在Ka波段可以获得50%的效率[9]。而且，X/Ka双波段反射阵列，基于适合充气系统的薄的拉伸薄膜的反射阵列也具有50%的效率[10]。对于空间应用，反射阵列天线的材料必须评估其对辐射效应和静电放电的敏感性[8]。NASA喷气推进实验室已经完成了两个立方星反射阵列天线[3]。在集成太阳能阵列和反射阵列天线（ISARA）项目中，NASA喷气推进实验室研制了工作在26GHz的圆极化反射阵列天线（图3.5(a)）。紧随该方法的成功，又为火星立方体1号（MarCO）研制了X波段圆极化反射阵列。MarCO反射阵列使用内部铰链减小相邻平板之间的间隙。这些间隙至关重要，因为它们引起了增益下降（因此效率下降）和旁瓣电平增加。图3.5给出了两个完全展开的反射阵列以及它们的立方星。反射阵列对于Ka波段雷达来说，是一个可能的选择，但是它们对热变化和平板平整度高度敏感。NASA喷气推进实验室正在研制一种更大的Ka波段雷达（第4章和图3.6）。这个反射阵列由15个可展开平板、1个固定平板和1个可展开馈源组成。这可能是未来需要更高增益实现地球上更小雷达覆盖范围的Ka波段雷达任务的一个好的解决方案。

图3.5 (a)ISARA 3U立方星(图片来源：Hodges等[3] © 2015 John Wiley & Sons)；(b)带有完全展开的反射阵列的MarCO 6U立方星[11]（图片由NASA喷气推进实验室/加州理工学院提供）

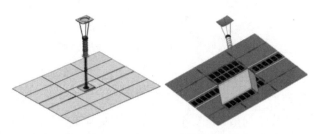

图3.6 合并太阳能阵列的米级Ka波段可展开反射阵列
（图片由NASA喷气推进实验室/加州理工学院提供）

3. 可展开网状反射面天线

反射器天线是常用的高增益航天器天线的解决方案,因为反射器天线能够提供高的效率并且支持任意的极化方式。反射器大的带宽顾及了应用多波段馈源系统实现多频工作。通用的反射器天线设计指南可以参见文献[12-13]。虽然已经研制成功很多反射器天线展开装置,已经实现了国防和商业用途的地球轨道飞行,但是仅有几种可展开网状反射面天线应用在科学遥感任务中。最著名的深空天线是伽利略(Galileo)5m 可展开高增益网状反射面(图 3.7(a)),在第一次飞越地球时没有成功实现完全打开[14]。最近,一个 6m 可展开网状反射面天线(图 3.7(b))在近地轨道成功展开,该天线应用于 2015 年 1 月发射的土壤水分主动被动探测(SMAP)航天器。此前,另一个可展开天线,作为通信和天文学高度先进实验室(Highly Advanced Laboratory for Communications and Astronomy, HALCA)任务的一部分,已经成功飞行,其有效直径为 8m[16]。NASA 喷气推进实验室与印度空间研究机构(ISRO)合作,计划飞行测试一个应用于 NASA - IARO 合成孔径雷达(NiSAR)任务的 L 波段和 S 波段 12m 可展开网状反射面。

 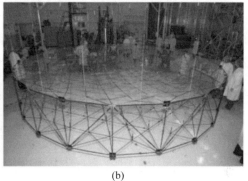

(a)　　　　　　　　　　　　　(b)

图 3.7　(a)完全展开的 Galileo 天线;(b)展开的 SMAP 网状反射面天线
（图片由 NASA 喷气推进实验室/加州理工学院提供）

阿波罗 11 号、阿波罗 12 号和阿波罗 14 号任务使用了一个工作在 S 波段的 3m 可展开网状反射面天线实现到地球的直接链接。可拼装的 S 波段天线第一次在阿波罗 11 号上飞行,想要提供更强的电视信号。因为阿波罗 11 号短暂的舱外活动时间非常宝贵,所以 19min 的天线预期展开时间会有很大的影响。对来自月球模块的可操控天线的带宽电视信号的前几分钟进行了评估。认为信号是合格的,因此可拼装的 S 波段天线没有展开。然而,它在阿波罗 12 和阿波罗 14 号上都进行了展开。天线展开想要简单到一个人就能完成。图 3.8(a)展示了在一名航天员的协助下的展开序列。天线对准由航天员完成,如图 3.8(b)所示,其中航天员 Jim Lovell 在设置近似的仰角。该天线更多的细节参见文献[17]。

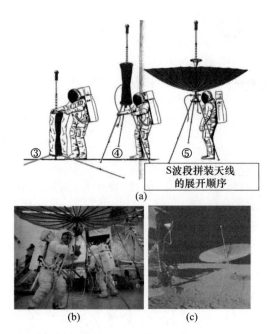

图 3.8 在阿波罗 11 号、阿波罗 12 号、阿波罗 13 号任务中使用的可展开网状反射面天线,在月球模块和载人空间飞行网络之间提供电视链接(图片来源:Bryan,Strasburger[17],© 1969 NASA)

(a)由一名航天员完成的天线展开的最后也是主要的三步;(b) 阿波罗 13 号的训练照片,展示 Jim Lovell 用曲柄设置了近似的仰角;(c) 阿波罗 12 号着陆点,展示完全展开的天线(图片由 NASA 提供)。

作为阿波罗任务的一部分,几个工作在 S 波段的可展开网状反射面天线进行了飞行。阿波罗 15 号、阿波罗 16 号、阿波罗 17 号使用了一部月球漫游车。月球漫游车是一部设计工作在月球低重力环境的电动车,能够在月球表面横越,允许阿波罗航天员扩大他们在舱外月球表面的活动范围。三部漫游车曾在月球表面行驶,第一部在阿波罗 15 号上由航天员 David Scott 和 Jim Irwin 驾驶,第二部在阿波罗 16 号上由航天员 John Young 和 Charles Duke 驾驶,第三部在阿波罗 17 号上由航天员 Gene Cernan 和 Harrison Schmitt 驾驶。一副大的网状反射面天线安装在漫游车前面中心的桅杆上。这个高增益网状天线工作在 S 波段,提供了和地球之间的直接通信链接(图 3.9)。

迄今为止,所有已经飞行的可展开反射器都是为大型航天器或者漫游车研制的,它们可以在发射罩内提供较大的空间,顾及了航天器包装能够适应天线的配载需求[12-20]。因此,现有的天线设计没有解决在立方星严苛的包装条件下的安装问题。另外,现有的网状反射器设计不能缩放到立方星的尺寸大小,因为编制的网格密度和厚度被射频需求固定,其他展开装置的器件,如弹簧、铰链和发动机不能直接伸缩。然而,很少有关于立方星可展开抛物面天线的研

图 3.9 (a) 在月球上的阿波罗 17 号月球漫游车和航天员 Eugene Cernan,高增益网状天线位于漫游车前方中间的位置;(b) 在阿波罗 15 号月球车底盘配载位置上带有电视摄像机的高增益通信天线(图片由 NASA 提供)

究,而且所有的设计都是在 S 波段。一个立方星天线的理念是包裹的 Gore 复合材料反射器,是在复合材料抛物面壳上切口,然后整个反射器包裹在中心轮毂上[21]。虽然这种结构可能产生好的表面精度,但是 0.5m 的天线不能配载在 1.5U 的体积里。另一个理念是将整个立方星转换为抛物面形状中心剖面的反射器[22],但是这个理念产生了非常小的抛物面反射器。最后,研制了两个 S 波段可展开网状反射面天线的理念。第一个理念是直径 50cm 折叠肋拱反射器(图 3.10),在南加州大学信息科学研究所研制的 AENEAS 航天器上飞行[4]。天线的展开和一把伞相似,在每对肋拱之间拉伸网格。这种折叠肋拱结构允许天线配载到 1.5U 的体积里,提供 S 波段工作足够的表面精度。然而,由于表面精度的限制和基本的焦点馈源结构(会导致过量的遮挡损耗和馈源损耗),这个

图 3.10 (a)集成和配载的 AENEAS 天线;(b)完全展开的 AENEAS 天线
(图片由南加州大学提供)

天线不能缩减应用在 Ka 波段。文献[6]制造了一种包裹-肋拱形式的天线,网格连接在包裹在中心轮毂的肋拱上。然而,使用细的弹性肋拱(实现包裹在小的立方星轮毂上的设计需要)不能提供足够的刚度拉伸网格,因为当展开的时候肋拱过于柔韧而不能在正确的位置支撑网格。

3.2.2 抛物面反射器天线设计

在详细讨论 RainCube 卡塞格伦可展开网状反射面天线的设计步骤之前,首先介绍典型的双反射器(卡塞格伦反射器和格里高利反射器)天线的设计流程。

1. 抛物面反射器

抛物反射面把位于其焦点的馈源辐射的球面波转换为平面波。抛物面反射器的几何形状如图 3.11 所示。

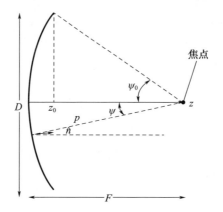

图 3.11 抛物面反射器的几何形状

抛物面反射器表面的方程是
在直角坐标系中,有

$$r^2 = 4F(F+z) \tag{3.1}$$

在极坐标系中,有

$$\rho = \frac{F}{\cos^2(\psi/2)} \tag{3.2}$$

式中:F 为焦距;D 为直径;ρ 为焦点到反射器的距离;ψ 为从 $-z$ 轴算起的馈源角;z_0 为反射器深度,定义为反射器边缘到中心的距离,且有

$$z_0 = \frac{D^2}{16F} \tag{3.3}$$

半包角 ψ_0 与 F/D 之间的关系为

$$\psi_0 = 2\arctan\frac{1}{4F/D} \tag{3.4}$$

2. 双反射器天线

卡塞格伦和格里高利反射器是双反射器天线,使用副反射器增加其有效焦距。卡塞格伦双反射器天线使用双曲副反射器(图 3.12(a)),格里高利双反射器天线使用椭圆副反射器(图 3.12(b))。副反射器的一个焦点位于主抛物反射器的焦点,第二个焦点位于馈源天线的相位中心。副反射器将来自一个焦点的波变成焦散面位于第二个副反射器焦点的波。

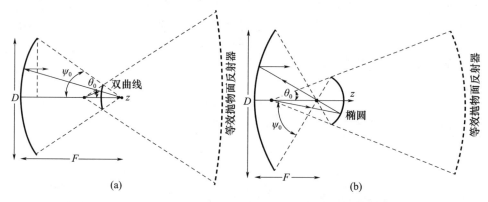

图 3.12 (a) 卡塞格伦双反射器天线;(b) 格里高利双反射器天线

很明显,如图 3.12 所示,格里高利设计需要一个更大的副反射器,因为它从主反射器顶点延伸更远。主反射器的包角为 $2\psi_0$,但是其有效包角为 $2\theta_0$。副反射器的离心率为

对卡塞格伦双反射器,有

$$e = \frac{\sin\frac{1}{2}(\psi_0 + \theta_0)}{\sin\frac{1}{2}(\psi_0 - \theta_0)} = \frac{c}{a} \tag{3.5}$$

对格里高利双反射器,有

$$e = \frac{\sin\frac{1}{2}(\psi_0 - \theta_0)}{\sin\frac{1}{2}(\psi_0 + \theta_0)} = \frac{c}{a} \tag{3.6}$$

式中:$2a$ 为顶点距离;$2c$ 为副反射器的焦距。$2a$、$2c$ 表达式分别为

对卡塞格伦双反射器,有

$$2c = \frac{2P\,e^2}{e^2 - 1} \tag{3.7}$$

对格里高利双反射器,有

$$2c = \frac{2P e^2}{1 - e^2} \tag{3.8}$$

P 的表达式：

对卡塞格伦双反射器，有

$$P = \frac{2c(e^2 - 1)}{2 e^2} \tag{3.9}$$

对格里高利双反射器，有

$$P = \frac{2c(1 - e^2)}{2 e^2} \tag{3.10}$$

副反射器直径可表示为

$$D_{sub} = \frac{2e \cdot P \cdot \sin(\pi - \psi_0)}{1 - e \cdot \cos(\pi - \psi_0)} \tag{3.11}$$

对于卡塞格伦反射器设计，双曲面定义为

$$z = c - \frac{a}{b}\sqrt{b^2 + x^2 + y^2} \tag{3.12}$$

$$b = \sqrt{c^2 - a^2} \tag{3.13}$$

3.2.3 雨立方高增益天线

1. 天线选择：卡塞格伦反射器

虽然轴对称反射器，如卡塞格伦反射器、格里高利反射器和溅散板结构都被看作立方星可展开网状反射器可能的选择，但是机械展开的复杂性使我们选择了卡塞格伦设计。为了便于理解，需要考虑机械展开带来的两个限制条件：

（1）F/D 值（F 为焦距，D 为反射器直径）是由最小化肋拱曲率的需要决定的，以使肋拱安装在副反射器/喇叭展开装置和立方星壁之间的体积里。对于 0.5m 的反射器，最小的 F/D 值是 0.5。

（2）副反射器的高度直接受配载空间高度和展开副反射器所需要的展开装置数量的影响。为了将设计限制在只有一个馈源展开装置，副反射器需要在顶点上方最大 24cm 的位置。

只有卡塞格伦设计能够符合机械展开装置的限制。对于焦距为 0.25m 的 0.5m 反射器，不能用格里高利和溅散板反射器，因为副反射器位于焦点前方。这需要将副反射器置于顶点上方大于 24cm 的位置，需要两个展开装置展开副反射器。与之对比，卡塞格伦反射器光学将副反射器置于焦点下方，在顶点上方所需的 24cm 间距以内（图 3.13）。

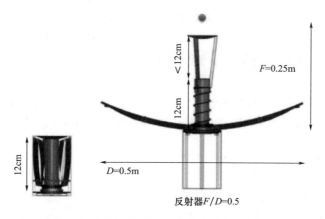

图 3.13 卡塞格伦设计通过将副反射器放置在更靠近主反射器顶点的位置，限制了展开装置的数量

2. 天线介绍

Ka 波段可展开网状反射面天线是由馈源、3 根支柱、1 个双面副反射器和 1 个 0.5m 可展开抛物面网状反射器 4 个主要单元组成的卡塞格伦反射器。焦距设置在所需的最小 0.5 的 F/D 值（0.25m），以实现副反射器直径的最小化，获得最小的遮挡和最低的旁瓣电平性能[23]。0.5m 天线在 35.75GHz 最大可能的方向性系数 $D = 10 \cdot \lg((\pi D/\lambda)^2) = 45.45 \text{dBi}$。

3. 完美的抛物面天线

首先对没有肋拱或者表面变形的理想抛物面反射器的天线进行优化，以评估和最小化不均匀照射与溢出损耗及副反射器遮挡。应用模式匹配和旋转体矩量法（BoR–MoM）对副反射器位置和尺寸（图 3.14）进行优化，实现最大增益和最小旁瓣电平。仿真包括一个多张角喇叭馈源模型，如图 3.15(a) 所示，并解释了副反射器遮挡和副反射器、喇叭和主反射器之间的多次反射。

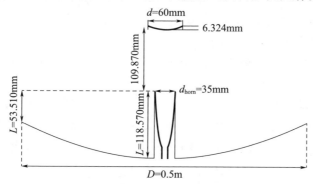

图 3.14 优化后的卡塞格伦反射器天线设计尺寸

（图片来源：Chahat 等[24] © 2016 IEEE）

多张角喇叭提供了好的波束圆度、稳定的馈电方向图锥销度和低交叉极化电平[25]。这也是一种便于展开的方便设计,因为喇叭通过伸缩波导馈电。在配载的状态下,伸缩波导安装在喇叭内(图3.15(b))。连接在伸缩波导上的一个矩形-圆形波导转换器,经过优化对馈源进行线极化激励。图3.15(b)给出了喇叭、伸缩波导和转换器的图示。为了最小化锥度和漏波损耗,对馈源喇叭进行优化,在15.5°提供-10dB的最小馈电方向图锥销度(图3.16)。

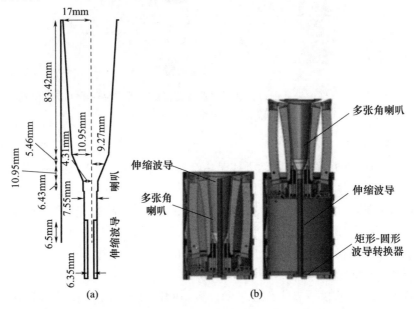

图3.15 (a)多张角喇叭天线馈源设计;(b)在配载和展开的结构中的多张角喇叭、伸缩圆形波导及其矩形-圆形波导转换器

矩形-圆形波导的转换器由一个通过数值优化设计的阶梯形匹配部件组成。其总长度为3.65mm。对与伸缩波导和转换器连接时的喇叭性能进行了测试,如图3.17(a)所示。测量和仿真的喇叭的反射系数吻合非常好,如图3.17(b)所示,在35.75GHz保持在-30dB以下。

对于理想反射器来说,总的效率 $\eta = \eta_T \cdot \eta_S$,理想情况可达81%(-0.9dB, η_T和η_S分别是不均匀照射效率和溢出效率)[23]。这个效率的数值是由天线F/D值和馈源边缘电平决定的。卡塞格伦设计也会受到副反射器遮挡的影响。d_{sub}/D值应该最小化以提高遮挡效率。文献[26]对绕射和遮挡对卡塞格伦天线效率的影响进行了研究。Sudhakar Rao给出的最佳d_{sub}/D的近似表达式:[26]

$$\left(\frac{d_{sub}}{D}\right)_{opt} = \left(\frac{1}{16\pi^2} \frac{\lambda}{D} C^2\right)^{\frac{1}{5}} \quad (3.14)$$

式中:C为副反射器边缘的平均幅度电平。

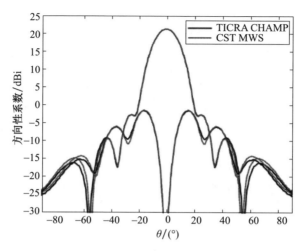

图 3.16　（见彩图）优化后的多张角喇叭馈源的辐射方向图（在 35.75GHz，$\psi_0 = 15.5°$ 提供了 -11.5dB 的锥销度，辐射方向图取的是 $\varphi = 45°$ 平面）

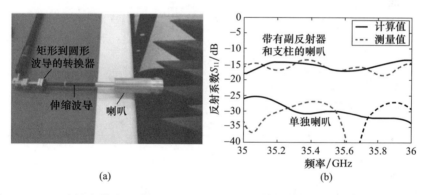

图 3.17　（a）连接在伸缩圆波导及其矩形-圆形波导转换器（展开结构）上的多张角喇叭的反射系数测量装置；（b）馈电喇叭单独（包括伸缩波导和转换器）和带有支柱及副反射器时的反射系数（图片来源：Chahat 等[24]，© 2016 IEEE）

式(3.14)给出了深入优化副反射器尺寸之前的一个好的起始点。对副反射器尺寸 d_{sub} 进行优化以最大化天线增益和最小化旁瓣电平。副反射器的尺寸：直径 $d_{sub} = 60mm$，顶点距离为 80mm，焦距为 130.2mm，副反射器和主反射器直径的比值约为 0.12。

表 3.1 总结了在 35.75GHz 天线的溢出、不均匀照射和遮挡损耗的计算值。不均匀照射和溢出损耗约为 1.15dB，副反射器和溢出遮挡约为 0.33dB。副反射器的遮挡和绕射损耗可以用下式分析计算[29]。

$$\xi = 20\lg\left(1 - C_b\left(\frac{d_{sub}}{D}\right)^2 - C_d\sqrt{\frac{\lambda}{d_{sub}}}\sqrt{1 - \frac{d_{sub}}{D}}C\right) \quad (3.15)$$

其中

$$C_b = \sqrt{\frac{G_f}{n_a}}\tan\left(\frac{\psi_0}{2}\right) \quad (3.16)$$

$$C_d = \frac{1}{2\pi}\frac{\sin\psi_0}{\sqrt{\sin\theta_0}}\sqrt{\frac{G_f}{n_a}} \quad (3.17)$$

式中:G_f为馈源增益;n_a为忽略遮挡和绕射时卡塞格伦的口径效率。

表3.1 在35.75GHz频率补偿后(30支肋拱)的天线增益表

性能	增益/dBi	损耗/dB	峰值旁瓣电平/dB
理想方向性系数	45.45	—	
溢出 + 不均匀照射	44.30	1.15	23.1
遮挡	43.97	0.33	22.1
表面肋拱(30)	43.90	0.07	20.7
支柱	43.60	0.30	17.7
表面网格①(40 – OPI)	43.35	0.25	17.4
表面精度②(±0.22mm)	42.88	0.47	16.8
馈源损耗/伸缩波导/转换器	42.76	0.12	—
馈源失配(回波损耗为15dB)	42.62	0.14	—
总性能	42.62	2.83	16.8

注:①应用TICRA GRASP 40 – OPI 网格模型的计算结果;②应用Ruze公式[27-28],表面精度应用测量结果 ±0.22mm 进行调整。

应用式(3.15),遮挡和绕射损耗估计值是0.36dB(图3.18),和表3.1的仿真结果(0.33dB)吻合很好。从45.45dBi的面积增益中减去这些损耗,得到理想的卡塞格伦反射器优化后的方向性系数为43.97dBi,应用物理光学法(TICRA GRASP)计算得到的方向性系数为43.97dBi。

应用旋转体矩量法(TICRA CHAMP)和物理光学法(TICRA GRASP)得到的辐射方向图吻合非常好(图3.19)。值得强调的是,可展开的模型(包括网状反射面)将采用TICRA GRASP深入研究,因为旋转体矩量法只适用于轴对称设计。

4. 带有肋拱和网格结构的可展开抛物面

我们对天线增益和损耗的影响因素进行了详细评估。表3.1对可展开天线的影响因素进行了总结。损耗包括不均匀照射、溢出和副反射器的遮挡、肋拱、支柱遮挡和绕射、表面网格、表面精度、馈源损耗和馈源失配。

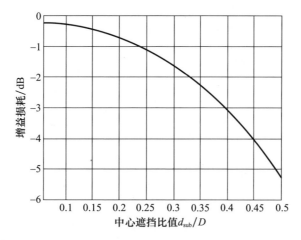

图 3.18 边缘电平为 -11.5dB，应用式(3.12)得到的增益损耗和 d_{sub}/D 的函数关系，当 $d_{sub}/D = 0.12$，$\psi_0 = 15.5°$，$\theta_0 = 59.6°$，馈源增益 $G_f = 21.3$ dBi 时，增益损耗为 0.36dB

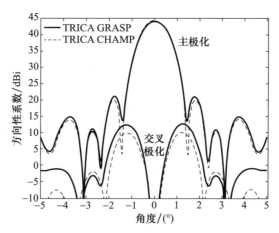

图 3.19 应用不同仿真工具得到的 35.75GHz，$\varphi = 45°$ 平面，理想抛物面反射器的辐射方向图（图片来源：Chahat 等[24] © 2016 IEEE）

1) 肋拱的影响

一个可展开反射器表面由离散数量的抛物面肋拱组成，肋拱由 Gore 的表面连接起来，如图 3.20 所示。每个 Gore 是以两个相邻的抛物面肋拱为边界的一部分抛物面圆柱。Gore 是通过在两个肋拱之间拉紧网格形成的。因此，可展开抛物面是由实际的抛物面得到的，导致最佳馈源位置不明确。肋拱的数量是良好的射频性能、有限的可获得的配载空间、减小展开失败风险等权衡考虑的结果。

伞状反射器表面的最佳馈源位置在文献[30-31]中进行了研究。在文献[30]

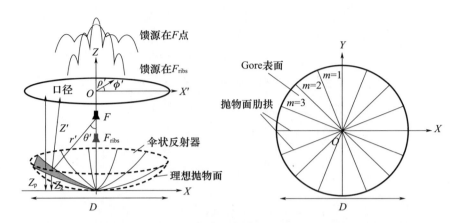

图 3.20 Gore 的散焦效应，伞状反射器和理想抛物面的焦点不同（图片来源：作者）

中，应用结合平行射线近似的物理光学法，最佳馈源位置可以通过下式得到：

$$\frac{F_{\text{ribs}}}{F} = \frac{N_g}{2\pi} \sin \frac{2\pi}{N_g} \tag{3.18}$$

式中：F_{ribs} 为 N_g 个 Gore 可展开抛物面的最佳馈源位置。

我们应用物理光学法优化了可展开抛物反射面的馈源位置（图 3.21）。最佳馈源位置由优化增益损耗、波束宽度、给定 F/D 焦点馈电的可展开反射器的旁瓣电平和边缘电平 4 个参数得到。我们主要研究 $D=0.5\text{m}$，$F=0.25\text{m}$，在 35.75GHz 的可展开反射器。图 3.23 给出了 30 个和 25 个 Gore 的辐射方向图。可以看出，式（3.18）并不是最优值，但是它可以提供很好的起点。明显 Ka 波段反射器应该使用 30 个肋拱。使用 30 个肋拱，增益损耗减小到 0.24dB，如图 3.22 所示。旁瓣电平也大大改善，如图 3.23 所示。

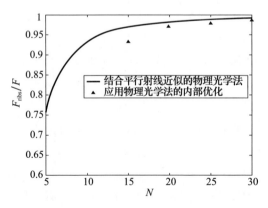

图 3.21 结合平行射线近似的物理光学法[30] 及应用物理光学法的内部优化得到的最佳馈源位置的比较（图片来源：作者）

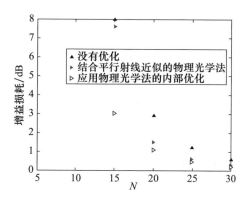

图 3.22　优化馈源位置后增益损耗改进的比较，30 个 Gore 时，没有优化、结合平行射线近似的物理光学法[30]、喷气推进实验室内部优化方法，得到的增益损耗分别是 0.58dB、0.31dB 和 0.24dB（图片来源：作者）

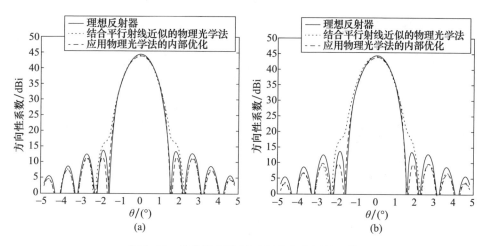

图 3.23　优化馈源位置后辐射方向图的比较
（反射器参数：$D=0.5\text{m}$，$F/D=0.5$，频率为 35.75GHz）
(a) 30 个 Gore；(b) 25 个 Gore。

虽然以上分析在焦点馈电的可展开反射器上得到了验证，但是这允许提取反射器的最佳焦点。在双反射器天线上，应该重新设计副反射器以确保其焦点之一位于 F_{ribs}，焦点之二位于馈源喇叭的相位中心。经过对副反射器位置和离心率的重新优化，30 个肋拱 - Gore 表面部件引起的损耗仅为 0.07dB。值得强调的是，如果没有重新优化，在 35.75GHz 损耗等于 0.5dB（图 3.24）。应用 Ruze 公式计算的等效 Gore 表面粗糙度约为 0.23mm[32]。重新优化副反射器位置前后的辐射方向图如图 3.24 所示，性能改善是显而易见的。

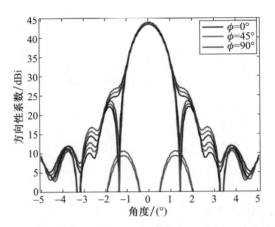

图 3.24 （见彩图）使用 30 个肋拱的散焦效应（副反射器重新聚焦以补偿肋拱的影响,重新聚焦增益为 43.9dBi,散焦增益 = 43.4dBi）

带有副反射器的喇叭的反射系数（副反射器位置优化后）如图 3.17(b) 所示。仿真和测量结果一致性好。虽然可以忽略支柱的影响（这里没有给出），但是喇叭和副反射器之间多次反射的影响相当重要。在存在支柱和副反射器的情况下观测到的波纹主要是副反射器引起的。根据实际应用,可以采用不同的方法改进反射系数（如副反射器的重新赋形[33]）。对于 RainCube 来说,15dB 的回波损耗是可以接受的。

2) 支柱

为了保持副反射器良好的对齐,使用了 3 个不锈钢支柱（图 3.25）。这影响了峰值增益、交叉极化和旁瓣电平。3 个矩形截面的支柱厚为 1.0mm、深为 4.0mm。支柱导致了旁瓣电平总体增加（约 3dB）,降低了峰值增益（在 35.75GHz 约 0.3dB）,其宽度必须在 1.0mm 以下以免产生更多的损耗。3 个支柱排列整齐使得只有一个对极化敏感,另外两个不敏感。如图 3.26 所示,1 号支柱和极化在同一条直线上,对旁瓣电平和交叉极化的贡献最大。

图 3.25 3 个支柱支撑副反射器的馈电喇叭

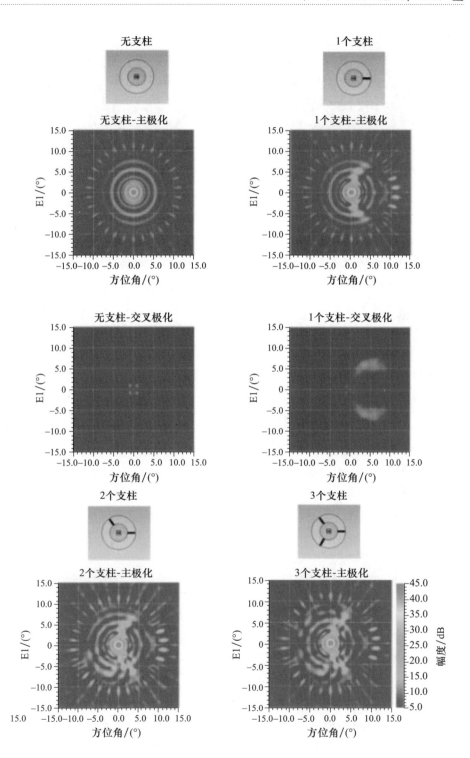

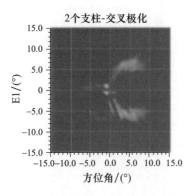
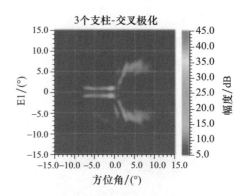

图 3.26 支柱对旁瓣电平和交叉极化的影响

3) 网格开孔影响

通常用来描述网格表面的参数是每英寸上的开孔的数量(OPI)。到目前为止,大多数空间飞行的大型可展开天线使用 10-OPI、20-OPI、30-OPI 的网格。这些网格的密度适合高达 Ka 波段的频率使用。对 10-OPI、20-OPI、30-OPI 的网格分析和测量数据在文献[32]中已有介绍。研究结果如图 3.27 所示,表明 10-OPI 的网格可以应用在高达 C 波段的频率(4~8GHz),因为反射损耗保持在 0.3dB 以下。另外,20-OPI 的网格可以应用在高达 Ku 波段的频率(下行链路,11.7~12.7GHz;上行链路,14.0~14.5GHz)。20-OPI 网格的反射损耗在 Ku 波段保持在 0.2dB 以下。

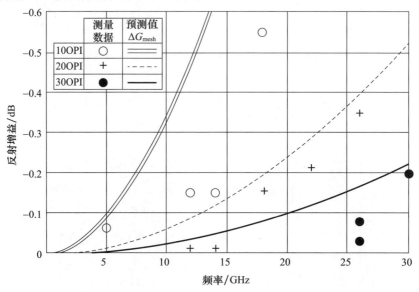

图 3.27 不同类型网格(10OPI、20OPI、30OPI)的网格反射损耗,频率直到 30GHz
(图片来源:Thomos[32] ⓒ 2002 AIAA)

我们所提出的可展开天线使用 40 – OPI 的网格,由直径 0.0008 英寸(1 英寸 =2.54cm)的镀金钨线编织而成。40 – OPI 的网格提供了非常好的电性能,但是它不易弯曲,与不太稠密的网格相比,更难用展开装置准确拉伸。40 – OPI 的网格在 TICRA GRASP 中用两组正交线组成的网格来描述,如图 3.28 所示。两组线在 x 和 y 方向的间隔分别为 S_x 和 S_y。线的直径为 d_0。所有的线都是电接触的。在 x 方向和 y 方向具有不相等的反射系数的网格将用两个不同的尺寸 S_x 和 S_y 来描述。为了简单并且因为天线是线极化的,在分析时假设 $S_x = S_y$。对于圆极化天线,x 方向和 y 方向具有不相等反射系数的网格,会产生和主极化相似的交叉极化波束,其幅度用 $20\lg((R_y - R_x)/(R_y - R_x))$ 表示。

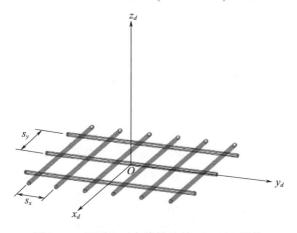

图 3.28 用两组正交线描述的 40 – OPI 网格

在实际中,编织网格并不是矩形的,如图 3.29 所示的 10 – OPI 和 40 – OPI 的网格。线状网格对可展开天线的编织物网格射频特性的建模是足够的,这可以通过定义等效的矩形方格来完成。对于任意入射和极化特性,给出了与实际网格相同的反射和传输场。为此,我们评估了图 3.29(b)中的 40 – OPI 网格正入射时的功率反射系数 $R_{x,y}$。在 Ka 波段反射系数 $R_{x,y} = 0.9441$。

等效矩形网格的间距可以由下式计算[34]:

$$S_{x,y} = \frac{\lambda_0 \sqrt{\frac{1}{R_x} - 1}}{2\ln\left(\dfrac{S_{x,y}}{\pi d_0}\right)} \quad (3.19)$$

式中:$d_0 = 0.0008$ 英寸;λ_0 为自由空间的波长。间距 S_x 和 S_y 为 0.02 英寸(0.508mm)。

增益损耗由下式得到:

$$G_{\text{loss}} = 10\lg(1 - T^2) \quad (3.20)$$

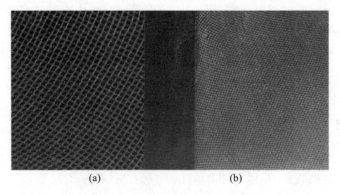

图 3.29 两个不同 OPI 的网格
(a) 10 – OPI 网格;(b)40 – OPI 网格。

式中:$R_x = 0.9441$,预期增益损耗是 0.25dB。这是确认了计算间距值的 TICRA GRASP 的输出,设置了描述 40 – OPI 网格的理想参数。后面将会看到 0.25dB 的增益损耗得到了实验验证。

4)表面精度

Ruze 公式预测了反射器天线的增益损耗,作为表面粗糙度的函数,公式如下[32]:

$$\text{Loss} = 10 \cdot \lg e^{-\left(\frac{4\pi\varepsilon}{\lambda_0}\right)^2} \qquad (3.21)$$

式中:ε 为反射器的表面粗糙度;λ_0 为自由空间的波长。

随着频率增加,对于给定的表面粗糙度,损耗也会增加。图 3.30 给出了不同频段增益损耗和表面粗糙度之间的关系。很明显,天线获得的表面精度能够使之工作频率达到 Ka 波段(表 3.2)。对于 0.2mm 的表面粗糙度,Ruze 公式在

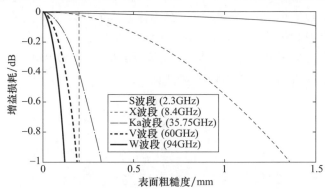

图 3.30 不同频段增益损耗和表面粗糙度之间的关系:
S 波段、X 波段、Ka 波段、V 波段和 W 波段。

35.75GHz 预测的损耗为 0.39dB[32]。在毫米波波段,表面粗糙度需要降到 0.1mm。然而,对于 0.4dB 的增益损耗,X 波段和 S 波段所需的表面粗糙度分别为 0.9mm 和 3.2mm。虽然 S 波段和 X 波段要求不高,但设计 Ka 波段及以上频率可展开网状天线的挑战性是显而易见的。

表 3.2　0.2mm 表面粗糙度在 S、X、Ka 和 W 波段的增益损耗

频率	S 波段 (2.3GHz)	X 波段 (8.4GHz)	Ka 波段 (35.75GHz)	V 波段 (60GHz)	W 波段 (94GHz)
增益损耗	0	0.02	0.39	1.1	2.7

为了保持所需的 0.2mm 表面精度,展开的肋拱位置通过保持所有铰链预加载防止精度阻塞固定在正确的位置,确保肋拱始终在相同的位置展开。加工过程的制造误差通过在精确的连接夹具上组装肋拱来消除,这大大减小了任何部件容许偏差引起的不精确。

5. 天线测量结果

我们搭建了两个不同的原型,一个是固态非展开射频原型(用来验证射频设计)和另一个是机械展开网格原型(图 3.31)。代表 Gore - 网状反射面天线表面的固态反射器和可展开网状反射器在 NASA 喷气推进实验室平面近场天线测量室进行了测试。网状可展开原型和非展开射频原型的增益比较允许我们准确评估网格开孔和表面精度引起的损耗。

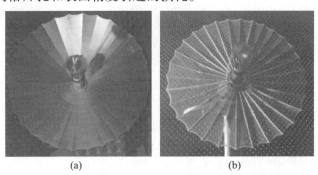

图 3.31　NASA 喷气推进实验室近场暗室测试的天线原型
(a)固态非展开射频原型;(b)网状可展开原型。

辐射方向图在 37.75GHz 俯仰面和方位面进行了测量。表 3.3 给出了固态和网状天线原型的方向性系数、增益、损耗和峰值旁瓣电平。图 3.32(a)给出了固态非展开反射器计算和测量的 E 面和 H 面的辐射方向图,计算和测量结果一致性好。E 面和 H 面的波束宽度分别为 1.17°和 1.14°。可展开网状反射面的结果如图 3.32(b)所示。测量和计算结果和预期一致性好。网格对交叉极化电平没有明显的影响,因为它保持大致相同。

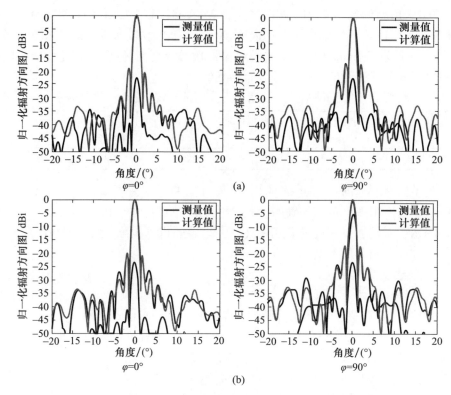

图 3.32 （见彩图）测量和计算的辐射方向图
(a)Gore 形固态非展开反射器天线模型；(b)可展开网状反射面天线。
（图片来源：Chahat 等[24] ⓒ 2016 IEEE）

表 3.3 在 35.75GHz 的测量结果

	方向性系数/dBi		增益/dBi		损耗[a]/dBi		峰值旁瓣电平/dB	
	计算值	测量值	计算值	测量值	计算值	测量值	计算值	测量值
固态	43.6	43.55	43.3	43.24	0.3	0.31	-17.45	-17.75
网状	—	43.28	42.61	42.48	—	0.8	-16.8	-18.33

注：损耗＝方向性系数－增益。

  天线成功展开以后，对网格进行固定和测量以找到最初的表面精度。可以发现肋拱和期望的抛物面形状匹配，误差在 0.22mm 以内，根据 Ruze 公式[32]，引起的损耗为 0.47dB。因此，对于这样的表面粗糙度和网格开口，数值分析预测的损耗为 0.7dB。表面精度和表面开孔引起的损耗通过比较固态反射器的损耗和网状反射器的增益进行评估，结果为 0.76dB。

  网状天线预计和测量的增益分别为 42.59dB 和 42.48dB，吻合很好，在近场范围测量准确度范围内。网格损耗 δ_{mesh} 很容易通过比较固态反射器的增益 G_{solid}

和网状反射器的增益 G_{mesh} 的结果得到,因为对表面精度损耗 δ_{acc} 进行了测量 $[(\delta_{mesh} = G_{solid} - G_{mesh} - \delta_{acc} = 43.24 - 42.48 - 0.47 = 0.29(dB)]$。这与在 TICRA GRASP 中应用等效矩形网格模型计算的网格损耗吻合很好。

天线进行了两次展开并在每次展开后测量了其辐射方向图。天线在每次展开之前,都是折叠后放进发射筒内。折叠过程中必须由技术人员操纵网格和肋拱,这允许评估展开对射频性能的影响,并提供了机械设计的可重复性。展开前和两次展开之后测量的天线增益分别等于 42.5dBi 和 42.7dBi,差异在近场暗室测量准确度范围内。这与计算/预期的 42.6dBi 的增益吻合很好。两次展开后方向图比较如图 3.33 所示。两次结果一致性好,验证了机械展开的可重复性。每次展开之后最大旁瓣电平保持在 -17.5dB 以下。3.2.4 节我们将讨论机械展开。

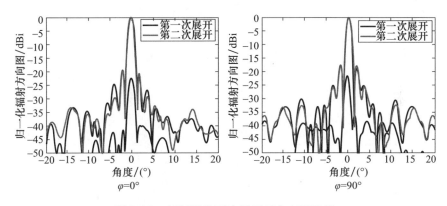

图 3.33 (见彩图)两次展开后方向图比较

3.2.4 机械展开

可展开网状天线的机械设计解决了三个关键难题:一是展开天线的几何结构,平衡了射频性能和配载尺寸;二是把天线展开到精确表面的方法(0.2mm 的精度),表面还可以在小的空间折叠;三是应用相当大的力量拉紧网格,目的是去除配载形成的褶皱,同时在展开过程中避免冲击荷载。

平衡射频性能和配载尺寸需要很多射频和机械设计的相互作用。容易实现的机械结构不能提供所需的射频性能,另外,最优的射频设计不能配载到 1.5U 的体积里。主要的矛盾需求发生在决定次级反射器的位置和肋拱的数量方面。

从机械的角度来看,副反射器的高度受配载空间的高度和副反射器展开需要的展开步数的影响。例如,对于 15cm 的配载高度,如果副反射器在抛物面顶点上方小于 11cm,就不需要展开(4cm 的高度被天线底部的展开装置和副反射器的曲率消耗)。如果副反射器在顶点上方小于 22cm,只需一步展开。如果小于 33cm,则需要两步展开。为了减小复杂性并降低风险,期望对副反射器最多一步展开。因此,在顶点上方的高度限制在22cm,如图3.8所示。另外,配载对肋拱曲率形成的限制导致最小焦距需求为25cm。如果曲率半径太小,肋拱折叠时就会超过配载空间。

另一个关键的限制因素是能够在体积里配载的肋拱数量。因为网格通过肋拱拉伸,两个肋拱之间变成平整的表面。因此,肋拱数量越多,表面越接近完美的抛物面。例如,极端情况是3个肋拱形成了抛物面三边金字塔,无限多个肋拱产生一个完美的抛物面表面。然而,当配载时天线只能安装有限数量的肋拱,太多的肋拱增加了机械复杂性和成本。虽然多达40个肋拱能够径向安装在天线配载空间里,但是每个肋拱之间就会没有间隙,增加了展开过程中彼此缠绕的可能性。另外,非理想抛物面形状引起的射频损耗在大于28个肋拱时最小,只有0.6dB(在重新优化之前)。因此,平衡间隙和射频性能的最佳肋拱数量决定取30。

下一个挑战是从展开的天线获得需要的表面精度,设计的天线表面轮廓引起的误差小于0.20mm。获得这样的表面精度会将机械瑕疵引起的射频损耗保持在0.39dB以下。天线展开时,保持高的表面精度的关键是精心设计的肋拱和铰链。肋拱的公差要保证加工成型的抛物面轮廓的误差为0.13mm或者更小。铰链的设计带有精度阻塞,其位置离铰链销钉尽可能远,以提高展开位置的准确度。但是,若把肋拱和铰链的加工公差累积,则所需的0.20mm公差不能满足。因此,我们研制了一种装配工艺接近消除加工公差引起的误差。我们加工了一个精确连接夹具,它具有高公差的抛物面形状。组成肋拱的5个部件在夹具上连接。这消除了公差累积的问题,确保了所有肋拱都是一致的,因为它们是在同一个夹具上连接的。所有的肋拱连接以后,下一步就是固定网格。网格在一个凸面的抛物面碟状物上面拉伸。将天线的结构骨架、30个肋拱放置在网格顶部。然后把肋拱缝合在网格上,网格在张开的状态下缝合2000多针。这个过程允许网格呈现肋拱的抛物面形状。

展开天线所需的力量是由拉伸网格使其呈现肋拱形状所需的力量决定的。不足的展开力量不能拉展网格配载时形成的褶皱。RainCube使用的Ka波段40-OPI网格比S波段天线常用的较轻的网格密集得多,展开时需要更多的力量拉伸它。每个肋拱在其底部需要12N·cm的扭矩以充分拉伸网格。展开这样的天线的一种标准方法是使用存储在弹簧中的张力能量。为了在每个肋拱中提供足够的扭矩,一个展开天线的弹簧在天线完全展开后需要290N的预载。在配载时,弹簧产生更大的力量,导致天线使用860N的力量展开,这会在天线展开时产生不想要的冲击力。因此,必须发明一种创新性的展开装置。

第一个设计的解决理念是使用气体展开天线,在发射筒内将其向上推,如同发动机中的活塞。这个展开顺序开始于一个释放发射锁(图3.34(a)),发射锁在配载位置控制天线阻止系统中任何保留的残留压力。下一步,气体计量缓慢送入发射筒,提升天线底部将其推出立方星(图3.34(b))。这是实现天线展开的关键创新点。气体由加热时升华的粉末或者冷气体产生器产生,如 Cool Gas Generator Technologies 研制的冷气体产生器[35]。当天线的底部靠近发射筒的顶端时,根部肋拱紧扣发射筒顶部附近的一个部件,将根部肋拱向外拉(图3.34(c))。由于压缩气体作用在表面区域,只需42.0kPa的压力,应用290N的力量就能完全展开肋拱和拉紧网格。当根部肋拱向外移动时,位于中部肋拱铰链的具有固定力量的弹簧展开顶端肋拱。一旦肋拱完全展开,副反射器就得到释放,一个压缩弹簧使其沿着喇叭伸缩(图3.34(d))。通过正确限定加工公差,副反射器展开与其理想位置 z 轴在 0.2mm 以内,x 轴和 y 轴在 0.1mm 以内。由于副反射器被弹簧保持在预载下面,因此它重复展开在同一个位置。当轮毂提升到完全展开的位置时,插销在正确的位置锁定轮毂以确保天线保持在展开的位置,即使发射筒减压(图3.34(d))。

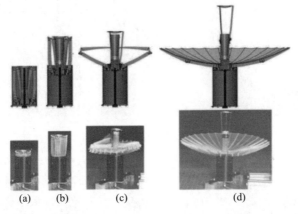

图 3.34 反射器天线的展开顺序 天线初始配载在 1.5U 的体积里:(顶)天线展开的计算机辅助设计(CAD)模型;(底)使用气体动力系统的展开序列的照片

如图 3.34 中所见,我们对气体驱动的展开系统进行了制造和测试。气体通过空气压缩机注入发射筒。但是,在接近测试的最后,在顶端肋拱展开之前,天线倾斜了大约 5°,因为气体驱动装置没有提供任何保持天线垂直于发射筒的部件。展开中的倾斜阻止了天线闭锁。因此,当展开后失去压力的时候,天线没有保持其期望的形状或精度。如果这个问题出现在轨道上,或许已经成为导致任务失败的性能。而且,通过对可以得到的冷气体产生器和升华粉末的深入调研发现,气体会在 1/10s 得到释放,不像空气压缩器的测试,气体在 1min 的过程中注入发射筒。这可能会导致对天线产生很大的不期望的冲击力,和弹簧展开类似。因此,需要一个新的展开理念。

虽然考虑了通过孔或者阀门减慢气体释放的初始理念,但是因其复杂性被排除了。最终我们认为最好的方法是使用一个电动机和丝杠。当电动机转动丝杠时,天线的底部会缓慢升高。虽然丝杠的选择在最初机械装置构思的时候已经被提及,但是这个理念被否定了,因为放置单个丝杠的最佳位置在天线的中心,但是这个空间已经被馈源和波导所占用。

实现丝杠设计的关键创新点是放置 4 个丝杠,在天线圆柱的每个角各放置 1 个(图 3.35)。为了保持 4 个丝杠同步,使用 1 个带有独有的行星齿轮系统的电动机,用 1 个太阳齿轮保持 4 个行星齿轮(每个行星齿轮固定在 1 个丝杠上)彼此同步。图 3.34 所示的展开风格和电动机驱动的丝杠展开(图 3.36)相同,除了现在轮毂被丝杠以 290N 的力量提升到发射筒之外。丝杠提供了一个非常高的齿轮比,使小的电动机能够产生大量的所需的展开力量。

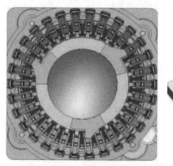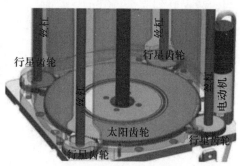

图 3.35　电动机驱动的丝杠展开需要 4 个同步丝杠

图 3.36　使用电动机和丝杠的反射器天线的展开顺序,天线初始配载在 1.6U 的体积内,RainCube 工程模型展开顺序。图片复制得到 IEEE 的许可。

当这项设计在实施时,天线的配载体积从 1.5U 提高到了 1.6U,因为高度增加到了 16cm。除了高度确定性的展开,电动机驱动的丝杠展开方式相比气体展开方式有很多优势:第一,电动机驱动的展开取消了对发射锁的需求,因为后向驱动丝杠用几百磅的预载固定了天线的位置;第二,再一次消除了展开最后的插销,丝杠把轮毂固定在正确位置;第三,电动机提供了展开的反馈,因为能够推算展开天线时转过的圈数;第四,在展开的最后,不再有充满压缩气体的发射筒,如果漏气会对航天器姿态控制产生负面影响;第五,可以在空气中展开测试,比压缩展开的成本低得多,因为冷气体产生器相当贵,而且每次展开测试都需要3个冷气体产生器。

3.2.5 空间环境设计和测试

在机械设计建造完成和展开测试后,通过空间环境测试使设计胜任空间工作。在发射过程中,航天器硬件要承受极端G载荷;而在轨道上,航天器要承受巨大的温度变化,因为航天器在真空空间会进入和离开地球的阴影。航天器在展开之前要承受振动和热变化,展开后要承受热变化。为了将技术成熟度从4级提高到6级,提供设计能够在轨工作的信心,通过环境测试使设计能够胜任空间工作是很有必要的。环境测试通常按照航天器经历的顺序进行,首先是振动测试,然后是热测试。

对于天线而言,最有可能失败的机械装置是振动中结构失败引起的,因为极端载荷可以发生振动。因此,在建造飞行天线之前,原型天线需要经历振动测试。由于RainCube采用什么样的发射一开始是未知的,因此使用了通常环境振动验证谱的振动谱,峰值载荷是 $14.1G_{RMS}$。这是一个严苛的谱,意味着包含了大多数发射载体上能够见到的振动载荷。要注意的是,该值是以方均根值给出的,意味着振动器顶部的振动载荷的峰值可以高达 $42.3G'_s$。硬件的自然频率引起的进一步的结构放大将载荷增加到 $100G'_s$ 以上。天线装载在振动器上,观测到的振动响应如图3.37所示。可以看出,天线顶端经历了 $100G'_s$ 以上的峰值加速度。

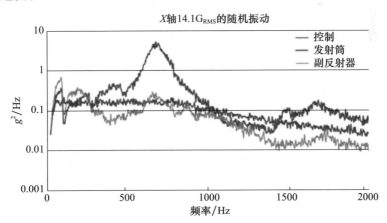

图 3.37 (见彩图) 载荷超过 $100G'_s$ 时天线的振动响应

振动测试之后,对工程模型天线进行了展开测试以确保所有部件都能正常工作。虽然天线没有出现结构失败,但是天线在振动后没有完全展开,因为顶部肋拱在原位置保持在折叠状态。问题是展开顶部肋拱的固定力量的弹簧提供了太少的扭矩裕量。它们没有关于中部铰链销钉的足够的力矩臂,这个问题之前没有看到。然而在振动过程中顶部肋拱铰链陷入了最低可能的能量状态,这导致达到了扭矩裕量。为了解决这个问题,首先在几个中部肋拱铰链上增加了弹簧,以增加每个固定力量弹簧的力矩臂;然后对天线进行额外的振动测试并展开。通过这些初始弹簧,获得了足够的扭矩裕量。为了验证展开的形状,对振动前和振动后展开天线的辐射方向图进行了测试,结果非常稳定(方向性系数和增益变化在0.05dB以内),方向图几乎重合,这证实了机械展开的可重复性。

在成功进行振动测试以后,下一步是建造RainCube天线的飞行模型。飞行模型和工程模型大体相同,只有一些非常微小的变化。主要变化之一是改变了中部肋拱铰链的几何形状,以使固定力量的弹簧作用在更长的力矩臂上。这保证了该设计获得了更大的扭矩裕量。

在和仪器其他部分集成之前,RainCube飞行模型首先经受了热测试。这是因为电磁天线没有经历热测试,我们期望看到热真空中是否存在展开问题。因为要进行单独对天线测试以及几个月后天线集成在仪器上测试,所以RainCube具有在热谱的热端和冷端都能完成完全展开的优势。第一次测试,天线在热温下完全展开,第二次动作(天线倒转约0.5s,然后被命令再次展开)是在冷温下进行的(相反的测试应用在第二次带有仪器的情况下)。在第一次测试过程中,发现电动机控制器电路板在65℃会过热,因此展开温度下降到55℃。虽然电路板具有最大85℃的工作温度,远低于环境测试温度,但是在测试的环境温度下没有对流冷却的电路板的工作导致其过热。由于航天器在展开温度方面具有足够裕量,确定最好的方法是减小航天器上展开温度的变化范围,而不是重新设计电动机控制器底盘。在降低展开温度以后,天线成功展开。图3.38给出了天线单独和与仪器集成时的热测试轮廓。热循环后的天线照片如图3.39所示。

经过热测试后,天线和仪器的其他部分集成。然后天线固定在仪器上进行振动测试和展开,这模拟了飞行中的安装条件。航天器的振动谱比之前天线测试的要低得多,因为RainCube是作为软货物发射到国际空间站的,这意味着本质上航天器是在气泡膜包装的防护层里发射的,这产生了$2G_{RMS}$的振动载荷(在振动器的顶部峰值是$6G'_s$)。因为如此低的振动水平意义不大,所以进行了$6.8G_{RMS}$的标准工艺振动测试。虽然这仍然是一个低水平的振动测试,避免了对硬件造成损坏,但是这个测试使设计更加符合条件。

在振动测试之后,天线立即放置在热室中,在冷温下对天线进行展开测试(图3.39)。虽然热展开是电系统最可能失灵的条件,但冷展开测试是机械装置最有可能发生故障或者失灵的情况。这是天线热膨胀系数的变化及轴承和

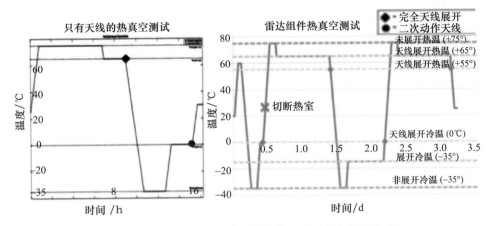

图 3.38 (a)天线单独的热测试轮廓;(b)天线与仪器集成,
天线在冷热环境下均进行测试

图 3.39 在 0℃热真空中的天线展开图(前景是冷指式热交换器管)

电动机中的润滑油变稠对运动的阻力变大引起的。天线在振动过程中没有表现出异常。然后,天线在热室中在 0℃成功展开。展开之后,天线的第二次动作在 55℃完成,将天线倒转然后通过展开的最高扭矩部分驱动,确保天线仍然工作在热温下。振动后热真空中的展开使天线完全达到飞行要求(图 3.40)。

图 3.40 进行了热冷真空热测试后的天线,热真空室可以在背景看到

总之,天线的机械设计解决了遇到的问题。通过机械和射频工程师的精心合作,天线平衡了射频性能和配载尺寸,产生了卡塞格伦次级反射器和30个双折叠肋拱设计。精确的表面精度通过准确加工、精确的铰链阻塞和组装夹具的使用来实现。最后,通过电动机驱动的丝杠实现了冲击力较小的足够的展开力量。虽然这些机械研制的详细描述已在文献[36]中进行了讨论,但是为了完整,这里重点强调了其关键的展开过程。

3.2.6 飞行性能

RainCube立方星于2018年7月13日在国际空间站外面由NanoRacks展开器得到释放。天线于2018年7月28日在近地轨道成功展开。天线的展开被Yyvac的摄像机(星体跟踪器)记录,视频截图如图3.41所示。展开后天线的图片和实验室里展开的天线进行重叠以验证肋拱、副反射器和喇叭的正确展开。天线和雷达工作正常,并收集了重要的科学数据。不足之处是,和通信天线不同,很难准确描述天线的在轨增益特性。

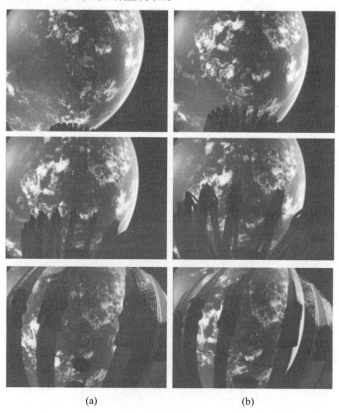

图3.41 (见彩图)RainCube天线在近地轨道展开

3.3 通信挑战

RainCube 的公用平台由 Tyvak 研制,以 UHF 和 S 波段电信系统为主要组成部分,将数据传输到地面(图 3.42)。

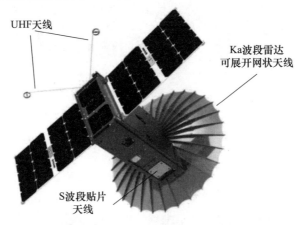

图 3.42 RainCube 航天器的 CAD 模型。显示了所有的天线,UHF 天线和 S 波段天线用来通信,可展开网状反射器用于雷达

选择 UHF 电信系统是因为其高可靠性和已经证实的飞行传统。UHF 电信系统已经成功应用在很多近地轨道立方星任务中,Tyvak 的 UHF 无线电设备已经应用在之前的任务中。UHF 天线由折叠在 30cm × 10cm 一侧两个卷起来的带状天线组成。末端的绕轴便于带状天线的配载,展开的触发器是一个燃丝,在航天器从发射筒释放后约 45min 触发。UHF 天线提供了增益 0dB 的近似全向的方向图,允许航天器在任何联系过程中总是和地面站保持联系,而不需要旋转或者对准航天器。由于这个因素,UHF 通信是用来下行传输健康和安全遥测数据,并向航天器发布指令。两个方向的数据速率都是 19.2kb/s,通过即使在最坏的情况下也有足够的裕量来实现。用来支持 UHF 链接的地面站位于尔湾(加利福尼亚州)和特罗姆瑟(挪威)。仿真表明,只有尔湾的地面站可以看到航天器(图 3.43),提供平均每天 7 次大约持续 6.5min 的联系。虽然 RainCube 并不是每天都需要这些 UHF 频段的联系,但是多次传递保证了在紧急情况下能够迅速控制航天器的可能性。尽管具有高可靠性和飞行传统,但 UHF 通信系统的基本限制之一是低数据速率,这对于传输载荷数据是不够的。

S 波段电信系统用于高数据速率下行链接只是为了实现 RainCube 雷达的最高可能数据回传速率。系统是由 S 波段 Quasonic 无线电设备和放置于 30cm × 10cm 一侧的一个 S 波段贴片天线组成,如图 3.42 所示。在之前的立方星任务

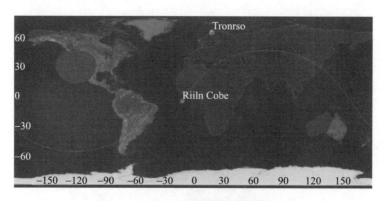

图 3.43 RainCube 的 UHF 覆盖地图

两个地面站位于尔湾(加利福尼亚州)和特罗姆瑟(挪威),考虑 RainCube 的轨道倾斜度,尔湾站将是唯一用作 UHF 链接的地面站。尔湾站周围圆形的区域表示 RainCube 卫星在 6 个月的任务工作中所有可能跟踪的区域。

上无线电设备和天线都有大量的飞行传统。用来接收 S 波段信号的地面站是 K-Sat 网络的一部分,位于全世界不同的地方。就 RainCube 轨道而言,目前为任务预选的 K-Sat 地面站位于毛里求斯、迪拜、哈特比斯特胡克和新加坡。考虑到链接分析表明预期可以实现大约 4Mb/s 的数据速率,每天只需传输两次就能传输完目前预计的数据量。然而,为了偶然性的目的,已经计划了第三次传输。覆盖范围分析(图 3.44)表明,平均每天可实现四次可能的联系,这对于保证计划的覆盖范围三次的传输是足够的。

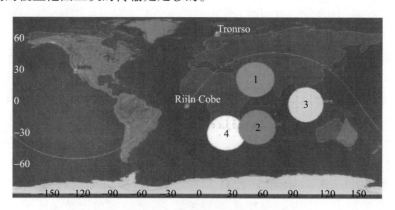

图 3.44 RainCube 的 S 波段覆盖地图

立方星上的贴片天线不可避免地受到 Ka 波段抛物面天线(放置于航天器底部)的遮挡和太阳能板(在航天器顶部展开)的影响。结果,和我们的地面站建立链接的唯一方法是在通信传输之前旋转航天器,允许贴片和地面站之间的可见性。

对准立方星贴片天线所需的旋转角度是偏离天顶方向 70°,姿态控制系统分析表明航天器上的驱动器在大约 10s 内从天顶位置来回旋转立方星。每次传输持续时间约为 8min。因此,在每天三次传输的最坏的设想,航天器将被旋转,因此每天约有 25min(约 1.7% 的时间)不能完成雷达测量。这个解决方案满足雷达仪器占空比的基本需求,要求至少在 90% 的时间工作。因此,这个方案对于该项目被认为是可以接受的。

4 个 K-Sat 地面站位于迪拜、毛里求斯、新加坡和哈特比斯特胡克。考虑到 RainCube 轨道倾斜度,所有这 4 个地面站都可以跟踪卫星。每个站周围圆形的区域(1 代表迪拜,2 代表毛里求斯,3 代表新加坡,4 代表哈特比斯特胡克)表示 RainCube 卫星在 6 个月的任务工作中所有可能跟踪的区域。

3.4 小　　结

立方星对于地球科学任务是很好的选择,高增益天线的需求至关重要。本章详细介绍了一种新颖的、高度受限的可展开网状反射面天线,这种天线为未来这项技术的发展铺平了道路。所提出的天线为不断增加的地球科学和深空任务的需求提供了一种新颖的解决方案,这些任务旨在发射低成本的小卫星。它也实现了 RainCube 任务,第一个立方星雷达。

0.5m 的 Ka 波段高增益网状反射面天线使用卡塞格伦光学容纳一个展开装置,将反射器和馈源组件配载在一个高度受限的 1.5U(10cm×10cm×15cm)的体积里。对于馈源和副反射器它只用一步展开。

天线在 35.75GHz 表现出很好的性能,测量的增益为 42.6dBi,效率为 52%。本章对设计的所有关键方面(网格影响、支柱和遮挡影响、馈源不匹配和相互作用等)都进行了详细阐述,研制了两个射频原型天线,即固态和网状可展开天线,详细的测量结果和仿真结果吻合很好。天线进行了两次测量并在每次展开后测量了天线的辐射方向图。天线的性能保持非常稳定,证明可以保持表面精度。

我们还研制了另一个工作在 DSN 频段应用于通信的 0.5m 的 Ka 波段网状反射面天线[37]。该天线是一个右旋圆极化天线,工作在 DSN 发射和接收频段。

目前正在进行应用网状反射器实现更大的可展开天线(第 5 章)或者反射阵列(第 4 章)的大量研究,科学领域也提出了更高频率(如 94GHz 及以上)可展开天线的概念需求,这对展开精度要求更严格,面临几乎无法用网状反射面天线实现的新挑战。

参考文献

[1] E. Peral, S. Tanelli, Z. S. Haddad, G. L. Stephens, and E. Im, "RaInCube: a proposed constellation of precipitation profiling Radars In Cubesat," *AGU Fall Meeting*, San Francisco, CA, Dec. 2014.

[2] A. Babuscia, B. Corbin, M. Knapp, R. Jensen-Clem, M. Van de Loo, and S. Seager, "Inflatable antenna for cubesats: motivation for development and antenna design," *Acta Astronautica*, vol. 91, pp. 322-332, Oct.-Nov. 2013, ISSN 0094-5765.

[3] R. Hodges, D. Hoppe, M. Radway, and N. Chahat, "Novel deployable reflectarray antennas for CubeSat communications," *IEEE MTT-S International microwave Symposium (IMS)*, Phoenix, AZ, May 2015.

[4] M. R. Aherne, J. T. Barrett, L. Hoag, E. Teegarden, and R. Ramadas, "Aeneas-Colony I meets three axis pointing," *5th Annual AIAA/USU Conference on Small Satellites*, Logan, Aug. 7-12, 2011.

[5] N. Chahat, J. Sauder, R. Hodges, M. Thomson, and Y. Rahmat-Samii, "CubeSat deployable Ka-band reflector antenna for deep space missions," *APS/URSI 2015*, Vancouver, Canada, July 2015.

[6] C. S. MacGillivray, "Miniature deployable high gain antenna for CubeSats," *2011 CubeSat Developers Workshop*, California Polytechnic State University, San Luis Obispo, CA, Apr. 22, 2011.

[7] R. Freeland, S. Bard, G. Veal, G. Bilyeu, C. Cassapakis, T. Campbell, and M. C. Bailey, "Inflatable antenna technology with preliminary shuttle experiment results and potential applications," *18th Annual Meeting and Symposium*, Antenna Measurement Techniques Association, Seattle, WA, Sep. 30-Oct. 3, 1996.

[8] J. Huang and J. A. Encinar, *Reflectarray Antennas*, Hobroken, NJ: Wiley-IEEE Press, Oct. 2007. ISBN: 978-0-470-08491-5.

[9] R. Hodges and M. Zawadzki, "Ka-band reflectarray for interferometric SAR altimeter," *Joint IEEE/URSI International Symposium on Antennas and Propagation*, Chicago, IL, July 8-14, 2012.

[10] C. Han, J. Huang, and K. Chang, "A high frequency offset-fed X/Ka dual band reflectarray using thin membranes," *IEEE Transactions on Antennas and Propagation*, vol. 53, no. 9, pp. 2792-2798, Sep. 2005.

[11] R. Hodges, N. Chahat, D. J. Hoppe, and J. D. Vacchione, "A deployable high gain antenna bound for Mars: developing a new folded panel reflectarray for the first CubeSat mission to Mars," *IEEE Antennas and Propagation Magazine*, vol. 59, no. 2, pp. 39-49, Apr. 2016.

[12] C. Granet, "Designing classical offset Cassegrain or Gregorian dual-reflector antennas from

combinations of prescribed geometric parameters," *IEEE Antennas and Propagation Magazine*, vol. 44, no. 3, pp. 114 – 123, June 2002.

[13] S. F. Bassily and M. W. Thomson, "Chapter 8: Deployable reflectors," in *Handbook of reflector Antennas and Feed systems Volume III : Applications of reflectors*, S. Rao, L. Shafai, and S. K. Sharma, Eds. , Norwood, MA: Artech House, 2013. ISBN: 10: 160807515X.

[14] M. Johnson, "The Galileo high gain antenna deployment anomaly," *JPL Technical Report*, May 1994.

[15] P. Focardi, P. Brown, and Y. Rahmat – Samii, "A 6 – m mesh reflector antenna for SMAP: modeling the RF performance of a challenging Earth – orbiting instrument," *IEEE International al Symposium on Antennas Propagation (APSURSI)* , July 3 – 8, 2011, pp. 2987 – 2990.

[16] E. Hanayama, S. Kuroda, T. Takano, H. Kobayshi, and N. Kawaguchi, "Characteristics of the large deployable antenna on HALCA Satellite in orbit," *IEEE Transactions on Antennas and Propagation*, vol. 52, no. 7, pp. 1777 – 1782, July 2004.

[17] C. Bryan and W. Strasburger, *Lunar Module Structures Handout IM – 5*, NASA Training Material in Support of IM – 5 Structures Course, Houston, TX: MSC, May 1969.

[18] A. G. Roederer and Y. Rahmat – Samii, "Unfurlable satellite antennas: A review," Annales Des Telecommunications, vol. 44, no. 9 – 10, pp. 475 – 488, Sep. /Oct. 1989.

[19] G. Tibert, "Deployable tensegrity structures for space applications," *TRI – MEK Technical Report* 2002 :04, ISSN 0348 – 467X, *Royal Institute of Technology Department of mechanics*, Doctoral Thesis, Stockholm, 2002.

[20] W. D. Williams, M. Collins, R. Hodges, R. S. Orr, O. Sands, L. Schuchman, and H. Vyas, "High – capacity communications from martian distances – chapter 5," *NASA Tech Report*, NASA/TM – 2007 – 214415, NASA Glenn Research Center, Cleveland, OH, Mar. 2007.

[21] W. Reynold, T. Murphey, and J. Banik, "Highly compact wrapped – gore deployable reflector," *52nd AIAA/ASME/ASCE/AHS/ASC Structures, Structural Dynamics and Materials Conference*, Denver, Colorado, 4 – 7 April 2011.

[22] V. Shirvante, S. Johnson, K. Cason, K. Patankar, and N. Fitz – Coy, "Configuration of 3U CubeSat structures for gain improvement of S – band antennas," *AIAA/USU Conference on Small Satellites*, Logan, Utah, Aug. 2012.

[23] Y. Rahmat – Samii, "Chapter 15: Reflector antennas," in *Antenna Handbook: Theory, Applications, and Design*, Y. T. Lo and S. W. Lee, Eds. , Boston, MA: Springer, 1998. ISBN: 978 – 1 – 4615 – 6459 – 1.

[24] N. Chahat, R. E. Hodges, J. Sauder, M. Thomson, E. Peral, and Y. Rahmat – Samii, "CubeSat deployable Ka – band mesh reflector antenna development for Earth Science missions," *IEEE Transactions on Antennas and Propagation*, vol. 64, no. 6, pp. 2083 – 2093.

[25] N. Chahat, T. J. Reck, C. Jung – Kubiak, T. Nguyen, R. Sauleau, and G. Chattopadhyay, "1.9 – THz multiflare angle horn optimization for space instruments, " *IEEE*

Transactions on Terahertz Science and Technology, vol. 5, no. 6, pp. 914 – 921, Nov. 2015.

[26] K. Sudhakar Rao and P. S. Kildal, "A study of the diffraction and blockage effects on the efficiency of the Cassegrain antenna," *Canadian Electrical Engineering Journal*, vol. 9, no. 1, pp. 10 – 15, Jan. 1984.

[27] Y. Rahmat – Samii, "An efficient computational method for characterizing the effects random surface errors on the average power pattern of reflectors," *IEEE Transactions on Antennas and Propagation*, vol. 31, pp. 92 – 98, Jan. 1983.

[28] J. Ruze, "Antenna tolerance theory – a review," *Proceedings of the IEEE*, vol. 54, no. 4, pp. 633 – 640, Apr. 1996.

[29] P. S. Kildal, "Diffraction efficiencies of reflector antennas," *Antennas and Propagation Society International Symposium*, 1982, Albuquerque, NM, 1982, pp. 48 – 51.

[30] P. Ingerson and W. C. Wong, "The analysis of deployable umbrella parabolic reflectors," *IEEE Transactions on Antennas and Propagation*, vol. 20, no. 4, pp. 409 – 414, July 1972.

[31] F. L. Hai, "The principle error and optimal feed point of umbrella – like parabolic reflector," *International Symposium Antennas, Propagation, & EM Theory*, Beijing, China, Aug. 2000, pp. 697 – 700.

[32] M. W. Thomson, "AstroMesh deployable reflectors for Ku and Ka – band commercial satellites," *29th AIAA International Communications Satellite Systems Conference and Exhibit*, AIAA, May 2002.

[33] R. Corkish, "The use of conical tips to improve the impedance matching of cassegrain subreflectors," *Microwave and Optical Technology Letters*, vol. 3, no. 9, pp. 310 – 313, Sep. 1990.

[34] M. I. Astrakhan, "Reflection and screening properties of plane wire grids," *Radio Engineering (Moscow)*, vol. 23, pp. 76 – 83, 1968.

[35] "Cool gas generator technologies," Available: online: http://cgg – technologies.com/, [Accessed: Oct. 17, 2014].

[36] J. Sauder, N. Chahat, M. Thomson, R. Hodges, E. Peral, and Y. Rahmat – Samii, "Ultra – compact Ka – band parabolic deployable antenna for RADAR and interplanetary CubeSats," *29th Annual AIAA/USU Conference on Small Satellites*, Logan, UT, Aug. 2015.

[37] N. Chahat, R. E. Hodges, J. Sauder, M. Thomson, and Y. Rahmat – Samii, "The deep – space network telecommunication CubeSat antenna, Using the deployable Ka – band mesh reflector antenna," *IEEE Antennas and Propagation Magazine*, vol. 59, no. 2, pp. 31 – 38, Apr. 2017.

第 4 章
米级反射阵列天线

Nacer Chahat[1], Manan Arya[1], Jonathan Sauder[1], Ellen Thiel[1],
Min Zhou[2], Tom Cwik[1]

1 NASA 喷气推进实验室/美国加利福尼亚州帕萨迪纳市加州理工学院
2 丹麦 哥本哈根 TICRA

4.1 引　　言

随着最近小型化雷达和立方星技术的进展,同时发射多个雷达仪器是可能实现的。NASA 喷气推进实验室研制的 RainCube 任务,发射并成功验证了第一个 6U 立方星有源雷达[1]。使之实现的技术,即 0.5m 可展开网状反射面天线[2],成功在轨道展开并从空间收集降雨测量数据。

一系列的低地球轨道降雨数据搜集仪器在恰当的空间和时间尺度观测天气现象演变可提供必需的空间-时间分辨率,但是典型的卫星平台及仪器的成本和时间使这个解决方案不可能实现,但可以通过使用 6U 或者 12U 立方星实现。潜在的 RainCube 后续任务是发射一系列的立方星组成星座实现气候科学和天气预报的技术革新。立方星小的体积和质量允许其通过和其他已配载的大型航天器一起发射,以及成本分摊在很多个小型航天器上以频繁和低成本的方式进入空间。

和小型航天器相关的一个突出的需求是和总的空间系统的尺寸相称的射频口径。对于地球观测系统,通常应用适合小卫星的不需要展开的固态光学口径,可以满足很多需求。关于更大展开光学口径的研究在持续进行[2-5]。能够产生无线通信的高增益,或者满足地球科学需要的窄波束射频口径目前正在研制中。对于比公用平台尺寸大,需要展开的口径,对于工作频率的展开精度以及发射过程中的配载体积是决定性的参数。另外,还必须考虑系统的效率,因为太大的口径会导致指向、热量及其他问题产生,这些问题会使小型航天器从成本和系统容纳空间的角度变得不切实际。

射频展开口径的一个方法是反射阵列天线,在发射中平板紧靠航天器公用平台的一侧,在铰链系统中在轨展开。平面的二维反射阵列天线的几何结构消除了可展开抛物面和其他传统口径天线的锥形三维表面所需的额外空间。反射阵列平板可以通过加工满足在轨的热需求和发射动态需求,和连接平板的适当的铰链连接时,可以提供必需的展开精度。一个释放装置允许平板在轨道上展开。这种方法的第一次应用是把太阳能板和反射阵列天线集成在一起,即集成太阳能阵列和反射阵列天线(ISARA),工作在 Ka 波段,将两项功能相结合,在太阳能板上只增加了很小的额外的质量和体积[5]。这个飞行系统已经建造并在地面上进行了测试,发射后进行了在轨验证。这项工作延伸到一个 X 波段电信系统,该系统应用从 6U 类立方星展开的一个反射阵列,立方星和 NASA 的"洞察"号(InSight)火星着陆器任务一起发射,在任务的进入、下降和着陆部分提供辅助通信[4]。火星立方体 1 号(MarCO)X 波段反射阵列提供着陆过程中来自 InSight 的实时遥测数据的传输,避免了确认航天器成功着陆的信号的几个小时的延迟。MarCO 的成功预示着未来增加复杂度的行星小卫星和可展开反射阵列天线在此类任务中的应用。

  本章给出的现有任务延伸了反射阵列的尺寸,其尺寸对于 6U 立方星空间系统是适用的,在航天器的三面堆放平板(±x 面和 +z 面),使用公用平台中心独有的伸缩馈源。馈源通过跟随并延伸了 RainCube 抛物面网状天线系统的工作来给反射阵列馈电[2-3]。配载的馈源和平板系统占用了航天器公用平台内 2U 的体积,允许公用平台系统和仪器使用 4U 的体积。对容纳空间的研究表明 RainCube 仪器及所提出的天线将安装在一个 6U 立方星上。米级可展开反射阵列天线在折叠和展开的状态如图 4.1 所示。

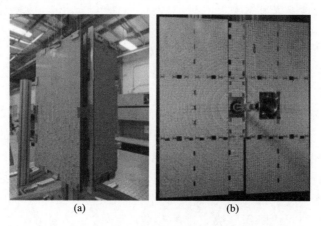

图 4.1 与 6U 类立方星兼容的米级可展开反射阵列天线
(a)折叠状态;(b)展开状态。

4.2 反射阵列天线

4.2.1 反射阵列简介

反射阵列是由一个平面或者弯曲的反射表面和一个理想情况位于其焦点的馈源组成的一个天线。反射表面可以采用各种不同的辐射单元（如方形贴片、矩形贴片、双极子、开口波导等），表面被馈源照射（直接或者使用副反射器）反射阵列单元设计用来再次辐射和散射具有需要的相位的入射场，在远场形成平面波阵面。有时我们称之为"平面反射器"，因为正如抛物面反射器一样，当馈源位于其焦点时，形成了一个平面波阵面。

4.2.2 反射阵列的优点

对于非常大的口径，反射阵列可以获得较高的效率（大于50%），因为相比贴片阵列，反射阵列不需要功率分配器。反射阵列的效率是由多个因素决定的：单元设计（类型和介质特性）、焦距和直径的比值（f/D）、边缘电平、馈源损耗等。反射阵列可以设计其主波束从视轴方向倾斜一个角度。另外，当航天器天线需要展开装置时，反射阵列的平面结构可以使其更有效、可靠、简单地折叠。反射阵列可以在非常有限的体积里折叠的能力对于小卫星平台非常有吸引力。

太阳能阵列可以和阵列非反射的一面相结合[7]。反射阵列能够覆盖多个频率[8-9]，并且潜在地可以完全由金属制成[10-12]。

4.2.3 反射阵列的缺点

通常来说，反射阵列的主要缺点是其窄带宽特性（小于10%），带宽是由口径尺寸、焦距、单元设计等决定的。反射阵列的带宽被单元本身的带宽和空间相位延迟差所限制，可以用两个众所周知的方法提高带宽：①增加 f/D 的值；②使用分段平坦的凹面曲线反射阵列代替完全平坦的表面。虽然增加 f/D 的值在可展开天线中并不总是微不足道的，但是在特定的实例中，如 ISARA 和 MarCO，凹面曲线的反射阵列容易实现。带宽也可以通过产生更大带宽的单元来提高。同时，虽然天线的工作限制在单元的中心频率，但是多频天线单元可以用来产生多波段天线系统。

4.2.4 研究现状

大量的可展开阵列的研究工作是由 John Huang 博士在 20 世纪 90 年代在

喷气推进实验室发起的。他的题为《反射阵列天线》的著作[8]仍然是一部可参考的文献,其工作在当时是标新立异的。他提出了不同的可展开薄膜反射阵列天线[8-9](图4.2)的理念。他还在文献[7]中引入了和太阳能阵列集成的可展开反射阵列的理念,然后该理念在 ISARA 上面得到了实施。

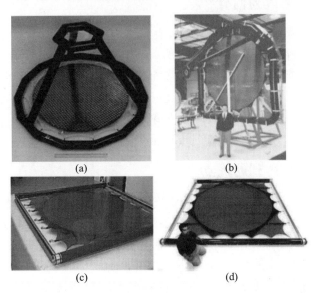

图4.2　(a)1m X 波段压力稳定反射阵列[9];(b)3m Ka 波段压力稳定反射阵列[9];(c)3m Ka 波段充气阵列[8];(d)3m 双频薄膜天线[8](图片由 NASA 喷气推进实验室/加州理工学院提供)

据我们所知,第一个在空间飞行的反射阵列是工作在26GHz、集成在3U 类立方星 ISARA(图4.3)中的三平板可展开反射阵列。ISARA 在 2017 年 12 月发射,并成功展开和测试,如在近地轨道拍摄的照片所见证的(图4.3)。ISARA 是一个33cm×27cm 的天线,在 26GHz 具有 33dBic 的增益和大约 26% 的效率。虽然这个天线的效率显得非常低,但是存在提高其效率的方法。首先,减小平板之间大的间隙会改善其增益、效率和旁瓣电平。其次,使用效率更高的馈源,例如 2×2 的线极化全金属缝隙阵列,结合反射阵列的使用,反射阵列将入射的线极化波转换为反射的圆极化波。

MarCO 航天器(见第2章)使用了一个 33.5cm×58.7cm 的可展开反射阵列。尽管配载在 12.5cm×21cm×34.5cm 非常有限的体积里,但是这个只用于发射的天线在 X 波段获得了 29dBic 的增益。喷气推进实验室专门设计了新的铰链减小平板之间的间隙,这提高了天线总的性能。结果,MarCO 获得的口径效率约为 42%。图4.4 展示了在喷气推进实验室集成和展开过程中天线在实验室的照片,也给出了在空间成功展开的照片。

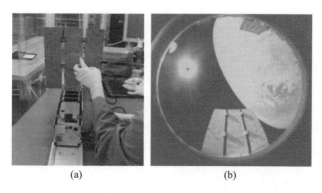

图 4.3 （a）ISARA 3U 立方星，带有在集成和测试中完全展开的三平板反射阵列天线；（b）近地轨道拍摄的 ISARA 天线照片，成为第一个空间飞行的反射阵列（图片由 NASA 喷气推进实验室/加州理工学院提供）

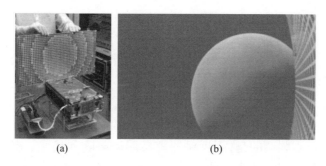

图 4.4 （a）集成和测试中展开的 MarCO 反射阵列天线；（b）飞往火星途中在空间展开的 MarCO 反射阵列（图片由 NASA 喷气推进实验室/加州理工学院提供）

另外，表面水海洋地形学（Surface Water Ocean Topography，SWOT）任务正在使用两个可展开的 5m×0.5m 反射阵列天线，为其工作在 35.75GHz 的雷达干涉仪工作。这个航天器正在研制中，计划在 2021 年发射。这个大的可展开天线如图 4.5 所示。

图 4.5 SWOT 的反射阵列天线工程模型的辐射方向图测试（图片由 NASA 喷气推进实验室/加州理工学院提供）

4.3 米级反射阵列天线

4.3.1 天线简介

为了获得更大的带宽和更高的效率,反射阵列通常需要大的 f/D 的值。大的 f/D 的值意味着焦点馈源必须远离阵列口径照射,这会导致复杂的展开和更大的质量。本书提出的卡塞格伦结构,如图 4.1 所示,会减小馈源和副反射器的高度同时保持相同的或者更高的有效 f/D 的比值。

另外,大大减小馈源和收发机之间的损耗,对于更高频率,如 Ka 波段工作尤其重要。为了减小这些损耗,很明显同轴电缆不是一个有效的选择。因此,使用了 3 个伸缩波导来最大化天线的效率。文献[2]成功引入了伸缩波导,然而这是第一次使用多个伸缩波导。在所提出的设计中,圆波导相对于彼此移动,在之前的设计中喇叭相对于固定波导移动[2]。

反射阵列天线工作在 35.75GHz,总尺寸为 922.5mm × 1049.2mm,由 271 × 238 个单元组成,焦距等于 0.7m。表 4.1 总结了天线的几何参数。副反射器顶点距离和焦距分别等于 0.095m 和 0.22m。副反射器尺寸的选择要实现天线效率最大化同时能够安装在立方星配载空间里。副反射器边缘尺寸是 95.0mm × 124.0mm。要重点强调的是,副反射器容易用反射阵列代替。根据需要,可使用平面的副反射器来减小天线的总质量。

表 4.1 反射阵列的需求

参数	数值
频率/GHz	35.75
单元数/个	271 × 238
单元格/mm × mm	3.86 × 3.86
反射阵列尺寸/mm × mm	922.5 × 1049.2
介质厚度/mm	0.406
相对介电常数(ε_r)	3.55
损耗正切($\tan\delta$)	0.0027
焦距(F)/m	0.7
副反射器顶点距离/m	0.095
副反射器焦距/m	0.22
副反射器尺寸/mm × mm	95.0 × 124.0

馈源设计在 4.3.2 节介绍。反射阵列最大可能的方向性系数 $D_{max} = (\pi \cdot D/\lambda)^2$,在 35.75GHz 为 45.45dBi。

4.3.2 可展开馈源

伸缩馈源由一个多张角喇叭和3个内直径增加的伸缩波导组成。配载时,伸缩波导安装在喇叭里。底部波导Wg1(图4.6)具有最小的直径,固定在立方星里。其他两个波导、馈源喇叭和副反射器使用两个透镜状带子向上滑动,透镜状带子由一组编码器控制,编码器为驱动电动机提供反馈。为了进一步提高馈源展开精度,使用了6根石英线缆。用6根线缆产生六足线缆以准确定位次级反射器。

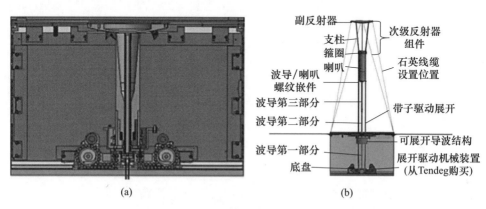

图4.6 带有3个伸缩波导的馈源喇叭
(a)折叠结构;(b)展开结构。

图4.7展示了带子的末端是如何连接到箍圈的底部的。箍圈的上面部分连接到3个副反射器支柱上,副反射器支柱的顶端连接在副反射器上,提供了上部箍圈(也确定了喇叭的位置)和副反射器之间坚硬的连接。上部和下部箍圈通过一个压缩弹簧连接,压缩弹簧提供了接合处的顺应性。这允许副反射器箍圈的下半部分提供一个向上的力量,定位不那么准确,然而上半部分被连接在副反射器上的线缆准确控制。这个设计同样使得结构能够抵抗带子热膨胀尺寸变化系数。

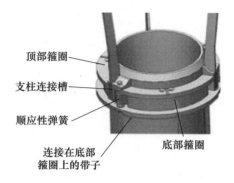

图4.7 实现x轴、y轴、z轴准确展开的馈源喇叭机械特征

副反射器和馈源展开与其理想位置 z 轴的距离在 0.2mm 以内，x 轴和 y 轴在 0.2mm 以内。表 4.2 总结了每个波导的尺寸。在波导壁内使用了一个压缩弹簧，来准确定位波导位置。在平板展开完成之后馈源展开，如图 4.8 所示。

表 4.2 伸缩波导的尺寸

波导编号	内径/mm	外径/mm
3	9.35	10.15
2	7.85	8.65
1	6.35	7.15

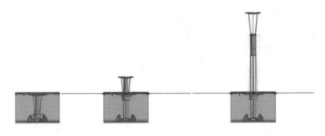

图 4.8 平板展开之后的馈源展开

馈源喇叭折叠和完全展开时如图 4.6 所示，其几何形状和尺寸如图 4.9 所示。馈源喇叭用文献[13]中介绍的内部代码进行优化。带有 3 个波导的馈源喇叭独自计算和测量的反射系数如图 4.10 所示，计算和测量的结果一致性好。伸缩馈源在 NASA 喷气推进实验室圆柱形近场暗室里进行了测量。馈源喇叭及其伸缩波导计算和测量的在 35.75GHz 的 E 面和 H 面的辐射方向图如图 4.11 所示。表 4.3 总结了计算和测量的增益和方向性系数，结果吻合非常好。

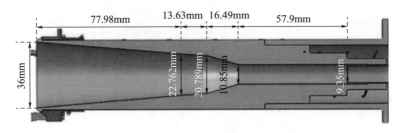

图 4.9 馈源喇叭的几何形状和尺寸

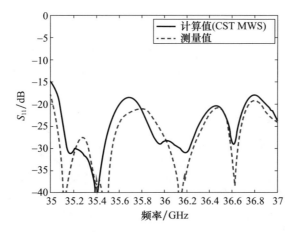

图 4.10 馈源喇叭独自计算和测量的反射系数(包括伸缩波导和转换器)

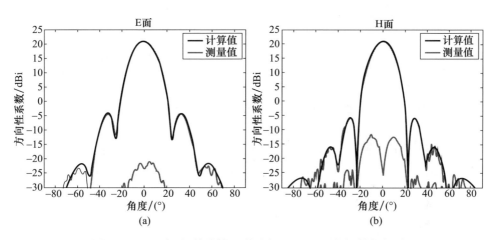

图 4.11 （见彩图）伸缩馈源喇叭在 35.75GHz 的辐射方向图
(a) $\varphi=0°$ 平面；(b) $\varphi=90°$ 平面。

表 4.3 可展开馈源喇叭计算和测量的方向性系数和增益

数值	方向性系数/dBi	增益/dBi
计算值	20.82	20.52
测量值	20.95±0.2	20.40±0.2

4.3.3 反射阵列设计

本书提出的天线使用一个可变尺寸方形贴片微带单元作为单元格，每个单元所需的相位根据反射阵列设计公式确定：

$$\varphi_i - k_0(R_i + \boldsymbol{r}_i \cdot \hat{r}_i) = 2N\pi \tag{4.1}$$

式中:φ_i为第i个单元所需的传输线相位延迟;R_i为从焦点到第i个单元的距离;$\boldsymbol{r}_i$为从阵列中心到阵列第i个单元的矢量;$\hat{r}_0$为主波束方向的单位矢量;k_0为自由空间的波数。本书提出的反射阵列的相位延迟分布如图4.12所示。

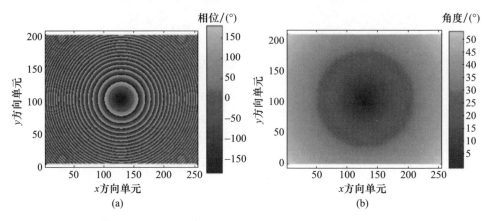

图4.12 (a)反射阵列所有单元所需的包裹相位延迟;(b)反射阵列所有单元的入射角

因为f/D的值比较小,因此需要考虑入射角以实现天线效率的最大化[14]。馈源正下方的中心单元的入射角是0°,然而位于反射阵列边缘的单元具有更大的角度,达到45°(图4.12),其他单元的角度在这些极值之间。

理论的反射阵列设计假设固定在已知介质上的金属贴片具有平面表面。在实际中,由于不完美的反射阵列表面引起的增益减小,是由组成阵列的单个平板的平整度不足、平板之间的间隙和连接铰链的不完美引起的,连接铰链的不完美不允许平板在展开区域完美对齐。

反射阵列的贴片间距设置为3.86mm,即0.46个波长。这16个反射阵列的平板由两个0.813mm厚的Rogers RO4003C($\varepsilon_r = 3.55, \tan\delta = 0.0027$)组成,一面印刷反射阵列贴片,用中心石墨复合物共固化。中心层是一个0.589mm厚的STABLCOR层,提供所需的温度变化平整度。反射阵列平板的剖面图如图4.13所示。每个平板的最大平面外偏离的测量值在0.4mm以内。大多数的不平整集中在4个平板上,其他12个平板的平整度在0.25mm以内。2.08mm厚的对称平板形成非常高的结构刚性。两层Rogers RO4003C在彼此相对的一侧印刷反射阵列贴片以提供较大温度变化范围(对称性减小了大的温度梯度)的结构刚性。

反射阵列天线和其16个平板如图4.14所示。可展开反射阵列由12个20.1cm×34.8cm平板组成(顶部和底部平板见图4.14),其中6个折叠在6U立方星较大面(约360mm×220mm)。它们都被0.254mm的间隙粗糙地分开,

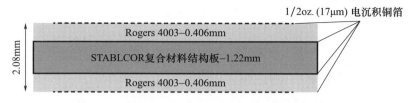

图 4.13 反射阵列平板布局

相对于单元格尺寸可以忽略。剩余的两个平板折叠在公用平台上固定平板的顶端，使用两个弹簧加载铰链展开。相关研究专门为该任务设计和研制了定制的铰链，以满足 Ka 波段所需的展开精度并最小化每个平板之间的间隙。

在反射阵列的设计中存在间隙和切口，如图 4.14 所示。切口是为了容纳铰链空间，在配载的位置，需要满足展开精度。间隙顺应立方星公用平台。这些间隙和切口导致了 0.15dB 的增益损耗。反射阵列用 TICRA 的 QUPES 软件[15]建模，所有的间隙和切口都包括在我们的 QUPES 模型中（图 4.14）。

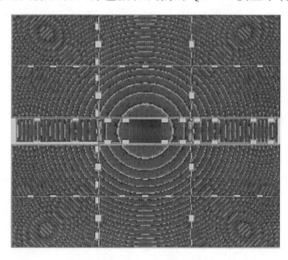

图 4.14 可展开反射阵列天线平板布局，包括了反射阵列中的切口和间隙，没有包括铰链

4.3.4 展开精度

为了得到保持满意性能所需的展开精度，我们进行了详细的分析。我们定义了 5 个角，如图 4.15 所示，同时考虑了这些角之间的依赖关系。例如，如果 θ_2 不为零，意味着没有正确展开，就会影响这 12 个大的平板展开。表 4.4 总结了展开角度的精度，这些展开角是设计定制铰链的基础。假设展开精度是表 4.4 的结果而且平板是完全平坦的，则预测的增益损耗约为 0.33dB。

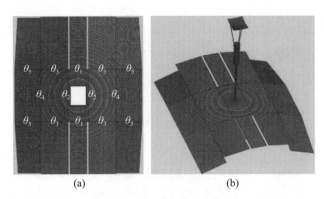

图 4.15 (a)用来完成详细的偏移分析的展开角度的定义;
(b)放大的展开误差的 CAD 模型

表 4.4 所需的和实现的展开精度

角度	需求/(°)	测量值/(°)
θ_1	±0.04	±0.030
θ_2	±0.04	±0.096
θ_3	±0.04	±0.009
θ_4	±0.04	±0.012
θ_5	±0.10	±0.006

需要研制新的铰链以满足反射阵列平板的展开精度。3个铰链中间的那个包含一个铰链线,并且具有一个设置其展开位置的可调的终端止动装置。终端止动装置包含一个精细螺纹球形固定螺钉,螺钉在展开结构中紧靠在平坦的表面上。通过调节这个固定螺钉的位置,铰链的展开角度能以精确增量进行调节。这个可调节性降低了对组装过程的精度要求;展开的铰链角可以在组装后测量,可以调节以满足展开铰链角度的要求。这允许阵列的展开平整度不受组装过程的限制(之前的铰链设计受到限制),但是受测量和调节铰链角度的能力的限制。另外,如果球形固定螺钉和所靠的平坦的表面是由相似的坚固材料制成的,则这个设计也能获得比现有的铰链设计更好的展开可重复性。

新的单边铰链允许平板折叠,当折叠时,平板之间的间隙可以任意地小。这样折叠平板在封装结构里可以避免浪费空间。换句话说,封装效率比之前高得多,提高因数约为2。这对安装在6U类立方星里是至关重要的。

另外,铰链到平板的连接也是具有创新性的(图4.16)。代替使用双边铰链(在 MarCO 上使用),双边铰链中平板是用环氧树脂黏合剂粘上的(不但增加了配载空间,而且由于黏合弹性影响允许平板位置在铰链内移动),我们使用了定位销、金属螺栓、低轮廓螺纹嵌件和环氧树脂黏合剂的组合将铰链固定到平板上。定位销确保了铰链和平板之间良好地对齐,平板不会随时间移动。螺栓和嵌件提供了抗拉刚度和力量,环氧树脂黏合剂分散了铰链范围的载荷,避免了应力集中。折叠模式避免了展开过程中平板的相互干扰,确保在展开过程中平板之间以及和航天器公用平台之间没有拥挤。另外,它有利于铰链和平板组装,因为所有的铰链固定在平板的同一侧。

图 4.16(a)展示了完全展开的两个相邻的平板(1)和平板(4),图 4.16(b)展示了部分展开状态的平板,图 4.16(c)展示了完全折叠的平板。一个金属薄片②固定在一个平板①上,另一个金属薄片③固定在另一个平板④上,两个金属薄片使用铰链销⑤相互连接。这个相互连接允许金属薄片绕着铰链销旋转,一个或者多个弹簧可以提供刚度和展开力量。

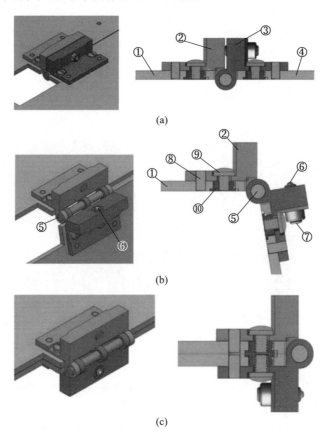

图 4.16 具有调节特征的定制铰链,可调节的终端止动装置包含了一个精细螺纹球形固定螺钉,螺钉在展开结构中靠在平坦的表面上,允许在几百分之一度的范围内调节展开角度

当完全展开时,一个球⑥推动一个平坦的终端止动装置⑦,因此决定了和平板之间最终的展开角。球相对于金属薄片③的位置可以通过转动精细螺纹固定螺钉⑦来调节。球固定在精细螺纹螺钉的终端,以使球可以自由滚动,和圆珠笔一样。改变球相对于金属薄片③的位置可以实现平板之间的最终展开角的精确控制,并且顾及了任何制造和组装误差的校正。

金属薄片使用三种并列的方法固定在平板上。例如,金属薄片②使用定位销⑧固定在平板①上,一个穿入嵌件⑩的外部的螺纹栓⑨和金属薄片与平板之间的环氧树脂黏合剂。嵌件有一个扣住平板上的扩孔的法兰,在拉伸和剥离中提供力量。定位销准确定位金属薄片相对于平板的位置。

第一套测试只使用两个平板验证可调节性和展开的可重复性。使用带有激光扫描头的 faro 测量臂测量展开角。在 158 次的展开中观测到了 $\pm 0.05°$ 的展开精度。另外,展开精度在立方星的一侧(6 个平板)进行了测试,应用定制铰链获得的展开精度在表 4.4 要求的范围内。

天线的展开是按次序进行的。首先,使用一个燃丝释放装置,两组 6 个平板进行展开;然后,使用第二个燃丝展开两个单独的平板;最后,进行馈源展开。一组 6 个平板的展开如图 4.17 所示。使用一个卸载装置模拟零重力条件。

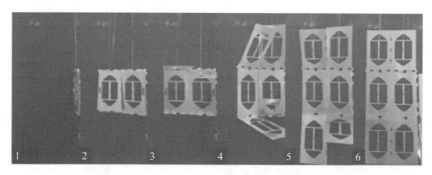

图 4.17 带有卸载装置的 6 个平板的展开,卸载装置用来模拟失重条件

4.3.5 支柱的影响

三个不锈钢支柱用来保持副反射器对齐(z 轴 ± 0.2mm,x 轴和 y 轴 ± 0.1mm),这影响了峰值增益、交叉极化和旁瓣电平。这 3 个矩形横截面的支柱厚 1.0mm 深 4.0mm。支柱导致了旁瓣电平的增加(约 3dB),减小了峰值增益(在 35.75GHz 约 0.3dB)(表 4.5)。支柱的定位和设计确保平板能够安装在 S/C 的任意一侧,这实现了紧凑的 6U 类天线设计。

表 4.5 在 35.75GHz 的增益表

特性	增益/dBi	损耗/dB
理想方向性系数	52.37	—
溢出	51.46	0.91
非均匀照射	49.95	1.51
遮挡	49.67	0.28
支柱	49.37	0.30
间隙损耗	49.22	0.15
贴片介质/导体损耗	48.97	0.25
表面精度[a]	47.77	1.20
馈源损耗/伸缩波导/转换器	47.47	0.30
馈源不匹配(回波损耗=17dB)	47.38	0.09
总性能	47.38	4.99

注[a] 表面精度通过测量的表面数据组调整,表示表面不完全平整引起的增益减小。

4.3.6 预估的增益和效率

馈源喇叭,结合 3 个支柱、副反射器和 3 个伸缩波导,作为矩量法(MoM)和多级快速多极子算法(MLFMM)的目标,应用 TICRA Tools 架构内的 ES-TEAM[15]进行建模,使用波导端口激励 MOM/MLFMM 目标。喇叭和伸缩波导用两个分段线性旋转目标来定义,一个是内部,另一个是外部。这两个目标组合在一个散射簇里,定义了喇叭的几何形状。包括馈源喇叭和波导的散射簇,三个支柱和副反射器,生成并用作一个 MOM/MLFMM 目标。

阵列单元的散射应用 QUPES 中的谱域矩量法[15]求解,其中采用了局域周期法。这意味着每个阵列单元的分析假设每个单元位于相同单元组成的无限阵列中。局域周期法的优点是使问题局限在单个周期单元格里,因此减小了问题的复杂度。相较于 MOM/MLFMM 方法,允许用更少的计算时间和内存分析电大尺寸反射阵列。每个阵列单元假设被局部平面波照射,入射场的传播方向假设是场点坡印廷矢量的方向。一旦计算了反射阵列上的电流,通过电流积分就可以计算远场辐射方向图。

表 4.5 总结了对天线损耗的贡献。可展开反射阵列预期可以获得的增益是 47.4dBi,相当于 32% 的效率。请注意,表面精度可以通过改进铰链的连接过

程和控制所有平板的表面平整度来提高,这会将增益提高0.6dB,效率提高到37%。增益损耗是通过包括所有平板的测量表面来计算的。

文献[16]表明应用带有开路环单元的耶路撒冷十字形贴片代替方形贴片,增益可以提高0.5dB。方形贴片容易实现,但是能否提供最佳性能是未知的,因为相位范围局限在小于360°的范围。然而,这是以增加介质的厚度为代价的(0.406~0.762mm)。

溢出和非均匀照射损耗对于卡塞格伦天线并不理想,这是由于封装限制:副反射器的尺寸受公用平台尺寸的限制。然而,我们可以通过副反射器的赋形来改善溢出和非均匀照射损耗。对于飞行单元来说,可以进行以下改进:①更好的表面平整度;②副反射器的赋形;③能够在分配的空间里安装新的反射阵列单元格。

4.3.7 原型和测量

图4.18为第一个完全可展开的工作原型。天线第一次折叠和展开和平板是对齐的,调节铰链获得最佳的表面精度。可以观察到平板的弯曲在连接到铰链上后引起了进一步的变形。如图4.19所示,左侧一面平面外的偏移(0.98mm)比右侧一面的偏移(1.59mm)好得多。注意这些是阵列的小部分峰值。由于左侧的平板平整度原本更好,因此左侧的表面精度比右侧好。表面平整度可以用更好的铰链连接过程和控制所有平板的表面平整度来提高。提高表面精度可以限制由非完美平面的平板引起的增益损耗和没有完美对齐的铰链引起的增益损耗。

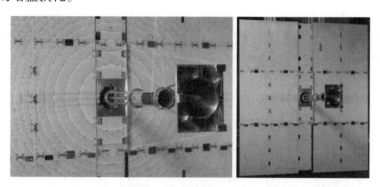

图4.18 在喷气推进实验室近场平面室测试的工作原型

QUPES模型应用每个平板的实际表面进行更新。表面用faro臂进行测量,每个反射阵列平板应用表格状的表面包含在模型中。米级反射阵列可展开原型计算和测量的辐射方向图如图4.20所示。测量的增益等于47.1dBic。

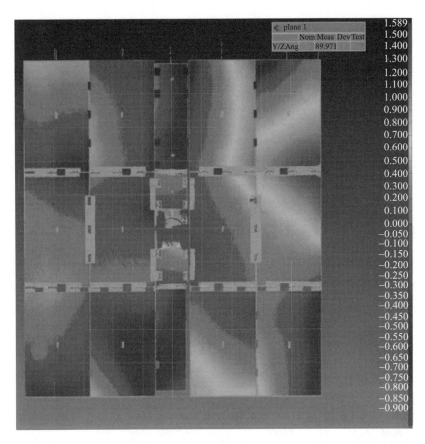

图 4.19 （见彩图）最终调节后的反射阵列表面轮廓，彩条上的单位是 mm

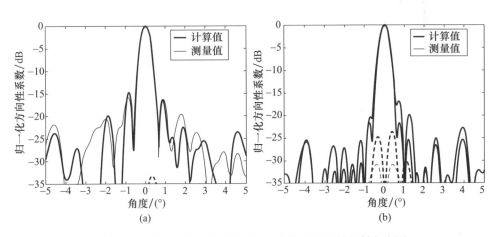

图 4.20 米级反射阵列可展开原型计算和测量的辐射方向图
(a) $\varphi=0°$ 平面；(b) $\varphi=90°$ 平面。

4.4 小　　结

立方星对高增益天线的需求对推进其在无线通信和雷达方面的能力限制是至关重要的。本章详细介绍了一个新颖的可展开反射阵列天线,它是目前最大的应用于6U类立方星的Ka波段天线。

Ka波段高增益反射阵列天线应用卡塞格伦光学容纳一个展开装置,该装置配载反射阵列平板和馈源组件,允许容纳在一个非常紧凑的空间里。尽管存在这些机械限制,天线证实在35.75GHz具有可以接受的性能:增益是47.4dBi,效率是32%,这和之前报道的Ka波段反射阵列一致(如ISARA,在26GHz为26%)。

本章在所有设计的关键方面,即反射阵列平板、支柱和遮挡影响、馈源不匹配和相互作用等,进行了详细的阐述。研制了射频原型,详尽的测量结果和仿真结果一致性很好。"已经提出了改进设计性能的方案并将在飞行模型上实施"。

参 考 文 献

[1] E. Peral, S. Tanelli, Z. S. Haddad, G. L. Stephens, and E. Im, "RaInCube: a proposed constellation of precipitation profiling Radars In Cubesat," *AGU Fall Meeting*, San Francisco, CA, Dec. 2014.

[2] N. Chahat, R. Hodges, J. Sauder, M. Thomson, E. Peral, and Y. Rahmat–Samii, "CubeSat deployable Ka–band mesh reflector antenna development for earth science missions," *IEEE Transactions on Antennas and Propagation*, vol. 64, no. 6, pp. 2083–2093, 2016.

[3] N. Chahat, R. E. Hodges, J. Sauder, M. Thomson, and Y. Rahmat–Samii, "The Deep–Space Network Telecommunication CubeSat Antenna: using the deployable Ka–band mesh reflector antenna," *IEEE Antennas and Propagation Magazine*, vol. 59. no. 2, pp. 31–38, April 2017.

[4] R. E. Hodges, N. E. Chahat, D. J. Hoppe, J. D. Vacchione, "The Mars Cube One deployable high gain CubeSat antenna," *2016 IEEE International Symposium on Antennas and Propagation (APSURSI)*, Fajardo, 2016, pp. 1533–1534.

[5] R. Hodges, D. Hoppe, M. Radway, and N. Chahat, "Novel deployable reflectarray antenna for CubeSat communications," *IEEE MTT–S International Microwave Symposium (IMS)*, Phoenix, AZ, May 2015.

[6] T. A. Cwik, N. E. Chahat, J. Sauder, M. Arya, and E. Thiel, "Deployable reflectarray

antenna," US 850, 861, Dec 2017.
[7] M. Zawadzki and J. Huang, "Integrated RF antenna and solar array for spacecraft application," *Proceedings 2000 IEEE International Conference on Phased Array Systems and Technology*, Dana Point, CA, 2000, pp. 239 – 242.
[8] J. Huang and J. Encinar, *Reflectarray Antennas*, Hoboken, NJ: Wiley, 2007.
[9] J. Huang and A. Feria, "Inflatable microstrip reflectarray antennas at X and Ka – band frequencies," *IEEE Antennas and Propagation Society International Symposium*, Orlando, FL, vol. 3, 1999, pp. 1670 – 1673.
[10] H. Chou, Y. Chen, and H. Ho, "An all – metallic reflectarray and its element design exploring the radiation character of antennas for dirrection beam applications," *IEEE Antennas and Propagation Magazine*, vol. 60, no. 5, pp. 41 – 51, Oct. 2018.
[11] M. Yi, W. Lee, and J. So, "Design of cylindrically conformed metal reflectarray antennas for millimeter – wave applications," *Electronics letters*, vol. 50, no. 20, pp. 1409 – 1410, Sep. 2014.
[12] H. Chou, C. Lin, and M. Wu, "A high efficient reflectarray antenna consisted of periodic all – metallic elements for the Ku – band DTV applications," *IEEE Antennas and wireless propagation letters*, vol. 14, pp. 1542 – 1545, 2015.
[13] N. Chahat, T. J. Reck, C. Jung – Kubiak, T. Nguyen, R. Sauleau, and G. Chattopadhyay, "1.9 THz multi – flare angle horn optimization for space instruments," *IEEE Transactions on Terahertz Science and Technology*, vol. 5, no. 6, pp. 914 – 921, Nov. 2015.
[14] E. R. F. Almajali and D. A. McNamara, "Angle of incidence effects in reflectarray antenna design: making gain increases possible by including incidence angle effects," *IEEE Antennas and Propagation Magazine*, vol. 58, no. 5, pp. 52 – 64, Oct. 2016.
[15] TICRA, Denmark, www.ticra.com.
[16] M. Zhou, E. Jorgensen, S. B. Sorensen, A. Ericsson, M. F. Palvig, N. Vesterdal, E. Borries, T. Rubaek, and P. Meincke, "Design of advanced reflectarrays for future smallsat applications," *40th ESA Antenna Workshop*, Noordwijk, The Netherlands, 8 – 10 Oct, 2019.

第 5 章
12U 类立方星 X/Ka 波段米级网状反射面天线

Nacer Chahat[1], Jonathan Sauder[1] and Gregg Freebury[2]
1 NASA 喷气推进实验室/美国加利福尼亚州帕萨迪纳市加州理工学院
2 美国路易斯维尔 Tendeg 有限责任公司

5.1 引　　言

在过去几年里,研究者对在近地轨道和深空进行科学实验的立方星的研究兴趣与日俱增。特别是,美国航空航天局(NASA)已经发射了多个开创性的任务,如火星立方体 1 号(MarCO)[1]和立方星雷达(RainCube)[2-3],这些任务都是通过创新性的可展开天线实现的。

MarCO 在去往火星的途中,拥有两个双子 6U 立方星。它们是第一批进入深空的立方星,携带了一个可展开的 X 波段反射阵列,其设计是用来在 InSight(洞察号航天器)进入、下降和着陆的过程中,与火星上(约 1AU)的 InSight 航天器实现 8kb/s 中继通信。这两个立方星在传输 InSight 遥测数据方面取得的成功,表明这种航天器可以在未来的深空任务中发挥关键作用。

雨立方(RainCube)任务,在近地球轨道成功地在 6U 立方星展开了一个 0.5m 的网状反射面天线,用于测量降雨量和降雪量[3]。2018 年 9 月 28 日,RainCube 和 Tempest – D 在相隔不到 5min 的时间里飞越台风 Trami 时收集的科学数据清晰地见证了立方星的能力(图 5.1)。RainCube 是一个测量反射率的主动雷达,Tempest – D 是一个被动毫米波辐射计。虽然这一成功并未公开宣传,但是它配得上更高的赞誉,它为立方星雷达铺平了道路。在一个星座中,这些立方星将实现在短时间尺度观测天气现象所需的前所未有的时间分辨率。

为了进一步提高立方星执行星际任务的能力,迫切需要更大的射频口径。应用于立方星和小卫星的更大的可展开天线口径的研究[3-5]在持续进行,这将为通信提供高增益,或为地球科学需求提供窄波束。对于可展开天线,展开结

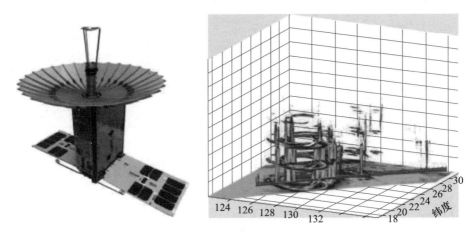

图 5.1 RainCube 天底 Ka 波段反射率,用覆盖在 Tempest – D 上的 165GHz 亮温表示,展示了观测降水的星座中的这些传感器的互补特性(图片由加州理工学院喷气推进实验室 Shannon Brown 提供)

构的精度对天线的主波束和旁瓣性能至关重要。未展开天线的配载体积对发射空间至关重要。

实现射频展开口径的一种方法是反射阵列天线,在发射期间面板固定在航天器公用平台的侧面,并通过铰链系统实现在轨展开。平坦的二维反射阵列天线的几何结构实现了配载体积最小化,尤其是和抛物面或其他传统口径天线的圆锥三维表面相比时。反射阵列平板和铰链展开装置,通过加工安装,要在存在发射动态和在轨热变化的情况下,仍然能够保持高度的物理完整性和精确性。这种方法的第一个应用是把太阳能平板和工作在 Ka 波段的反射阵列天线集成起来(Integrated Solar Array& Reflectarray antenna,ISARA),结合了两种功能,相对于太阳能平板本身而言,只形成了很小的额外的质量和体积增加[5]。该设计扩展到了 MarCO 上的一个 X 波段电信系统,该电信系统使用了一个从 6U 立方星展开的反射阵列,立方星是和 NASA InSight 火星着陆器任务一起发射的,在任务的进入、下降和着陆阶段提供接近实时的中继。最近,研制了一个更大的 1m Ka 波段反射阵列天线并在 6U 类立方星上进行了验证,该反射阵列使用了 15 个可展开平板[6]。立方星反射阵列天线的演化如图 5.2 所示。虽然 ISARA 和 MarCO 是只用于发射的天线,但是反射阵列通过使用双频馈源(如缝隙阵列)并结合宽带反射阵列单元格,能够实现双频工作。然而,由于上行链路的余量要大得多,因此对于深空通信不需要双频段反射阵列。指令通过低增益天线接收。与网状反射面天线相比,反射阵列的一个缺点是难以涵盖多个频段。

欧洲航天局目前正在研制一颗 12U 立方星,即 M – Argo,它是一颗独立的

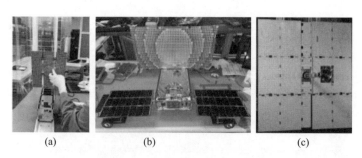

图 5.2 立方星反射阵列天线的演化
(a) ISARA[5]；(b) MarCO[1]；(c) OMERA[6]。

立方星,将与一颗直径小于 100m 的小行星会合,以描述该行星的物理特性[7]。M – Argo 使用了一个可展开反射阵列,验证了反射阵列正成为立方星任务的标准(图 5.3)。

图 5.3 欧洲航天局的 12U 立方星 M – Argo[7],使用了可展开反射阵列天线
(图片由欧洲航天局提供)

实现射频展开口径的另一种方法是多个 NASA 任务中应用的可展开网状反射面天线,如跟踪和数据传输卫星系统(tracking and data Relay satellite system,TDRSS)、伽利略卫星(Galileo)[8]、土壤含水量主动被动监测(soil moisture active passive,SMAP)和雨立方(RainCube)[3]。在立方星平台上,一个 0.5m 的卡塞格伦型网状反射面天线在 RainCube 雷达[3]以及与 Ka 波段深空网络(DSN)频段[4]兼容的无线通信中得到了验证(见第 3 章)。

本章给出的天线采用与 12U 类立方星兼容的 1m 偏置馈电网状反射面天线,扩展了立方星的通信能力。天线配载在 3U 体积里。该天线可以应用在 X 波段、Ka 波段或在这两个波段同时使用。该可展开天线是由 Tendeg LLC[10]发明的商业化的网状反射面天线。该反射器以前用于 Ka 波段雷达仪器[11],现在被多个机构考虑用于多种潜在的应用,包括商用的合成孔径雷达(SAR)。引起研究者广泛兴趣的原因在于这个反射器具有在不同频段复用的能力及缩放到 3m 的能力。本章中给出的天线扩展了立方星应用于星际探索的通信能力,其大直径可展开网状反射面天线可安装在非常有限的配载体积中。一些任务概念,如火星纳米轨道飞行器[12](Mars Nano Orbiter)(图5.4),可以直接受益于该技术,对于同样的射频输出功率,在X波段实现20倍的数据速率。

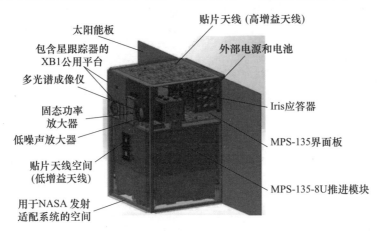

图5.4 火星 NanoOrbiter 的概念(图片来源:Ehlmann 等[12] © 2018 月球和行星研究所)

5.2 机械设计

5.2.1 优化设计

1. 设计目标

本章中使用的网状反射面天线是 Tendeg 的一项专利技术[10],该技术是由 NASA 地球科学技术办公室(Earth Science Technology Office, ESTO)在先进组件技术(advanced component technology, ACT)项目下资助的。网状反射面的研制是为了满足以下要求:天线应该在雷达或者电信的 Ka 波段工作。对于通信来说,目标口径尺寸约为 1m,而雷达需要更大的口径。因此,反射器应该是可缩放的,以满足大于 1m 的口径尺寸(理想情况下是 3m)。

因为该天线将用在 12U 立方星上($20cm \times 20cm \times 30cm$),所以配载体积限制在约 3U($10cm \times 10cm \times 30cm$),该体积包括一个固定安装的馈源。焦距和直径的比(f/D)为 $0.65 \sim 0.75$ 的偏置馈电反射器比较适合。

反射面的表面精度应在 0.3mm 以内。在 Ka 波段,表面反射损耗应该小于 0.3dB(表面精度除外),这将决定每英寸网格数(OPI)的选取。

2. 刚性

我们考虑了很多架构,其中一些架构很快就被排除了。刚性反射器通过成型或者增强碳纤维基体敷层的方法,具有表面加工精度高的优点。挑战在于这些刚性表面必须以某种方式分割、折叠或收拢,以适应3U的体积。在f/D为0.7时,反射面长轴约为108cm,周长超过300cm。这需要分割成几十个部分,必须以能够精确展开的某种方式连接或铰链。这是不可行的,而且当缩放到更大的口径时甚至更具挑战性。

3. 弹性复合材料

弹性复合材料的使用,允许表面和区段弯曲、折叠或收拢,这降低了折叠刚性区段的难度。弹性复合材料发展迅速,目前最先进的层合板可以承受2%的应变极限。即使在固化厚度为0.25mm时,弯曲半径也必须大于6mm。这不允许像咖啡过滤器那样的全口径折叠,以适应10cm×10cm的范围。如果表面被分割和收拢,则自由边的恢复对于表面精度至关重要。长期存储导致的蠕变是另一个问题,表面的区段最终变薄,使它们对温度和温度梯度引起的形变比较敏感。弹性复合材料的前景是光明的,但目前用这种级别的封装制造出精确的Ka波段表面似乎还不可行。

4. 网格

由针织网格制成的反射表面具有大量的空间应用的传统,其应用可以追溯到20世纪60年代。传统材料是镀金钼丝,直径约为25μm。通过改变针密度、梳栉设置和转轮设置,在经纬方向上都可以改变网格密度。这允许网格对特定频率进行调整,平面内的刚度也可以修改。网格需要拉紧,以提供回路之间的导电性,并恢复任何封装引起的折叠或者褶痕效应。这种网格具有重量轻、高度透明(在近地球轨道低阻力,不会遮挡太阳能阵列)及封装效率高的优点。其缺点是昂贵、易碎、必须有适当的平面内刚度特性,而且必须恰当地拉伸。尽管存在这些挑战,但还是选择了金丝网作为反射面,主要是因为其封装能力和在不同工作频率的通用性、形状和口径直径。

5.2.2 反射器结构设计

我们已经考虑了大量的使用网格反射表面的可展开结构,遇到的挑战是实现Ka波段表面精度,并将结构和驱动器单元封装在3U体积内(12U立方星内可使用的最大容积)。由于外围周边大的面元尺寸,任何使用刚性径向肋拱的折叠结构都不能满足表面精度。这需要肋拱之间额外的成型元件,并且为了进行偏置设计需要支撑中心轮毂的臂架。研究人员考虑了刚性而折叠的周边桁架的概念,但是所有铰链单元所需的容积排除了这一想法。

作为这项折中研究的结果,所选择的反射器包含了使用双拉伸网和一个拉伸周边桁架的张力设计。压缩单元是径向排列的肋拱,螺旋缠绕在中心轴线上,并用电冗余电机展开。这个结构类似于诺斯罗普·格鲁曼(Northrop Grumman)的 Astromesh[13]，它用三角形面元组成了相互连接的前后拉伸网。这提供了精确的抛物面，并且改变面元尺寸实现了和工作频率有关的增益和旁瓣电平的优化。图 5.5 给出了反射器组件的结构细节。

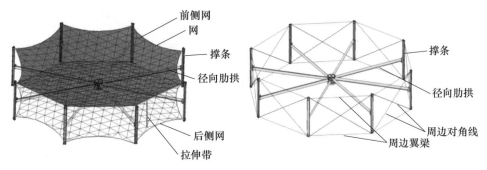

图 5.5　Tendeg 的 Ka 波段立方星网状天线（未示出所有拉伸带）

该反射器通过将径向肋拱螺旋缠绕在中心轴线上实现了封装目标，这将板条径向拉向中心轮毂。肋拱、轮毂和电动机组成了展开驱动器和刚性化结构。这些单元封装在直径 3.5cm、约 10cm 高的空间里，只消耗了 3000cm^3 总容积中的 100cm^3。图 5.6 给出了 Tendeg 的 Ka 波段 1m 原型反射器的展开顺序。这种结构的另一个优点是网格可以折叠和打褶，这样它的峰值张力只发生在最终的展开状态。一些铰链和折叠结构要求网格过度拉伸，以顾及其支撑结构的铰接运动。

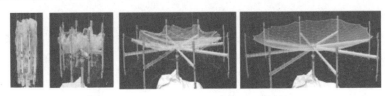

图 5.6　Tendeg 的 Ka 波段 1m 反射器样机的展开顺序

1. 肋拱

1m 的口径反射器使用了 8 根肋拱。肋拱的数量是在仍然允许 1m 口径的周边的条件下，每个肋拱的压缩载荷、肋拱的跨度和所需的边缘悬链线的尺寸之间的折中。反射器可以进行修改，允许更多或更少的肋拱，但是在 1m 的口径，8 根肋拱已经工作得很好了。已经研究了大量的肋拱结构，如图 5.7 所示。

对肋拱的重要需求包括展开特性（刚度、屈曲能力）、展开能力（展开期间的弯曲和扭转刚度）以及在没有损伤或复杂机械装置的情况下，从展开的截面到平坦和螺旋缠绕状态的转换能力。由有限元模型（FEM）得到所需的展开特性和肋拱边界条件。网格期望的张力是已知的，在有限元模型中的应变状态下，肋拱需要承受约 18N 的压缩力。在这些荷载水平下，开放截面的木工带设计是

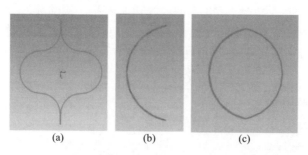

图 5.7 研究的肋拱结构
(a)双 Ω;(b)木工带;(c)透镜状。

足以胜任的,并提供了一种简单的接口和封装方案。这些木工带可以使用人们熟知的金属弹簧材料,如不锈钢、碳钢、铍铜和钛合金,也可以使用弹性复合材料。对于原型天线,使用了经过尝试和验证的史丹利木工带,即使在处理不当的情况下,也被证明是极其坚固的。

随着口径的增大,开放截面的木工带或狭缝管会破裂,封装变得更加复杂,自由边缘会在根部转换附近开始屈曲。封闭的截面是我们所期望的,双 Ω 肋拱最有可能使用弹性复合材料。缩放的尝试正在进行中,已经加工了双 Ω 肋拱,并进行了封装的坚固性、刚度和屈曲测试。肋拱经验证,允许 3m 的口径,缩放研究表明其有能力实现 8m 的口径。

2. 轮毂

轮毂是封装和展开肋拱的中心结构。轮毂包括线轴、轮毂架、肋拱接口和电机驱动组件。面临的主要挑战是创建一个到高效封装肋拱简单的接口,不会在肋拱从展开到平坦和缠绕时过度拉紧肋拱。并允许肋拱达到一个最终的位置,通过轮毂中心径向对齐排列。这一对齐至关重要,因为它最小化了力矩,否则会通过肋拱反作用于轮毂。

电动机组件包括电动机和齿轮箱。电动机包括一个编码器,给出精确的电动机位置反馈。电动机直接和线轴组件连接。线轴组件包括了旋转肋拱接口部件,线轴在轮毂构架组件内的轴承上支撑。轮毂构架还包括肋拱导向滚轮,在展开的过程中为肋拱提供根部支撑。图 5.8 给出了 1m 反射器原型的轮毂和电动机组件。

3. 压条

压条设置了网之间的高度。因此,它们对压缩的力量和弯矩做出回应,因为来自肋拱的压缩力被来自网的张力平衡。从结构来说,其对压条没有高难度的要求。它们确实需要热稳定,所以通常采用的是热膨胀系数(CTE)接近零的碳纤维增强塑料制造。压条组件确实包括连接肋拱的接口,也容纳了一个低回弹率弹

图 5.8　1m 反射器的轮毂和电动机组件

簧。低回弹率弹簧确保了肋拱中的任何热膨胀或者加工或展开精度公差的积累没有显著改变肋拱中的压缩力,压缩力反过来会改变网的张力(图 5.9)。

图 5.9　原型反射器的压条组件

4. 网

对于反射器来说,最重要的要求是提供足够的表面和指向精度。表面精度来源于系统误差加上包括加工和材料影响的多个来源的误差。Tendeg 反射器的系统误差是因为有面元的网不是一个理想的抛物面。显然,网的图案越密,网越接近抛物面。然而,加密网格带来的回报随着密度增大会减小,必须实现性能和网的复杂性之间的平衡。Tendeg 在系统误差方面选择使用 1/3 的表面精度预算。假设面元为三角形,这导致期望的面元尺寸约为 65mm(投射到口径平面的面元高度)。Tendeg 考虑了不同的网的图案,最终确定在 8 根肋拱上的准测地线图案。图 5.10 给出了原型反射器网的图案。

网的材料选择是至关重要的。单向芳纶或碳带不适合这种应用,因为网的紧密封装会要求带子的弯曲半径超过其应变极限。Tendeg 选择了编制细绳,评审了大量的高性能纤维,选择了一种具有低应力松弛的纤维,并对每个直径进行了编织结构研究。变量包括不同的纱线捻度和不同的编织捻度。每种结构都循环测试了挠度与载荷之间的关系。去除滞后的可重复性、线性度和循环次数都进行了记录。另外,Tendeg 还对样品进行了测试,以确定其总的可加工性(终端和连接)和封装能力。由性能数据和可加工性测试,Tendeg 对每个直径选

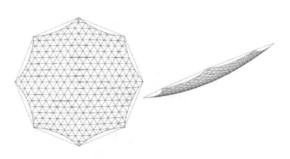

图 5.10 原型反射器网的设计

择单一的结构(悬链线、网、外缘桁架、拉伸带)。细绳还进行了涂层,这通过防止纤维和纱线磨损和开口,提供了额外的可加工性。涂层还为低高度近地球轨道任务提供了已经证实的原子氧保护。

原型反射器网在一个工具上进行了加工,该工具允许面元的每个结点置于正确的偏置抛物面上。网的细绳预拉伸至有限元模型预测的张力,这允许具有足够余量的恰当的网格张力消除和最小化枕垫效应。当网格拉伸引起网绳的局部屈曲时,枕垫效应就会发生,然后在每个结点上将网绳手工连接起来,将周边悬链线拉紧,网绳终止在悬链线上。后侧的网和前侧的网用同样的方法制作。在网的制造过程中,板条的终端力量用数字载荷单元控制得非常紧密。这是很重要的,因为肋拱给每个板条提供了相同的力量,前后侧的网必须平衡。

5. 周边桁架

周边桁架由翼梁和对角线组成,如图 5.5 所示。对角线是关键的单元,因为它为每个板条提供了剪切刚度,有助于保持板条彼此垂直和彼此共面。周边桁架的细绳使用了和上述相同的材料和编织特性。在最后的装配过程中,周边桁架细绳被拉伸到有限元模型得到的程度,并保持力量平衡。板条具有允许微调的细绳调节和锁定部件。

5.2.3 展开

f/D 约为 0.7 的偏置设计要求反射器以 0.7m 的焦距偏离口径中心 0.6m 来安装。在只有 30cm 深、一个固定馈源的立方星公用平台上,需要一个可展开的臂架。展开顺序有三步:①释放臂架和反射器组件;②展开二级臂架;③展开反射器。现有的基础设计是用弹簧能量被动展开臂架的,反射器是用如上所述的电动机展开的。

1. 臂架设计与展开

Tendeg 的臂架组件如图 5.11 所示。臂架组件由三部分组成:托盘、一级臂架和二级臂架。托盘是一个静态结构,为固定馈源提供支架。托盘将安装在立方星公用平台上。通过托盘,臂架组件允许臂架、反射器和馈源作为载荷对齐。托盘也会使铝立方星公用平台固有的指向偏离最小化,这种铝立方星公用平台通常会耗散嵌入式航空电子设备产生的重度热负荷。

臂架展开顺序如图 5.12 所示。臂架在反射器的周围对抓斗分段,提供发射支撑,并保护反射器和展开装置免受污染。释放后,一级臂架利用被动弹簧能量旋转离开托盘。在一级臂架完全完成旋转之前,二级臂架由内部装置释放,也用被动弹簧能量展开。臂架各级的最终位置由可调硬止动器决定。剩余的弹簧力量提供了最终的位置预载,磁性锁也可以包括在内。该设计确实包含了涡流阻尼器,使展开总能量和旋转结束时载入的冲击力最小化。如果有必要,涡流阻尼器可以用电动机代替,电动机会代替弹簧驱动装置。

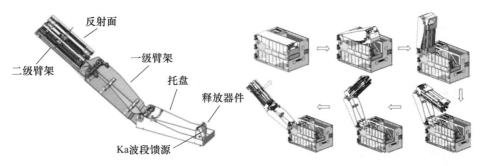

图 5.11　Tendeg 的臂架组件　　　　图 5.12　臂架展开顺序

由于臂架组件是实现反射器定位的关键的结构单元,因此将用低热膨胀系数的碳纤维增强聚合物制造。目前,在轨热分析没有表现出需要专业光学涂层的极端温度。

2. 反射器展开

螺旋缠绕的肋拱包含大量存储的应变能。如果反射器从配载位置释放,肋拱将自动展开。这种类型的展开不是我们所期望的,主要是因为它引入了不想要的动力,进而导致网格和网的快速拉伸。动力展开很难在重力条件下恰当卸载。为了实现可重复和低能量展开,肋拱用一个电动机组件慢慢展开。电动机在整个展开过程中提供负扭矩,直到当肋拱进入压缩状态旋转的最后几度时才停止。

在研制过程中,到最终完全拉伸的几何结构的转换是我们关心的问题。如果压缩的力量建立太快,会引起肋拱在线轴上分裂,或者力矩和轴向力量的结合会引起肋拱屈曲。然而,这个问题没有被人们意识到。经过精心设计,肋拱能够在轴向压缩之前完全恢复其截面,压缩仅发生在肋拱接近径向排列时。这意味着,在展开的最后,肋拱不需要对大的力矩做出反应,大的力矩可能触发屈曲模式。反射器展开的最后非常稳固,没有检测到失败。天线完全展开如图 5.13 所示。

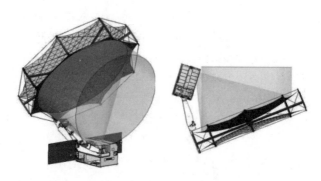

图 5.13　展示了馈源及照射情况的完全展开

3. 展开问题

实验板臂架组件和实验板及原型反射器的多次展开已经完成。被动展开的臂架没有表现出大的冲击载荷。这种情况通常发生在改变弹簧的尺寸,使之在展开结束时具有 200% 的余量,以应对最恶劣的温度、摩擦和阻力条件。根据这些观测和仿真,在展开装置中加入了涡流阻尼器。

还需解决的反射面展开问题主要是细绳控制和故障的可能性。周边翼梁和对角线具有大的跨度,当反射器配载时,它们有在板条上打圈或被板条部件钩住的可能性。原型板条有一些突出的头部扣件,是潜在故障的部件。这个问题已经在新的板条设计中得到纠正。然而,完全控制细绳需要一个护罩作为板条的一部分。这会保持细绳在发射过程中防止移动,并阻止细绳在任何板条上打圈。

适用于通用任务需求的 1m 的天线组件已经设计完成,正在加工成飞行件,并在与飞行相似的环境中(振动,热真空的热端和冷端展开)进行测试,以达到 6 级的技术成熟度(TRL)。一旦任务明确,就需要进行另外的分析和测试,以验证展开过程中天线的惯性加载不会使立方星公用平台不稳定。

5.3　X/Ka 波段射频设计

5.3.1　天线结构和仿真模型

网状反射面天线是一种偏置反射器,反射器的展开远离馈源,以便最小化旁瓣电平和来自馈源或公用平台的遮挡。

反射器有效直径约为 1m,反射器的焦距是 0.75m。对于所有的效率的计算,均假设有效直径是 1m。1m 可展开网状反射面天线的光学和尺寸如图 5.14 所示。对于 −10dB 的边缘电平,需要馈源的方向性系数是 15.5dBi。理论上讲,偏置反射器非均匀照射和溢出效率可以低至 0.8dB。

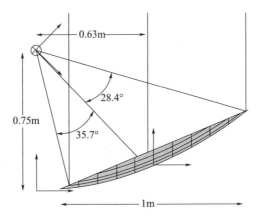

图 5.14 1m 可展开网状反射面天线的光学和尺寸

天线用 TICRA GRASP 软件进行仿真,该软件应用物理光学法(PO)和矩量法(MoM)/多级快速多极子算法求解器。立方星和臂架被描述为矩量法的目标,用来评估臂架和立方星公用平台的散射。网状反射面天线模型如图 5.15 所示。馈源应用全波软件(CST MWS)进行设计和分析。馈源的场以表格的形式导入,其中方向图在一个完整的球面上,在一组等间距的 θ 和 φ 的点上描述。馈源的相位中心位于反射器的焦点,使天线的性能最优。

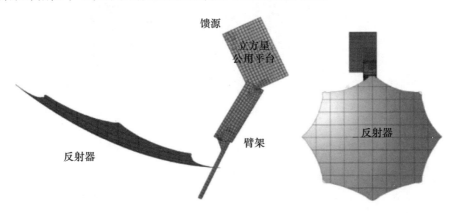

图 5.15 网状反射面天线模型,包括了网状反射面天线、可展开臂架和 12U 立方星公用平台

网状反射面天线使用了适用于 X 和 Ka 波段的商业化的 30 OPI 的网格。在 X 波段,30 - OPI 的网格反射了大部分入射波功率(小于 0.03dB 的增益损耗)。在 Ka 波段,30 - OPI 的网格导致 0.25dB 的损耗。请注意,虽然在文献[3 - 4]中,使用了在 Ka 波段提供更好性能的 40 - OPI 的网格,但是 30 - OPI 的网格更容易获得。

在进行射频测试之前,网状反射面天线的表面用 FaroArm———一种非接触三维激光扫描测量技术进行了测量。在 1m 的有效口径之内,表面粗糙度保持在 0.38mm 以下(图 5.16)。由于表面变形引起的损耗用 Ruze 公式进行了计算[14]。虽然在 X 波段这个表面粗糙度可以忽略,但是它在 Ka 波段会引起 1.1dB 的增益损耗,而且会影响旁瓣电平。因此,在 TICRA GRASP 模型中,网状反射面天线用实际测量的表面进行描述。这项测试中所用的反射器是第一个文献报道的原型,表面精度期望在后面的建造中提高。现在我们来讨论 X 波段和 Ka 波段天线的性能。

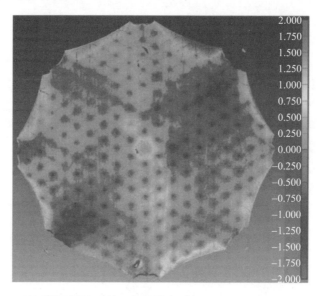

图 5.16　(见彩图)网格反射面表面精度测量,显示 0.38mm 的表面粗糙度

5.3.2　X 波段馈源和网状反射面天线

X 波段馈源需要工作在 X 波段上行链路(7.15 ~ 7.19GHz)和下行链路的(8.40 ~ 8.45 GHz)频段。天线需要承受恶劣的温度循环和潜在的高辐射水平。X 波段馈源在上行链路和下行链路频段都应该是左旋圆极化的。文献[15]提出了一种应用于 Europa 着陆器任务的创新性的圆极化天线,该天线能够工作在恶劣的环境中。由于这个天线在上行链路频段和下行链路频段均可工作,因此它能够满足网状反射面天线的要求。因此,设计了一个左旋圆极化 2 × 2 的贴片阵列来照射 1m 网状反射面天线。馈源天线如图 5.17 所示。天线单元是单馈电的,并且完全由金属制成。因为天线单元是单馈电的,所以简化了馈电网络和天线组件。天线单元在阵列结构中进行优化,以实现 - 12 ~ - 10dB 之间的边缘电平。

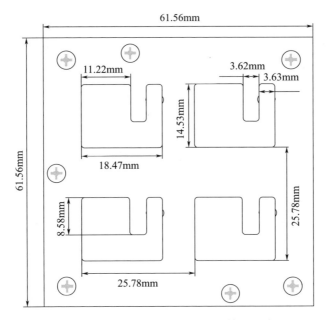

图5.17　左旋圆极化双频X波段馈源天线

我们设计了空气带状线共用馈电网络,以实现在上行链路和下行链路频段反射系数小于 $-10\mathrm{dB}$,并具有足够的温度保护裕量。X 波段馈源计算和测量的反射系数一致性好(图5.18)。辐射方向图在美国加利福尼亚州帕萨迪纳 NASA 喷气推进实验室平面近场暗室进行了测量。图5.19 和图5.20 分别给出了在上行链路中心频率(7.1675GHz)和下行链路中心频率(8.425GHz)天线的辐射方向图。计算结果和测量结果一致性好。表5.1 总结了计算和测量的 X 波段馈源的方向性系数和增益。

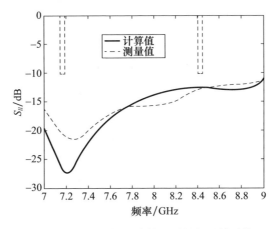

图5.18　X波段馈源计算和测量的反射系数

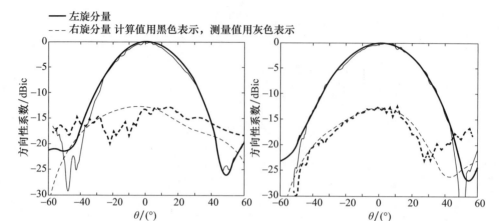

图 5.19 在 7.1675GHz X 波段馈源归一化辐射方向图
(a) $\varphi=0°$; (b) $\varphi=90°$。

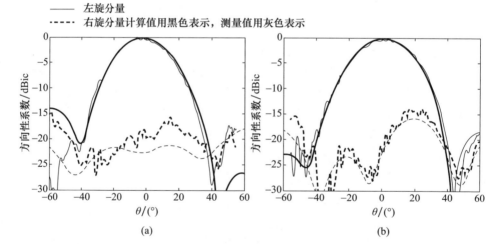

图 5.20 在 8.425GHz X 波段馈源归一化辐射方向图
(a) $\varphi=0°$; (b) $\varphi=90°$。

表 5.1 计算和测量的 X 波段馈源性能

频率/GHz		方向性系数/dBi		增益/dBic	
		计算值	测量值	计算值	测量值
X 波段	7.1675	13.5	13.8	13.4	13.1
	8.425	14.3	15.1	14.0	14.0

应该注意到,通过实施顺序旋转,交叉隔离度可以得到显著提高。这样在上行链路和下行链路频段,馈源和反射器级别的交叉极化电平均达到25dB。这里没有给出这些结果。

假设1m口径的有效面积,反射器在7.1675GHz和8.425GHz的标准方向性系数$D_{max}=(\pi \cdot D/\lambda)^2$分别为37.5dBic和38.9dBic。表5.2总结了对损耗的贡献。非均匀照射和溢出损耗稍高于理想值,因为边缘电平约为-8dB。在X波段,网格OPI损耗和表面精度损耗可以忽略不计(小于0.05dB)。X波段的增益损耗是表面粗糙度的函数,如图5.21所示。值得一提的是,对于X波段的应用,0.38mm的表面粗糙度就足够好了。馈源损耗和失配损耗约为0.5dB。

表5.2 X波段网状反射面在X波段的增益表

参数	上行链路		下行链路	
	增益/dBic	损耗/dB	增益/dBic	损耗/dB
标准方向性系数	37.5	—	38.9	—
非均匀照射	37.2	0.3	38.4	0.5
溢出	36.3	0.9	37.4	1.0
表面网格[a](30OPI)	36.28	0.02	37.38	0.02
表面精度[b](± 0.38mm)	36.22	0.06	37.30	0.08
馈源损耗	35.92	0.30	37.00	0.30
馈源失配(回波损耗15dB)	35.82	0.10	36.90	0.10
总的性能	35.82	1.68	36.90	2.00

注:[a]基于用30-OPI GRASP模型计算的结果;[b]应用Ruze公式[14],表面精度用测量的表面精度进行了调整。

网状反射面天线在7.1675GHz和8.425GHz计算的增益分别是35.85dBic和36.95dBic,对应的7.1675GHz和8.425GHz的效率分别为68%和64%。如我们所期望的,这高于RainCube天线,因为它是个偏置反射器(即没有支柱和副反射器的遮挡)。另外,也是因为偏置结构,旁瓣电平小得多(与15dB的RainCube天线相比,其旁瓣电平大于20dB)。

辐射方向图在美国加利福尼亚州帕萨迪纳NASA喷气推进实验室的平面近场暗室进行了测量,其中馈源安装在公用平台模拟器上,如图5.22所示。X波段网状反射面天线的辐射方向图如图5.23所示。计算和实测结果一致性好。轴比在下行链路频段范围内小于3dB,小于上行链路频段的4.5dB。表5.3

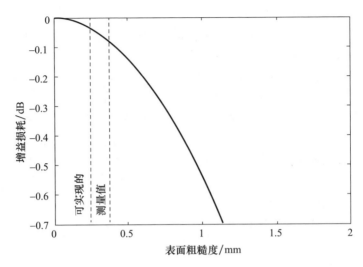

图 5.21　X 波段增益损耗和表面粗糙度之间的关系

总结了 X 波段网状反射面天线的方向性系数、增益和效率。在上行链路频段和下行链路频段测量的增益分别为 36.1dBic 和 36.8dBic,分别对应 72% 和 62% 的效率。

图 5.22　近场暗室中的带有卸载结构的 X 波段网状反射面天线
（注意：没有包括臂架,但包括了立方星公用平台）

讨论 DSN 天线所获得的交叉极化隔离度对总的链路预算的影响是重要的。大多数 34m 和 70m 的 DSN 天线具有 25dB 的交叉极化隔离度(0.8dB 的轴比)。在上行链路,天线表现出 12dB 的交叉极化隔离度(4.4dB 的轴比),这会导致

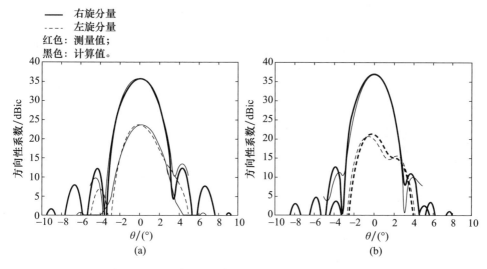

图 5.23 （见彩图）X 波段网状反射面天线辐射方向图
(a) 7.1675GHz；(b) 8.425GHz。

0.4dB 的极化损耗。在下行链路，交叉极化隔离度约为 17dB（2.5dB 的轴比），只会引起 0.15dB 的极化损耗。因此，该天线对于深空通信其设计是合理的，因为链路有过多的余量，所以 0.15dB 的链路损耗是可以接受的。

表 5.3 X 波段网状反射面天线的频率、方向性系数、增益和效率

频率/GHz	方向性系数/dBi		增益/dBic		效率/%	
	计算值	测量值	计算值	测量值	计算值	测量值
7.1675	36.3	36.9	35.8	36.1	68	72
8.425	37.4	38.2	36.9	36.8	64	62

然而，如前所述，交叉极化隔离度可以通过馈源顺序旋转大大改善。这样做，在上行链路和下行链路频段交叉极化隔离度可以提高 25dB 以上。

和现有研究相比，这是一个重大的改进。首先，该天线既可以工作在 X 波段上行链路，又可以工作在下行链路，并完全与 DSN 兼容。和 MarCO 高增益天线相比，增益增加了 8dB（数据速率提高了约 6.3 倍）。然而，展开的复杂度更高，配载体积更大。MarCO 的高增益天线只能接收指令，而这个天线既可以发射遥测信号，又可以接收指令。

使用 70m 的 DSN 天线，在 1AU（14900 万 km）的距离，可以实现 64kb/s 的数据速率。使用 34m 的 DSN 天线，航天器可以在 8AU 的距离（12 亿 km），以 2kb/s 的速率接收指令。

5.3.3　Ka 波段网状反射面天线

Ka 波段的设计要简单得多,其目标是实现 -10dB 的边缘电平照射。馈源应用 TICRA Champ 进行设计,使用了旋转体模匹配的方法,遵循文献[16]中描述的方法。馈源是一个多张角喇叭,具有低交叉极化、低旁瓣水平、良好的回波损耗和良好的波束圆度。

应用遗传算法对边缘电平、交叉极化和波束圆度进行优化。该天线也易于加工。天线馈源喇叭的尺寸和照片如图 5.24 所示。由于馈源天线需要提供左旋圆极化,我们设计了一个工作在 Ka 波段上行链路和下行链路的 Ka 波段极化器。该极化器是专门为该天线设计的,使天线能够在分配的空间内安装。带有极化器的天线的回波损耗如图 5.25 所示。

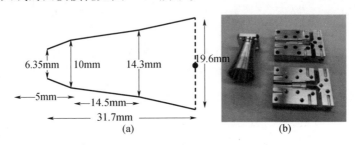

图 5.24　(a)Ka 波段馈源喇叭的尺寸,黑色圆点表示天线的相位中心;
(b)加工的 Ka 波段喇叭和极化器照片

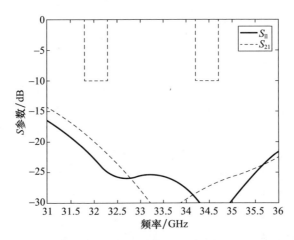

图 5.25　OMT 极化器左旋圆极化端口的反射系数以及两个输入端口的隔离度。

网状反射面天线的性能应用 TICRA GRASP 进行了计算。馈源喇叭的相位中心(图 5.24)位于反射器的焦点。表 5.4 总结了在 32GHz Ka 波段网状反射面天线的增益和损耗。非均匀照射和溢出损耗小于 X 波段,因为它用喇叭更容易满足边缘电平要求。表面网格和表面精度损耗明显远大于 X 波段(分别是 0.25dB 和 1.10dB)。在 32GHz,计算得到的由网格引起的总的损耗约为 1.35dB。然而,要强调的是,本测试中使用的反射器是第一个文献报道的原型,其表面精度期望在以后的制造中提高。表面粗糙度从 0.38mm 提高到 0.25mm 会将增益提高 0.8dB,如图 5.26 所示,其中给出了表面粗糙度 0~0.4mm 的增益损耗。在 Ka 波段表面精度是一个至关重要的参数,因为它会影响天线的旁瓣电平、方向性系数和增益。网格表面用非接触三维激光扫描测量技术进行测量,数据合并到计算中。表面精度的影响如图 5.27 所示,其中对理想反射器和实际反射器进行了比较。增益减小和旁瓣电平增加是显而易见的。

表 5.4 在 32GHz Ka 波段增益表

性能	增益/dBic	损耗/dB
标准方向性系数	50.5	—
非均匀照射	49.9	0.6
溢出	49.5	0.4
表面网格(30 - OPI)	49.25	0.25
表面精度(0.38mm 粗糙度)	48.15	1.10
馈源损耗	48.10	0.05
馈源失配(回波损耗 = 15dB)	48.05	0.05
总的性能	48.05	2.45

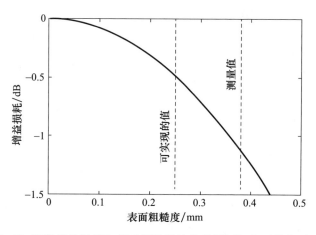

图 5.26 Ka 波段增益损耗和表面粗糙度的关系(注意:表面精度可以提高)

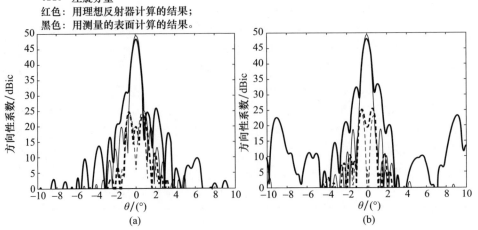

图 5.27 （见彩图）Ka 波段测量的辐射方向图
(a) $\varphi=0°$; (b) $\varphi=90°$。

将 X 波段馈源用 Ka 波段馈源替换后,辐射方向图在 NASA 喷气推进实验室平面近场暗室进行了测量。如图 5.28 所示,计算和测量得到的方向图一致性好。在 32GHz 测量得到的增益是 48.4dBic,假设有效口径是 1m,相当于 62% 的效率。

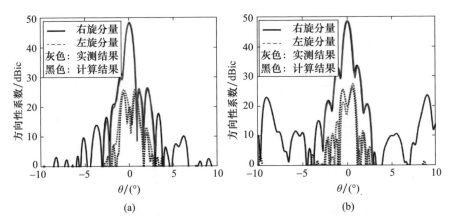

图 5.28　Ka 波段网状反射面天线辐射方向图的实测结果和计算结果
(a) $\varphi=0°$; (b) $\varphi=90°$。

和文献[4]给出的 0.5m 网状反射面天线相比,增益提高了 6dB,相当于数据传输速率提高了 4 倍。理论上讲,由于这是一个偏置反射器,因此旁瓣电平可以小得多(小于 25dB),但是旁瓣电平受到反射器表面精度的影响。在 34.45GHz,测量的增益是 48.7dBic,相当于 57% 的效率(表 5.5)。

表 5.5　Ka 波段天线在 32GHz 和 34.45GHz 的方向性系数、增益和效率

频率/GHz	方向性系数/dBi		增益/dBic		效率/%	
	计算值	测量值	计算值	测量值	计算值	测量值
32	48.4	48.8	48.1	48.4	58	62
34.45	48.5	49.0	48.3	48.7	52	57

图 5.27 给出了俯仰面（$\varphi=0$ 平面）的主极化方向图，灰色表示名义抛物面产生的方向图，黑色表示实际测量的反射器均匀网格产生的方向图（具有六边形对称性的网格，等边三角形的边长为 7.3cm，有 295 个结点）。该网状反射面天线在 $|\theta_g|=9.0°$ 附近呈现出特征栅瓣。

由于馈源位于焦点的抛物反射器产生固定的口径相位，因此它可以获得最好的性能。名义上的抛物面可视为一个三角形网格边长 m_1 趋于 0 的网状反射面天线。当抛物面由平面三角形面元的网格产生时，表面不再是理想的，这会导致峰值方向性系数的减小和栅瓣的产生。栅瓣出现的角度 θ_g 可表示为

$$\sin\theta_g = \frac{2\lambda}{m_1} \tag{5.1}$$

在 $\varphi=0°+p60°$ 的平面内，或者

$$\sin\theta_g = \frac{2\lambda}{\sqrt{3}m_1} \tag{5.2}$$

在 $\varphi=30°+p60°$ 的平面内。

对于 $m_1=6.9\text{cm}$，$\varphi=90°$ 平面内的栅瓣应该出现在 $|\theta_g|=9.1°$ 处。可以使用不同的网格拓扑来减小栅瓣。以不规则的间隔在径向分割（图 5.29），在不改变任何基本部件的情况下，分割数和部件的数量[17]可以将栅瓣降低近 10dB。虽然在非规则分割的情况下，旁瓣得到了抑制，但是增益比规则分割的情况只下降了一点儿，这是因为表面精度略微变差。

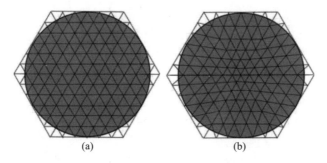

图 5.29　(a)均匀六边形网格；(b)非均匀或算数网格，用于栅瓣抑制。
（图片来源：由 Orikasa 等[17]修改而来 © John Wiley&Sons）

文献[18]表明,与均匀的六边形网格相比,五边形网格也可以将不需要的辐射方向图栅瓣减小近10dB。这个讨论对于读者来讲,完全是为了了解相关信息,因为深空通信不需要控制栅瓣。

5.3.4 X/Ka 波段网状反射面天线

两个馈源可以与1m反射器同时使用,安装在配载空间里,并满足通信方案。由于共置馈源没有置于反射器的焦点,因此指向、增益和效率会受到影响。指向不是一个问题。通常,在预期同时使用 X 波段和 Ka 波段的任务方案中,指令在 X 波段接收,指令在 Ka 波段向 DSN 传输遥测数据。

在这种情况下,最大增益应该以 Ka 波段为目标(大于 47.5dBic),而在 X 波段需要降低增益以放松指向要求(大于 20dBic),可以通过以下两方面来解释。

(1) DSN 射频输出功率(20kW)远高于星载固态功率放大输出功率(通常约 5W)。

(2) 上行链路数据速率通常约在 1kb/s 或 2kb/s,远小于下行链路数据速率。

当两个馈源共置时,这个 X 波段天线在上行链路频段和下行链路频段分别获得了 35.2dBic 和 36.8dBic 的增益。Ka 波段天线在上行链路和下行链路的增益分别为 47.8dBic 和 47.6dBic。表 5.6 给出了天线的频率、方向性系数、增益、效率和指向。

X 波段天线在方位角为 0.6°时,具有 20.5dBic 的增益,满足同时提供 X/Ka 波段通信的要求。在最大 2AU 的距离(2.99 亿 km),用 20.5dBic 的增益可以实现 2kb/s 的上行链路数据速率(表 5.6)。

表 5.6 计算得到的 X/Ka 波段天线的频率、方向性系数、增益、效率和方位角指向

频率/GHz	方向性系数/dBi	增益/dBi	效率/%	方位角指向/(°)
7.1675	35.6	35.2	59	−2.1
8.435	36.8	36.3	55	−2.1
32	47.9	47.6	51	0.6
34.45	48.0	47.8	46	0.6

5.4 小 结

本章介绍的天线解决了立方星和小卫星对更高数据速率的明确需求,它第

一次在立方星上提供了 X 波段和 Ka 波段的工作能力。由于该天线折叠在 3U 体积中，因此它与 12U 类立方星兼容。

在 X 波段，上行链路和下行链路频段分别获得了 36.1dBic 和 36.8dBic 的增益，相当于 72% 和 62% 的效率。对于仅工作在 Ka 波段的天线，在下行链路和上行链路频段分别实现了 48.4dBic 和 48.7dBic 的增益，相当于 62% 和 72% 的效率。

本章还给出了 X 波段和 Ka 波段馈源共置时天线的性能。在 X 波段天线效率高于 55%，在 Ka 波段下行链路频段效率高于 50%。

米级网状反射面天线是一项用小卫星实现空间探索的革命性的技术，它实现了到更远的深空冒险，同时获得更高的数据速率。由于该反射器可以缩放到更大的尺寸（3~4m），因此该天线还有许多其他的用途，如 NASA 的遥感任务、合成孔径雷达的新兴领域。

参考文献

[1] R. E. Hodges, N. Chahat, D. J. Hoppe, and J. D. Vacchione, "A Deployable High – Gain Antenna Bound for Mars: developing a new folded – panel refectarray for the frst CubeSat mission to Mars," *IEEE Antennas and Propagation Magazine*, vol. 59, no. 2, pp. 39 – 49, Apr. 2017.

[2] E. Peral, S. Tanelli, Z. S. Haddad, G. L. Stephens, and E. Im, "RaInCube: a proposed constellation ofprecipitation profling Radars In Cubesat," *AGU Fall Meeting*, San Fran – cisco, CA, Dec. 2014.

[3] N. Chahat, R. Hodges, J. Sauder, M. Thomson, E. Peral, and Y. Rahmat – Samii, "CubeSat deployable Ka – band mesh refector antenna development for earth science missions," *IEEE Transactions on Antennas and Propagation*, vol. 64, no. 6, pp. 2083 – 2093, 2016.

[4] N. Chahat, R. E. Hodges, J. Sauder, M. Thomson, and Y. Rahmat – Samii, "The Deep – Space Network Telecommunication CubeSat Antenna: using the deployable. Ka – band mesh refector antenna," *IEEE Antennas and Propagation Magazine*, vol. 59, no. 2, pp. 31 – 38, Apr. 2017.

[5] R. Hodges, D. Hoppe, M. Radway, and N. Chahat, "Novel deployable refectarray antennas for CubeSat communications," *IEEE MTT – S International Microwave Symposium (IMS)*, Phoenix, AZ, May 2015.

[6] N. Chahat, E. Thiel, J. Sauder, M. Arya, and T. Cwik, "Deployable One – Meter Refectarray for 6U – Class CubeSats," *2019 13th European Conference on Antennas and Propagation (EuCAP)*, Krakow, Poland, 2019.

[7] R. Walker, D. Koschny, C. Bramanti, and ESA CDF study team, "Miniaturised Asteroid Remote Geophysical Observer (M – ARGO): a stand – alone deep space CubeSat system for-

low-cost science and exploration missions," *Presentation at 6th Interplanetary Cube Sat Workshop*, Cambridge, UK, 2017.

[8] J. Taylor, K.-M. Cheung, and D. Seo, "Galileo telecommunications," in *JPL Deep Space Communication and Navigation Systems Center of Excellence*, Pasadena, CA: JPL, July 2002.

[9] J. R. Piepmeier, P. Focardi, K. A. Horgan, J. Knuble, N. Ehsan, J. Lucey, C. Brambora, P. R. Brown, P. J. Hoffman, R. T. French, R. L. Mikhaylov, E.-Y. Kwack, E. M. Slimko, D. E. Dawson, D. Hudson, J. Peng, P. N. Mohammed, G. De Amici, A. P. Freedman, J. Medeiros, F. Sacks, R. Estep, M. W. Spencer, C. W. Chen, K. B. Wheeler, W. N. Edel-stein, P. E. O'Neill, and E. G. Njoku, "SMAP L-band microwave radiometer: instrument design and frst year on orbit," *IEEE Transactions on Geoscience and Remote Sensing*, vol. 55, no. 4, pp. 1954-1966, Apr. 2017.

[10] G. Freebury and N. Beidleman, "Deployable refector," US patent 20170222308 A1, Jan 2016.

[11] S. Gao, Y. Rahmat-Samii, R. E. Hodges, and X. Yang, "Advanced antennas for small satellites," *Proceedings of the IEEE*, vol. 106, no. 3, pp. 391-403, Mar. 2018.

[12] B. L. Ehlmann, A. Klesh, T. Alsedairy, R. Dekany, J. Dickson, C. Edwards, F. Forget, A. Fraeman, D. McCleese, S. Murchie, T. Usui, S. Sugita, K. Yoshioka, and J. Baker, "Mars nano orbiter: a Cubesat for mars system science," *49th Lunar and Planetary Science Conference*, The Woodlands, Texas, 19-23 March, 2018.

[13] M. W. Thomson, "The AstroMesh deployable reflector," *AP-S*, Orlando, FL, July 1999, pp. 1515-1519.

[14] J. Ruze, "Antenna tolerance theory-a review," *Proceedings of the IEEE*, vol. 54, no. 4, pp. 633-640, Apr. 1966.

[15] N. Chahat, B. Cook, H. Lim, and P. Estabrook, "All-metal dual frequency RHCP high gain antenna for a potential Europa lander," *IEEE Transaction on Antennas and Propagation*, vol. 66, no. 12, pp. 6791-6798, Dec. 2018.

[16] N. Chahat, T. J. Reck, C. Jung-Kubiak, T. Nguyen, R. Sauleau, and G. Chattopadhyay, "1.9-THz multiflare angle horn optimization for space instruments," *IEEE Transactions on Terahertz Science and Technology*, vol. 5, no. 6, pp. 914-921, Nov. 2015.

[17] T. Orikasa, T. Ebisui, and T. Okamoto, "Sidelobe suppression of mesh reflector antenna by non-regular intervals," *Proceedings of IEEE Antennas and Propagation Society International Symposium*, Ann Arbor, MI, 1993, pp. 800-803, vol. 2.

[18] J. R. de Lasson, C. Cappellin, R. Jorgensen, L. Datashvili, and J. Angevain, "Advanced techniques for grating lobe reduction for large deployable mesh reflector antennas," *2017 IEEE International Symposium on Antennas and Propagation & USNC/URSI National Radio Science Meeting*, San Diego, CA, 2017, pp. 993-994.

第 6 章
立方星充气天线

Alessandra Babuscia[1], Jonathan Sauder[2], Aman Chandra[2], Jekan Thangavelautham
1 NASA 喷气推进实验室/美国加利福尼亚州帕萨迪纳加州理工学院
2 美国亚利桑那州坦佩市亚利桑那州立大学

6.1 引　　言

立方星的充气天线概念已经在喷气推进实验室开发了 7 年多。这是一项新技术,旨在通过充气天线来改善立方星和小卫星的通信,该天线可以存储在非常小的空间(小于 1 个立方星单位,或 10cm × 10cm × 10cm 体积),然后在太空中展开和充气以提供高增益。

充气天线的基本理念是一个由两种不同类型的聚酯薄膜制成的充气气球结构:透明的聚酯薄膜和黏合在一起的反射聚酯薄膜,如图 6.1 所示。天线馈源使用简单的贴片天线设计,该天线可以放置在充气结构的内部或外部,具体取决于反射器的形状和设计。在本章讨论的最终原型中,贴片天线放置在膜的内部。

图 6.1　在暗室中进行测试的充气天线原型

该天线的创新之一是使用升华粉末(主要是苯甲酸)实现的膨胀机制。在发射之前,粉末以固态被存放在天线膜内。当立方星到达预定轨道时,使用燃烧线打开包含天线的发射罐。然后,聚酯薄膜自由膨胀,并且相对于大气压力的压力差触发苯甲酸的化学反应,使得天线膨胀。

苯甲酸的另一个特征是可以用作补充气体,以补偿可能由微流星体引起的膜穿孔。事实上,当天线展开时,并非所有的苯甲酸都会瞬间膨胀,而只是填充体积所需的量发生膨胀。剩余的粉末将保持固态,只有当平衡压力或体积发生变化时才会升华,就像在微流星体撞击的情况下可能发生的那样。

最后,充气天线设计的另一个独特之处是在太空中发生的紫外线(UV)硬化。硬化是设计后期引入的一个特点,试图抵消由于空间环境,特别是温度波动而可能发生的膜形状的不可避免的变化。在发射之前,将紫外线浆料涂在充气天线上。一旦进入太空,将天线指向太阳不超半小时,紫外线浆料就会暴露在紫外线辐射下。在此期间,紫外线辐射作用于紫外线浆料并使其硬化,这使得充气天线无论是在温度变化还是在升华粉完全耗尽时发生穿孔,都能使充气天线保持形状。

充气天线最初是为 S 波段设计的,最近也用于 X 波段设计。尽管有关 S 波段实验的一些细节在 6.2 节中有所描述,但是本章中描述的原型主要指的是 X 波段设计。天线的直径为 1m。选择这种尺寸主要是为了便于制造、控制和测试,尽管作者正在考虑将这种设计扩展到更大的结构。

在应用方面,该天线在设计时主要考虑了立方星的需求。但是,它可以应用于文献[1]中描述的所有类型的小卫星和星座。此外,充气天线概念对于大型航天器来说可能很有趣,因为它是一种潜在的备用天线,该天线保持存储,仅在需要时展开,如图 6.2 所示。

图 6.2　大型航天器载备份充气天线概念展示

6.2 充气高增益天线

6.2.1 研究现状

充气天线的概念已经研究了很多年,但是只有少数原型在太空中飞行过。本节概述了充气天线的研究历史,重点是用于立方星的原型的研制历史。

1. 充气天线研究与实验的历史

充气结构和充气空间天线领域的研究始于20世纪50年代。该领域的第一个实验可以追溯到20世纪50年代后期美国航空航天局(NASA)开发的回声气球项目(Echo Balloons Project)。Echo-Ⅰ[2]是一个充气球形气球,由12μm的聚酯薄膜制成,带有气相沉积的铝。Echo-Ⅰ的直径为30.5m,发射时质量约为72kg,其中包括15.12kg升华粉末。气球被设计成一个反射器,而不是一个收发器,用来反射洲际电话、广播和电视信号。它于1960年发射,设计寿命约为4年,但实际上一直持续工作到1968年5月24日[3]。

Echo-Ⅱ[4]是一个直径41.1m的气球(图6.3),这是NASA回声气球项目的最后一次实验。与Echo-Ⅰ类似,Echo-Ⅱ的研制也是用于进行无源通信实验。然而,Echo-Ⅱ的设计也用于研究大型航天器的动力学和地球大地几何测量学。

图6.3 地面测试中的NASA回声Echo-Ⅰ气球项目(图片来源:NASA)

Echo-II[5]设计的膜是可硬化的。因此,气球能够保持其形状并在微流星体的影响下存活下来。Echo-II于1964年发射,并于1969年重新进入大气层。

在回声气球项目之后,由于有源卫星而不是无源通信反射器成为通信的首选,充气结构和天线领域的研究似乎放缓了。然而,充气天线的研究在20世纪90年代重新引起重视,当时在STS-77任务中设计并在空间测试了充气天线[6-8]。天线是一个直径14m的偏置抛物面反射器,通过一个充气环面和一组28m的支柱连接到航天器。该实验由喷气推进实验室完成,飞行天线的设计基于L'Garde结构。如图6.4所示,该实验于1996年进行,尽管是以不受控的方式,但天线基本支撑结构成功展开。充气系统中的一个问题导致反射器表面没有完全膨胀,并且在展开过程中由于充气部件中的残余空气而观察到意想不到的航天器动力学效应。

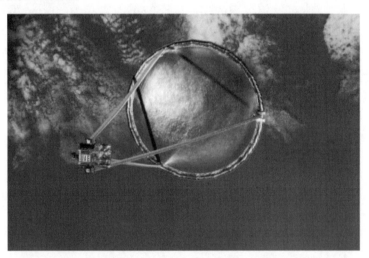

图6.4 载于STS-77上的充气天线实验(图片来源:NASA)[19]

充气天线领域的其他近期工作包括ILC Dover开发和测试的用于X波段和Ka波段的微带反射阵列[10]。X波段反射阵列结构包括一个直径为1m的用来支撑薄膜的充气环面。该天线主要是为雷达应用设计的。

最后,最近的另一项研究[11]给出了已经开发的3.2m充气天线的结构设计,并通过实验测量了辐射方向图。

值得一提的是,之前的研究和实验为立方星充气天线的开发提供了重要的基础。例如,回声气球提供了使用升华粉末作为充气机制的概念,以及在飞行中使天线硬化的想法。然而,以前的充气天线概念中没有一个与立方星的形状因子完全兼容,因此开发了一种新的设计。以下将介绍项目从最初的概念到当前设计的发展历史。

2. 立方星充气天线概念的历史

立方星充气天线概念的研究始于 2012 年。这一时间非常有意义,因为它恰逢"星际立方星"概念的兴起。大约在 2012 年,喷气推进实验室开始在相关环境中行星际纳米空间探测器(INSPIRE)[12]任务的开发,这是第一个星际立方星。大约在同一时间,许多专注于星际立方星的新会议开始出现在航空航天界,一个围绕应用立方星平台完成太阳系探索理念的新科学和工程领域开始发展。随着这个新的科学领域开始形成,立方星成为真正的星际卫星,但需要克服一些显而易见的挑战。与空间推进问题一起,通信立即成为需要更多发展的领域之一。事实上,当时在大多数低地球轨道(LEO)立方星上携带的通信系统都是非常简单的 UHF 和 S 波段系统,功率有限(1~2W),并且大多是全向或低增益天线。因此,需要新的无线电和天线概念。由于立方星业界的这种转变,许多天线的开发至此开始了,本书的其他章中进行了一些描述。

关于立方星充气天线的第一项研究[13]侧重于开发一个初始设计概念,以进行进一步研究。在两种不同的设计之间进行了比较权衡。第一个设计是使用类似于 Cadogan[10]提出的设计,并将其缩小以适应 3U 立方星。然而,该设计的分析结果表明(图 6.5),类似的设计会占用整个 3U 体积。因此,没有选择这种设计。第二种设计由两个连接在一起的抛物面薄膜组成:一个膜涂有导电材料并充当碟形反射器,另一个膜是射频透明的,它连接到立方星公用平台,如图 6.6 所示。该设计的估计质量(0.69kg)和体积(0.4L)与立方星外形尺寸更加兼容,因此本书选择了该设计进行进一步研究。

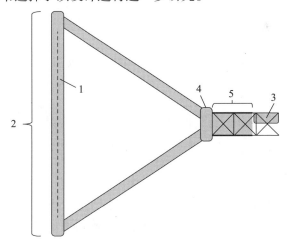

图 6.5 基于 Cadogan[10]的设计简图

注:1—薄膜;2—管状的可充气结构;3—气体容器;4—馈源;5—存储罐。

(图片来源:修改自 Cadogan 等[10] © 1999 John Wiley&Sons.)

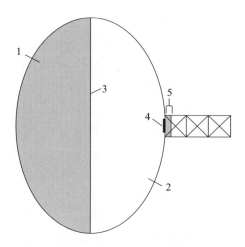

图 6.6 第二次设计示意图

注:1—反射薄膜;2—透明薄膜;3—连接;4—贴片天线馈源;5—在轨所需的存储。

(图片来源:Babuscia 等[14] © 2013 Elsevier)

关于立方星[14]充气天线的第二项研究侧重于改进 S 波段版本的设计。图 6.6 所示的初始概念得到了进一步发展,并在射频性能和结构抗力方面比较了两种形状。这两个形状是圆锥形和圆柱形,如图 6.7 所示。这两种形状都是使用 FEKO(一种用于辐射分析的德国软件工具 feeldberechnung für körper mit beliebiger oberfläche)仿真的,并且发现圆柱形设计比圆锥形设计具有更高的增益:23 对 21dB。值得注意的是,增益差异仅在 S 波段显著,在 X 波段则可以忽略不计。出于这个原因,在 X 波段进行设计时,选择进一步开发的初始形状是圆锥形,因为它在立方星中占用的体积较小。

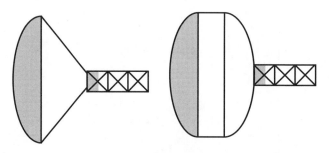

图 6.7 设计 S 波段充气天线原型时两种形状(圆锥形和圆柱形)

(图片来源:Babuscia 等[15] © 2014 IEEE 航空航天会议)

两种 S 波段设计都是在反射部分使用 50.8μm 厚的金属化聚酯薄膜制造的,其余部分使用 25.4μm 厚的透明聚酯薄膜进行制造。第一个反射器的制造最初是由研究人员自己完成的,方法是从金属化聚酯薄膜中切割出花瓣形的片段,并将它们组合成所需的表面。使用 Kapton 胶带和环氧树脂黏合塑料(图6.8)。值得一提的是,这种最初的制造技术引起了许多泄漏问题,因此在转移到 X 波段原型时对其进行了修改,该原型现在由一家具有黏合聚酯薄膜表面专业知识的专业公司制造。

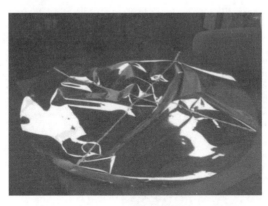

图 6.8　充气天线制造以及连接在反射侧的花瓣形碎片[16](经 IEEE 授权复制)

S 波段天线于 2012 年 12 月在麻省理工学院的真空室[16]中进行了测试。具有圆柱形和圆锥形形状的充气天线被抽真空,然后插入腔体。当腔室内压力下降时,两个天线分别膨胀为圆柱形和圆锥形,如图 6.9 所示。然而,薄膜中残留空气的问题导致两个天线在达到正确的压力之前过早地膨胀。为了解决这个问题,亚利桑那州立大学为进行 X 波段原型测试,开发了一个新的装置(有关此内容的更多信息,请参阅本章的以下部分)。

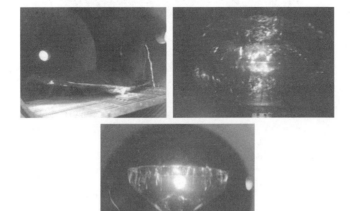

图 6.9　对 S 波段原型开展的真空腔室测试(经 IEEE 授权复制)
(a)充气天线被抽真空并插入腔室中;(b)获得了圆柱形;(c)获得了圆锥形。

作为对 S 波段原型[15]进行的测试和实验的一部分,圆柱形和圆锥形天线都用不同的技术折叠,以量化天线占用的总体积。结果是圆柱形天线占据了大约 500cm³ 的体积,而圆锥形天线占据了 320cm³ 的体积。该测量不包括贴片天线、发射罐和由紫外固化浆料引起的增加的体积。

在 S 波段上进行的另一项测试是展开[15]。展开装置由两个板组成:喷射器板和底板。充气天线连接到喷射器板,该喷射器板安装在 4 根杆的顶部,每根杆都放置在板的角上。底板固定在立方星结构上,4 根杆固定在板上。每个杆上都使用了压缩弹簧。立方星门由铝制成,当天线没有充气时保持关闭状态。当天线准备展开时,使用燃丝将门转动打开。此时,压缩弹簧将喷射器板向上推,展开天线。该展开系统于 2013 年 8 月在麻省理工学院成功进行了室温环境测试(图 6.10)。

图 6.10　充气天线展开测试[15](经 IEEE 授权复制)

最后,S 波段原型于 2013 年 5 月在喷气推进实验室的暗室中进行了测试[15]。测试的目的是测量圆柱形和圆锥形两种结构天线的增益。暗室中的测试装置需要研制一个特定的支架以安装天线。通过聚碳酸酯适配板压缩空气来实现充气。聚碳酸酯适配板显著影响了辐射,特别是对于圆柱形结构。除此之外,测量结果与仿真结果几乎一致。

在 S 波段原型上进行了这组测试之后,需要做更多的工作才能使天线发展成为真正的飞行原型。然而,研究的重点从 S 波段转移到了 X 波段。这种频率变化的主要原因是,立方星无线电领域[17]的研制主要是在 X 波段,尤其是在喷气推进实验室的 IRIS 无线电系统。因此,作者想要设计一种充气天线,能够与 IRIS 兼容,并与深空网络提供的地面能力兼容。6.2.2 节将重点介绍 X 波段原型机的研制。

6.2.2　X 波段充气天线设计

立方星 X 波段的充气天线经过多个设计周期才达到目前的设计成熟度。以下内容是 X 波段的初始设计以及所获得的经验教训,为最终设计提供了借鉴。

1. X 波段充气天线的初始设计及经验教训

最初,X 波段的充气天线的设计遵循了 S 波段的概念,即使用圆锥状透明聚酯薄膜结构,并在末端粘接一个抛物面反射器(图 6.11)。

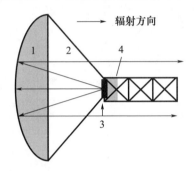

图 6.11　充气天线概念(图片来源:Babuscia 等[18]ⓒ 2016IEEE 航空航天会议)

该充气天线包括透明聚酯薄膜部分 2,与金属化的聚酯薄膜部分 1 连接,部分 1 按照抛物面形状设计。贴片天线馈源 3 粘接到薄膜末端并被安装在 3 单元立方星末端。4 表示装载天线的存储罐。

这种天线作为一个单一的反射器工作,馈源(贴片天线)放置在的圆锥形结构的末端,如图 6.11 所示。这一概念最初在暗室进行了测试(图 6.12),但未能达到预期的增益[18]。实测增益只有约 25dBi,比仿真值低 7dB。

图 6.12　在喷气推进实验室的暗室中的 X 波段充气天线
　　　　带有卸载装置的结构允许天线准确指向。

通过额外的测试和仿真对这个问题进行了研究,发现根本原因是膨胀过程和薄膜的形状。具体来说,该天线在喷气推进实验室的摄影测量实验室进行了测试。在 $0.13 \sim 0.21\mathrm{psi}$($1\mathrm{psi} \approx 6.89 \times 10^3 \mathrm{Pa}$)的不同压力值下,对天线进行充气(图 6.13)。

图 6.13 充气天线摄影测量(黑色和银色目标物按照预定的形状放置于天线表面,相机用来对不同气压的天线拍一系列照片。测试完成后,通过图片后处理来获得表面形状特征)

在摄影测量实验中,发现当空气通过聚酯薄膜时,薄膜往往变成一个更像球体而不是一个抛物面的表面。在摄影测量中进行的地面测量也被用来仿真辐射方向图,这证实了实验结果,表明由空气引起的曲率达不到反射器外形曲率,从而达不到总的增益。充气天线的最初设计提供了宝贵的经验教训,并应用到最终的设计中。

2. X 波段充气天线的反射器和馈源放置

在开发和测试 X 波段的第一个充气天线原型时,我们得到的主要教训是,无论抛物面设计和制造多么精确,充气过程都会将其形状变成一个球体。因此,采用了一种新的设计方法(图 6.14):将充气天线设计为球形而不是抛物形,并改变天线内馈源的位置。

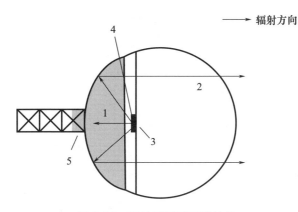

图 6.14 新的可展开天线结构

天线被设计为球形,其中一部分用金属化聚酯薄膜制作 1,而其余部分是透明的 2。贴片天线馈源 4 现在被放置于薄膜里面的支撑结构上,并通过低损耗电缆(图中未画出)连接至立方星主体。5 为薄膜所占据的体积。

新的充气天线结构[19]有许多优点。第一,规避了试图将薄膜充气为抛物形的问题:现在升华粉末将薄膜充气为球形,这正是气体在任何时刻发生反应充气时倾向的形状。第二,由于采用了更好的馈源照射方案,新设计实现了增益的改进。第三,在新设计中,贴片天线位于薄膜内,并且天线被充气为球形,因此没有特别的理由将立方星连接至薄膜透明侧。如图 6.14 所示,立方星安装在反射面的一侧。新结构避免了立方星星体自身导致的额外增益损耗,这在之前的设计中是一个严重的问题。毫无疑问,这一新设计面临的挑战是馈源的支撑和薄膜的制造,这是一个更复杂的设计。在 6.2.3 节中讨论了结构和制造问题。

虽然馈源仍是 X 波段的贴片天线,但是一个主要的改变是馈源的位置。由于之前的结构转变为球形结构,因此馈源通过在薄膜内移动来改进照射。我们对馈源位置进行了仿真优化。

两种设计考虑了两种反射器 - 馈源结构并用 TICRA GRASP 进行了评估。第一种设计优先考虑增益最大化。图 6.15 所示为当反射器直径保持不变而馈电位置改变时,增益是如何变化的。当反射器直径为 71.3cm、馈源位置距反射器 22cm 时,增益最大。第二种设计限制了馈源位置,使馈源支架的接缝与反射器接缝位于同一位置,因为这种设计更容易制造。在这种情况下,增益仅是反射器直径的函数,当反射器直径为 81.9cm 时增益最大。图 6.16 比较了两种反射器 - 馈源结构的辐射方向图。选择反射器直径为 71.3cm 的第一个设计是因为它在较低的旁瓣下获得了更高的增益,而增加的制造复杂性是可以接受的。

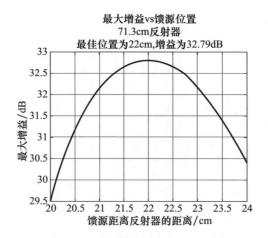

图 6.15　71.3cm 反射器的增益和馈源位置的关系
（图片来源：Babuscia 等[19] ⓒ 2017 IEEE 航空航天会议）

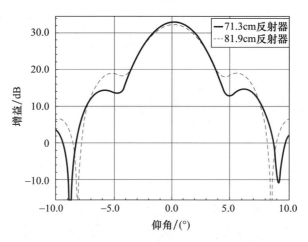

图 6.16　两种不同反射器尺寸的充气天线的辐射方向图（相比于 81.9cm
反射器，71.3cm 反射器表现出了更高的增益和更低的旁瓣电平）。
资料来源：Babuscia 等[19] ⓒ 2017 IEEE 航空航天会议。

该天线是根据设计规格制造的（图 6.17），并在莫尔黑得州立大学进行了测试，以测量天线的辐射方向图。

3. 天线测量

2017 年 1 月，对 X 波段充气天线进行了测量。这些测量是在肯塔基州莫尔黑得州立大学的暗室中进行的。为了正确测试天线，我们研发了一套压力控制系统（图 6.18），利用压缩空气对天线进行充气，以确保在测试期间天线保持恒定的压力。压力控制对于这类测试尤其重要，因为即使极小的压力变化也会改

图 6.17　在暗室测试前,在莫尔黑得州立大学充气的充气天线原型

变形状,从而影响辐射方向图的测量。通过不同的摄影测量测试,确定了测试充气天线所需的最佳压力为 0.2psi。

图 6.18　开发的在测试过程中保持天线想要压力的压力控制系统

莫尔黑得实验的装置如图 6.19 所示。天线放置在一个支架上,以保持恰当的指向。气球外面有两根线缆:一根用于充气,另一根用于电气连接。

在天线测试暗室中使用 HP 8563E 频谱分析仪和 COMSAT 天线验证程序(CAVP)系统对天线方向图进行了测量。充气天线在 1in 厚平台上充气,平台带有直径 20in 的圆孔来支撑这个圆形结构。然后将该天线放置在天线定位器的顶部。在接收频段(8.4~8.5GHz)和发射频段(7.19~7.235GHz),由合成扫频器产生一个载波信号并馈送到标准增益喇叭。将频谱分析仪设置为使用外

图 6.19 莫尔黑得州立大学暗室中的充气天线装置(使用尼龙绳将天线轻轻地捆绑在泡沫支架上。A、B 管道胶带用于密封球体,那里插入了同轴电缆和填料管道)

部 10MHz 参考源、0Hz 的频率跨度、100Hz 的分辨率带宽以及 1Hz 的视频滤波器带宽。将扫描时间设置为与不同方向图角度上旋转天线所需的时间相匹配,将参考电平设置为接近屏幕顶部的峰值信号,每刻度格为 10dB。通过如图 6.20 所示装置,可以实现 70dB 的动态范围。天线增益有两种测量方法。一种测量方法是用 CAVP,CAVP 是由 COMSAT 实验室为了更精确地通过方向图积分计算增益而创建的。测得的方向图有 3 个校正因子。对于小于 360°的方向图分割,修正值是 0.3dB,馈源和电压驻波比损耗修正值是 0.20dB,交叉极化能量修正值是 0.1dB。另一种测量方法是使用 3dB 和 10dB 波束宽度,并通过 3/10°波束宽度公式计算估计的定向增益。

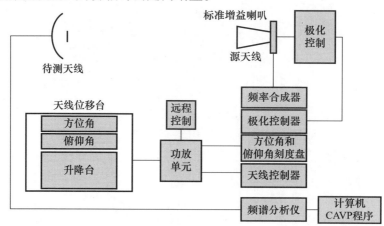

图 6.20 用于天线测试的暗室测试腔体设备框图

充气天线最初在 8.4GHz 和 0.10psi、0.15psi、0.19psi、0.20psi 的压力值下测量。测得的增益值列在表 6.1 中，方向图如图 6.21 所示。在 0.2psi 压力下对不同频率也进行了测量，如表 6.2 所列。用于测量定向增益的方向图的角度设置为 ±35°。这些用来通过方向图积分计算定向增益的角度是由 CAVP 程序推荐的。

表 6.1 充气天线在 8.4GHz 和不同压力值时的测量结果

频率/GHz	N2 压力/psi	积分增益/dBi	3dB 波束宽度/(°)	10dB 波束宽度/(°)	估计的 3/10 增益/dBi
8.4	0.10	29.86	4.055	10.93	31.33
8.4	0.15	29.80	4.124	11.01	31.09
8.4	0.19	29.70	4.166	11.12	31.01
8.4	0.20	29.71	4.124	11.14	31.07

注：1psi = 6.895kPa。

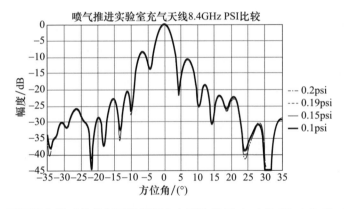

图 6.21 不同压力值时的充气天线辐射方向图比较（0.1psi、0.15psi、0.19psi、0.2psi）

表 6.2 0.2psi 时不同频点的充气天线测量结果

频率/GHz	N2 压力/psi	集成增益/dBi	3dB 波束宽度/(°)	10dB 波束宽度/(°)	估计的 3/10 增益/dBi
7.145	0.2	28.67	4.922	12.74	29.64
7.19	0.2	28.70	4.926	12.66	29.65
7.235	0.2	28.74	4.789	12.54	29.85
8.4	0.2	29.68	4.212	11.17	30.93
8.45	0.2	29.28	4.081	11.06	31.15
8.5	0.2	28.82	4.214	11.12	30.94

可以观察到，被测天线的峰值增益略低于仿真计算的峰值增益。根据压力

值和计算增益的方法（积分和3/10）的不同,差异为1~2dB。然而,需要注意的是,仿真得到的增益未考虑电缆损耗(估计为0.7dB)。除了电缆损耗,可能影响增益的其他因素是潜在的褶皱和聚酯薄膜的边界接缝。尽管存在电缆损耗和褶皱,但这些测量结果表明,开发一种基于充气膜的天线的概念是可行的,此概念对于未来立方星任务具有革命性的潜力。

6.2.3 结构设计

天线的机械设计必须解决两个主要问题:第一个是确保天线能够承受充气所需的压力;第二个是确保天线在充气时呈现理想的形状。第一个问题相对容易解决,第二个问题更具挑战性。

为了建造天线,需要使用多层聚酯薄膜,这就形成了三维的形状(因为一层平坦的聚酯薄膜无法形成所需的几何形状)。每层都黏在一起,黏结就形成了系统中的薄弱环节。如果过压,这些黏结接头将由于剪切力开始分裂,允许空气在各层之间泄漏。气球制造商根据经验确定,在0.29psi时开始出现泄漏,在0.36psi时密封完全失效。因此,在系统中安装了一个减压阀,设置在0.22psi时激活。减压阀由一个简单的板组成,由一个压缩弹簧固定在适当的位置。激活压力可通过弹簧预紧来调节。一旦平板的加压区域超过弹簧上的力,阀门就会通过压缩弹簧来激活,将覆盖在减压阀后面孔处的平板移除,进而允许空气紧跟阀门流出。这将防止气球过度增压,因为天线过度膨胀,气球就会开始释放压力。

实现天线的理想几何形状是一个更具挑战性的问题。随着天线膨胀,压力将薄膜推成不同的、更接近球形的形状。这意味着气球建造的形状与气球充气时的形状不匹配。为了更容易地说明这一点,想象一下标准的聚酯薄膜气球的两个薄片。虽然这两个薄片最初是彼此平行的,但是当膨胀时,它们变成圆形的瓣状。图6.22给出了充气目标初始(黑色)和变形(灰色)后的形状一些最初的模拟结果。

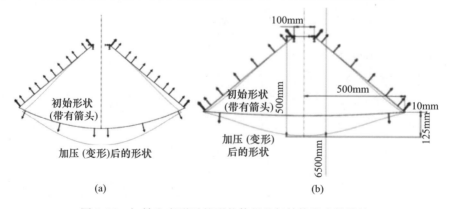

图6.22 初始和变形后的形状使得几何结构具有挑战性

也许最大的挑战是变形后的形状是非常依赖压力的。为了尝试和理解形状的压力依赖关系，建造并用摄影测量方法测试了两副不同的天线。一副天线建造成所期望的抛物面（图 6.22（a）），另一副天线建造形成一个圆锥形（图 6.22(b)）。结果发现，两者都随着压力而显著变形，图 6.23 中给出了最合适的抛物面焦点是如何随压力变化的。

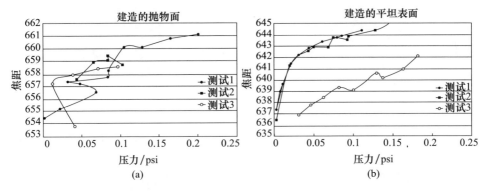

图 6.23　（见彩图）天线变形和天线压力的关系是高度可变的

有趣的是，天线表面设计中影响最大的部分是气球反射表面出现的接缝数量。一个有许多接缝的反射表面，需要建造一个完整的抛物面形状，其最终形成被许多折痕扭曲的表面。然而，作为平面构造的表面在膨胀时有更平滑的形状（图 6.24）。因此，决定期望的方法是构造一个平面形状的表面，然后允许膨胀使平坦的形状变形到所需的曲面。这将导致建成的形状看起来像一个圆锥形。

图 6.24　天线上的平面可实现比曲面更平滑的表面

下一步是探究仿真是否能准确预测气球的变形形状。最初，模型在 solidworks 仿真和国家航空和航天局结构分析（NASTRAN）中运行，但发现只有在极低的压力下才会收敛。如果压力超过 0.01psi，解将不会收敛。接近这些压力的解表现出剧烈的变形。确定正确的方法是使用一款名为 Sierra 的软件能计算出更符合实际的结果,如图 6.25 所示。可以看出,Sierra 不仅预测了形状的体积变形,而且仿真了气球产生的褶皱。

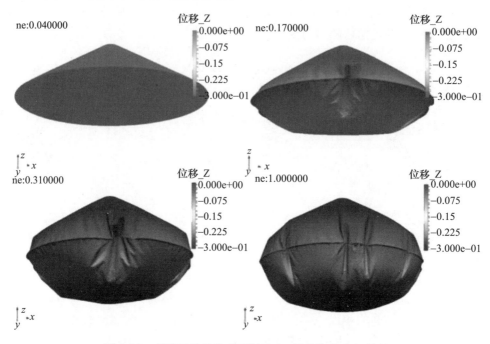

图 6.25　变形天线的仿真可以建立,但是仿真难以实现

　　设计过程中的下一步将首先通过对比摄影测量数据和仿真结果来验证仿真。在软件的准确性被验证后,该软件将被用来确定什么样的建成形状会变形成抛物面。然而,这将是一个复杂和耗时的一系列仿真,并需要折中以实现一个精确的抛物面形状。此外,这种设计的精度对压力波动极为敏感,如图 6.23 所示。在这个时候,也发现天线馈源的正确设计可允许使用一个球形表面。球面是膨胀的物体自然变成的形状,因此我们确定将天线设计成球面要明智得多,而不是试图将天线制造成一种形状,然后膨胀成另一种形状。球形表面对压力的变化也非常稳定。因此,调整天线馈源以适应一个球面反射器比试图实现一个抛物面更为实际。

　　应该指出的是,STS 天线实验能够实现由于膨胀变形而产生的抛物面,但这需要三个不同的充气结构,每个结构充气到不同的压力,以实现所需的形状。其中一个关键结构包括一个环,它对反射面周边施加特定的张力,以形成精确的形状。然而,对于立方星天线来说,如此复杂的设计是不可取的。

6.2.4 充气和在轨硬化

充气和硬化是充气天线设计的关键方面,因为它们是使天线保持理想形状的机制。充气可以用许多不同的方式与各种可能的充气气体完成。在采用充气天线的情况下,充气机制选择的是升华粉。这种机制是完全被动的,不需要储气罐,可以大幅度减小体积。升华粉在天线内保持固态直至展开。当天线展开时,粉末会变成气体,使天线膨胀到大约 10^{-3}Torr(1Torr $\approx 1.33 \times 10^2$Pa)的压力。

升华过程是粉体状态压力和温度的函数。为了使固体转化为气体,必须提供与固体结合能相当的能量。这种能量用升华焓(ΔH_{sub})来表征。给定物质在给定状态下的升华焓可通过实验测定。然而,均分定律[20]提供了升华焓的合理近似:

$$\Delta H_{sub}(P, T) = -U_{\text{Lattice\_energy}}(P, T) - 2RT \tag{6.1}$$

式中:$U_{\text{Lattice\_energy}}$ 为分子打破晶格转化为气体所需的能量;R 为普适气体常数。在高真空环境中,ΔH_{sub} 急剧下降,升华可以在非常小的温度范围内实现。实际上,升华可以等温实现。我们目前的工作就是利用这一特性在高真空中实现膨胀。固体转化为气体的质量流量为

$$\frac{dm}{dt} = \alpha \sqrt{\frac{M}{2\pi RT}}(p_{eq} - p) \tag{6.2}$$

式中:α 为与物质性质相关的比例常数;M 为分子质量;R 为气体常数;T 为温度;p 为环境压力;p_{eq} 为平衡蒸汽压。平衡压力与温度有关:由式(6.3)可知,在该温度下,当环境压力接近升华自然蒸汽压时,该过程趋于停止。这对于充气天线是非常重要的,因为它不需要外部压力控制器,使充气过程简单可靠:

$$p_{eq} = \beta \sqrt{\frac{2\pi R}{M}} T e^{-\frac{\lambda}{RT}} \tag{6.3}$$

式中:β 和 λ 为特定的材料常数。苯甲酸的平衡压力如图 6.26 所示。

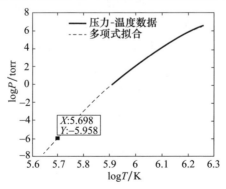

图 6.26 苯甲酸的平衡压力

(图片来源:Babuscia 等[18] ⓒ 2016 IEEE 航空航天会议)

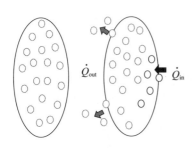

图6.27 膜穿孔时的升华过程

如果天线上携带的升华粉大于基本膨胀所需的量,残留的升华粉将保持固态,并在天线泄漏导致体积变化时升华。这个条件如图6.27所示。

$\dot{Q}_{in}$表示因升华而进入膜内的体积流量,$\dot{Q}_{out}$表示因穿孔而流出充气式膜内的体积流量。升华条件为

$$\dot{Q}_{in} \geq \dot{Q}_{out} \tag{6.4}$$

在温度T下,具有平衡蒸汽压P_{eq}的质量流量M,分子量m的升华物产生的体积流量为

$$\dot{Q}_{in} = \frac{\dot{M}RT}{m\, P_{eq}} \tag{6.5}$$

从充气内部向外泄露的速率是毁坏面积和升华剂分子扩散性的函数

$$\dot{Q}_{out} = \left(\frac{\sum A_i P_i M_{tot}}{time}\right)\sqrt{\frac{kT}{2\pi m}} \tag{6.6}$$

括号中的第一项表示总预期损伤面积,而平方根下的项是升华迁移率。每当升华的条件满足时,升华就会起到补偿穿孔的作用,直到粉末耗尽。如文献[16]所示,大约1g的像苯甲酸这样的升华粉可以使天线工作超过1年。

考虑到这种膨胀机理的新颖性,我们进行了研究和试验[18],以选择最合适的粉末,并对整个膨胀过程进行了表征。特别是,在文献[18]中记录的一项研究,比较了至少30种不同的可能的升华粉末化合物,以确定哪种化合物更适合天线。该研究基于化学升华物产生蒸汽压的原理,蒸汽压的大小取决于环境压力和温度[20]。采用在空间中使用的关键标准来审查粉末,例如,在高真空条件下的稳定性、高分子扩散率和大的相对质量比的气体蒸汽体积。结果显示(图6.28),苯甲酸、水杨酸和邻甲氧基苯甲酸是本项目更可行的升华粉类化合物。在这三种物质中,由于苯甲酸易于获得,成本较低,因此选择了苯甲酸进行真空室实验。

除了对不同的升华粉进行考察外,还在真空室进行了膨胀过程的表征试验。这项测试于2014年和2015年在亚利桑那州立大学进行,使用的是专门为此目的建造的真空室。该腔室的设计是为了在降低压力之前完全排空天线。这一特性非常重要,因为它允许消除残留空气,并确保膨胀是由粉末有效引起的,而不是残留空气问题引起的,残留空气的问题可能在2013年进行的一些实验中一直存在。膨胀过程如图6.29所示,而压力随时间变化的测量结果如图6.30所示。

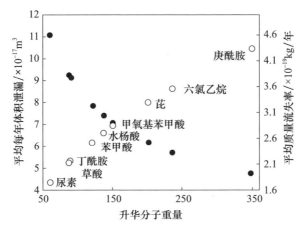

图 6.28 升华粉末研究结果
(图片来源:Babuscia 等[18] © 2016 IEEE 航空航天会议)

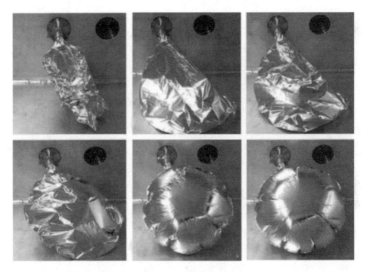

图 6.29 充气天线的膨胀过程[18](经 IEEE 授权复制)

A 阶段表示充气的排空阶段。此时,外部压力与内部压力的压差为负,如图 6.30 所示。B 阶段对应的是排空过程中(A 阶段)形成的气孔重新分布导致内部压力上升,C 阶段对应的是温度逐渐降低。D 阶段是内部压力低到足以开始升华过程的点,可以从这一阶段结束时内部压力的急剧下降中看出。E–F 阶段表示内部压力恒定为 0.0026Torr 的平衡条件。

不同于膨胀,硬化允许保持天线的形状,即使在穿孔和热变化造成的压力损失的情况下。紫外线固化树脂可以作为固化技术,因为它们在紫外线照射下

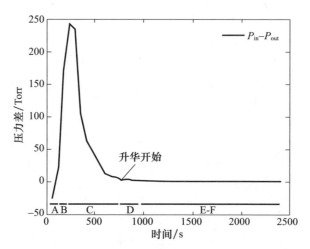

图 6.30　不同充气阶段压力随时间变化的测量结果
(图片来源:Babuscia 等[18] © 2016 IEEE 航空航天会议)

硬化形成"玻璃"结构。这一过程是由辐射引起的聚合反应引起的,称为紫外线固化。反应浓度是表面厚度 x 和暴露时间 t 的函数,从这个角度描述紫外(UV)聚合反应的动力学方程为

$$\frac{\partial C(x,t)}{\partial t} = k\,I_0 e^{-\varepsilon Ax} C(x,t) \tag{6.7}$$

式中:I_0 为聚合物表面入射强度;ε 为材料的衰减常数;A 为反应分子[21]的比例。文献[21]指出在超过 $20\mu m$ 深度时固化效率迅速降低。在 $100 \sim 10000\mu W/cm^2$ 的辐射通量条件下,紫外光诱导聚合反应持续的时间为小时量级。这是有利的,因为膨胀的过程是分钟级的。这可以在僵化之前实现完全膨胀。低地球轨道中的原子氧、高能电子和离子流、X 射线和 γ 辐射等因素都可能引起不均匀聚合。流体环氧树脂面临的最大挑战是其在高真空下的蒸发。蒸发速率为

$$W = \frac{P}{17.14}\sqrt{\frac{M}{T}} \tag{6.8}$$

式中:P 为物质的平衡蒸汽压;M 为单体的分子质量;T 为温度[22]。

对硬化方法完成了初步调查,使用一小块聚酯薄膜进行的初步实验在文献[18]中进行了描述。最近,在亚利桑那州立大学的真空室设施中进行了一项使整个天线表面硬化的实验。天线被紫外树脂覆盖,如图 6.31 所示。

用紫外树脂填充的包装提供了固化所需的紫外浆料的量,同时最大限度地降低了真空室排气的风险。固化顺序如图 6.32 所示。天线被抽真空后,压力降低到触发粉末膨胀的点。达到升华点所需的时间约为 15min。之后,几分钟内就会发生膨胀。当膨胀完成后,在室内打开紫外光源数小时,满足树脂固化

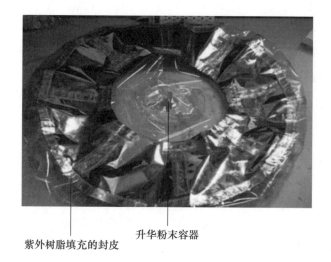

图6.31 应用于充气天线薄膜的紫外树脂[19]（IEEE 授权复制）

所需的时间。大约2h就足以发生硬化。当实验结束时，将压力回升到环境压力，并打开真空室来验证膜的状态。如图6.32所示，紫外固化过程允许部分保持膨胀的形状：如果没有紫外固化，当升华粉在压力升高回到粉末状态时，天线会全部放气。然而，天线的形状远未达到完全充气的状态，由于紫外固化不是均匀地应用在反射面的所有区域，这将过度增加质量和体积。目前的研究主要集中在改进充气天线的硬化过程，以提高充气天线在空间的寿命，同时兼顾现有的质量和体积约束。

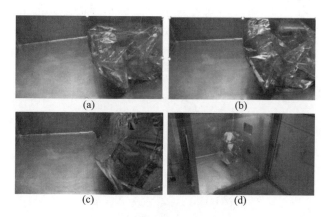

图6.32 固化顺序（天线被抽真空，薄膜被膨胀并暴露于紫外辐照来固化天线[19]，经 IEEE 授权复制）

(a)真空室抽空；(b)薄膜充气；(c)暴露于紫外辐射；(d)硬化后的薄膜。

6.3 航天器设计的挑战

立方星的充气天线可以显著提高其通信能力。然而,这是一个复杂的设计,需要与航天器相适应。本节主要讨论与充气天线相关的主要设计挑战:地球大气阻力和动力学。

对于地球大气阻力,2013年文献[14]进行的一项研究表明,在非常低的高度,阻力扭矩占主导地位。这个问题不会影响星际应用,因为在这些情况下,天线将部署在离地球非常远的地方。然而,这个问题影响了技术验证任务,该任务发射在低地球轨道测试这个原型。研究表明,非常低的轨道(500km或更低)是不适合充气天线的。技术验证任务需要在最低600~700km的高度飞行。这种高度是目前立方星运载火箭可以达到的。然而,在设计航天器时,需要考虑飞行高度。

另一个重要的挑战是航天器的动态控制。天线的尺寸、材料的灵活性和升华粉的存在,增加了姿态控制系统的设计复杂性。在喷气推进实验室的小型卫星动态试验台设施中进行了一项试验活动[19],目的是描述充气天线的动力学行为,特别是其对沿垂直于轴视方向的旋转指令的响应。该天线安装在一个具有三个自由度(DOF)的球形空气轴承系统上。选择Vicon Motion Capture作为主要的测量系统,并在天线上放置一组编码目标作为冗余,为额外的后处理提供第二个数据源。该装置(图6.33)配备了Blue Canyon Technologies公司的XACT套件,其中包括一套反作用轮和陀螺仪,通过控制台进行无线控制。使用一个控制器向驱动器提供实时指令,并处理传感器读数。充气天线安装的视轴方向与重力矢量平行。测试包括观察指令应用于无摩擦板时的反应。对反作用轮控制器进行编程,使系统稳定。

图6.33 测试装置[19](经IEEE授权复制)

由于驱动轮饱和或系统偏离预期,测试被停止。造成这一结果的原因是重力力矩,重力力矩使该系统呈现出倒立摆系统的特征。值得一提的是,在这次测试中,发现许多因素相对于在轨条件是不同的:重力力矩,环境中有空气而不是真空,天线内部是空气而不是升华气体,天线在平板上的位置,以及附加部件的惯性。无论如何,测试结果表明,使用立方星最先进的反作用轮系统时,膨胀天线是可控的,因此与预期的任务框架和选定的硬件配置是兼容的。稳定特性和不稳定特性如图 6.34 和图 6.35 所示。

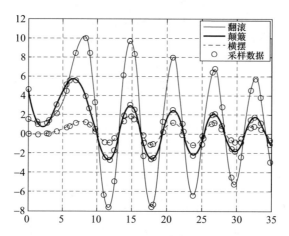

图 6.34　稳定特性(图片来源:Babuscia 等[19] ⓒ 2017 IEEE 航空航天会议)

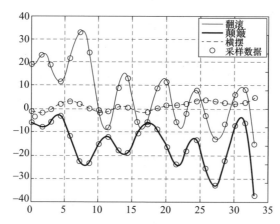

图 6.35　不稳定特性(图片来源:Babuscia 等[19] ⓒ 2017 IEEE 航空航天会议)

6.4 小结

立方星项目的充气天线是在多家合作机构的支持下,由喷气推进实验室历时7年研发出来的。在此期间,开发和测试了两种不同的原型概念,即本章描述的S波段原型和X波段原型。仿真和试验表明,充气天线是一种有前途的技术,可以实现高天线增益,同时最大化航天器的配载效率。然而,这种天线的发展不可避免地带来了一些挑战,特别是表面精度、适当的膨胀、形状保持、热控制、微流星体刺穿和硬化。为了解决本章所述的一些问题,已经进行了不同的研究和实验。随着该项目从技术开发过渡到飞行原型,预计未来几年将进行更多的研究和测试。最终目标是在低地球轨道中开发一个技术验证任务,以展开天线并在相关环境中表征其性能。如果测试成功,则可以开启发射任务,在这些任务中携带一个充气天线作为主天线或副天线,以支持远程和高数据速率的星际链路。

参考文献

[1] A. Babuscia, T. Choi, and K. - M. Cheung, "Arrays of infatable antennas for collaborative communication in deep space," *IEEE Aerospace Conference*, Big Sky, MT, 2015.

[2] R. E. Freeland, G. D. Bilyeu, G. R. Veal, and M. M. Mikulas, "Inflatable deployable space structures technology summary," *49th International Astronautical Congress*, Melbourne, Australia, 1998.

[3] J. M. Harrison, I. I. Shapiro, P. E. Zadunaisky, H. C. Van De Hulst, C. De Jager, and A. F. Moore, "Solar radiation pressure effects, gas leakage rates, and air densities inferred from the orbit of Echo I," *Space Research II*, Proceedings of the Second International Space Science Symposium, Florence, 1961.

[4] NASA, "Echo II," Available: online: http://nssdc.gsfc.nasa.gov/nmc/spacecraftDisplay.do? id = 1964 - 004A. [Accessed Jan. 9, 2017], Dec. 8, 2016.

[5] C. Staugaitis and L. Kroben, "Mechanical and physical properties of the Echo II metal - polymer laminate," NASA TN D - 3409, 1966.

[6] R. E. Freeland and G. D. Bilyeu, "In - step inflatable antenna experiment," *Acta Astronautica*, vol. 30, pp. 29 - 40, 1993.

[7] R. E. Freeland, G. D. Bilyeu, and G. R. Veal, "Development of fight hardware for a large, inflatable - deployable antenna experiment," *Acta Astronautica*, vol. 38, pp. 251 - 260, 1996.

[8] R. E. Freeland, G. D. Bilyeu, G. R. Veal, M. D. Steiner, and D. E. Carson, "Large inflatable deployable antenna fight experiment results," *Acta Astronautica*, vol. 41, pp. 267 - 277, 1997.

[9] NASA, "Image inflatable antenna," NASA, Available: online:http://www.nasaimages.org/

luna/servlet/detail/nasaNAS~7~7~35424~139291: Following – its – deployment – from – the – S [Accessed Jan. 9, 2017].

[10] D. P. Cadogan, J. K. Lin, and M. S. Grahne, "The development of inflatable space radar reflectarrays," *40th Structures, Structural Dynamics, and Materials Conference and Exhibit*, St. Louis, MO, Apr 1999, 12 – 15.

[11] Y. Xu and F. – L. Guan, "Structure design and mechanical measurement of inflatable antenna," *Acta Astronautica*, vol. 76, pp. 13 – 25, 2012.

[12] A. Klesh, J. Baker, J. Castillo – Rogez, L. Halatek, N. Murphy, C. Raymond, and B. Sher – wood, "INSPIRE: interplanetary nanospacecraft pathfnder in relevant environment," *27th Annual AIAA/USU Conference on Small Satellites*, Logan, UT, 2013.

[13] A. Babuscia, M. Van de Loo, M. Knapp, R. Jensen – Celm, and S. Seager, "Inflatable antenna for CubeSat: motivation for development and initial trades tudy," *iCubeSat*, MIT, Cambridge, 2012.

[14] A. Babuscia, B. Corbin, M. Knapp, R. Jensen – Clem, M. Van de Loo, and S. Seager, "Inflatable antenna for CubeSats: motivation for development and antenna design," *Acta Astronautica*, vol. 91, pp. 322 – 332, 2013.

[15] A. Babuscia, M. Van de Loo, Q. J. Wei, S. Pan, S. Mohan, and S. Seager, "Inflatable antenna for CubeSat: fabrication, deployment and results of experimental tests," *IEEEAerospace Conference*, Big Sky, MT, 2014.

[16] A. Babuscia, B. Corbin, R. Jensen – Clem, M. Knapp, I. Sergeev, M. Van de Loo, and S. Seager, "CommCube 1 and 2: a CubeSat series of missions to enhance communication capabilities for CubeSat," Proceedings of IEEE Aerospace Conference, Big Sky, MT, 2013.

[17] C. Duncan, "IRIS for INSPIRE CubeSat compatible, DSN compatible transponder," *27th Annual AIAA/USU Small Satellite Conference*, Logan, UT, 2013.

[18] A. Babuscia, C. Thomas, S. Jonathan, C. Aman, and J. Thangavelautham, "Infatable antenna for CubeSat: development of the X – Band prototype," *IEEE Aerospace Conference*, Big Sky, MT, 2016.

[19] A. Babuscia, J. Sauder, A. Chandra, J. Thangavelautham, L. Feruglio, and N. Bienert, "Inflatable antenna for CubeSat: a new spherical design for increased X – band gain,"*Proceedings of IEEE Aerospace Conference*, Big Sky, MT, 2017.

[20] S. Miyamoto, "A theory of the rate of sublimation," *Transactions of the Faraday Society*, vol. 140, pp. 794 – 797, 1933.

[21] A. Kondyurin, B. Lauke, and R. Vogel, "Photopolymerisation of composite material in simulate free space environment at low Earth orbital fight," *European Polymer Journal*, vol. 42, no. 10, pp. 2703 – 2714, 2006.

[22] A. Kondyurin, "Direct curing of polymer construction material in simulated Earth's Moon surface environment," *Journal of Spacecraft and Rockets*, vol. 48, no. 2, pp. 378 – 384, 2011.

第 7 章
高口径效率全金属贴片阵列天线

Nacer Chahat
NASA 喷气推进实验室/美国加利福尼亚州帕萨迪纳市加州理工学院

7.1 引　　言

本章讨论的全金属贴片阵列最初是为 Europa 着陆器任务(Europa Lander mission)而开发的[1-2],首次实现木卫二的冰封卫星 Europa[3]上的着陆器与地球的直接链接。然而,该天线的更小版本将是立方星任务的理想备选。

该天线主要由金属组成,以确保在木星冰封卫星的恶劣环境下(极低的温度和高辐射)的生存能力。Europa 着陆器上的直接对地通信天线如图 7.1 所示。该天线的一小部分可以轻松地集成到 6U 或 12U 类立方星,暴露在高辐射水平下或只需高口径效率。事实上,该天线不仅在上行链路(7.145 ~ 7.190GHz)和下行链路(8.40 ~ 8.45GHz)深空网络(DSN)频段工作,它还表现出了前所未有的口径效率(大于 80%)[3]。为了支持这一论断,我们将提供与当前技术水平的比较。

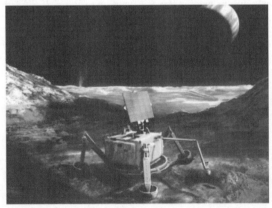

图 7.1　带有用于直接与地球通信的全金属双频右旋圆极化高增益天线的潜在 Europa Lander 的艺术概念图[3]该天线被强调是这一任务的使能技术[3]。

NASA 喷气推进实验室开发了一种新型全金属右旋圆极化(RHCP)贴片阵列,其目标是在上行链路和下行链路频率上实现80%以上的效率。它利用了为朱诺微波辐射计单频线极化贴片阵列天线[4]开发的构造方法。要设计这样一个阵列,核心挑战在于正确设计阵列单元。该阵列采用全金属单馈电单元,在两个深空网络频段上支持圆极化。阵列单元是自支撑的,易于加工,结构坚固,足以应对发射期间的振动和负载。

展望未来,我们很可能会看到更多立方星在执行星际任务飞行时,同时去尝试具有创造性的、全新的、颠覆性的技术。由于高辐射水平和极端温度,深空立方星的任务将面临极端挑战。高能电子环境对许多材料都是有害的,它会改变材料的介电性能或损坏材料;材料将被汽化和/或碳化。由于电介质的导电性很低,随着时间的推移,电子可以在介质中积累。一旦介质中积累了足够的电荷,如果导致电场强度超过材料的击穿极限(介电强度),就会发生电弧或放电等静电放电事件。深空的极端温度是另一个主要的设计挑战,在这种温度下的介电特性有时是未知的。由于这些原因,在立方星外面的天线中使用介质是具有挑战性的。与电介质使用相关的另一个挑战是在热膨胀系数失配较大的材料之间开发可靠的黏合工艺。随着天线口径的增加,黏合工艺变得更具挑战性,并决定温度极限。此外,由于立方星的可用体积非常有限,具有高口径效率的天线将最大限度地提高数据速率和通信距离。因此,为了承受恶劣的温度条件和辐射水平,天线主要由金属制成。

再次说明,虽然该天线是立方星平台的一个很好的选择,但它最初是为Europa着陆器任务而设计的,它是实现 Europa 直接对地通信的基础天线。更多信息请参考文献[3]。原型天线的照片如图 7.2 所示。对于潜在的 Europa 着陆器任务,将使用一个 32×32 的贴片阵列,如图 7.1 所示。该天线成功地完成了制造、测试和验证。在相关环境下完成射频测试、热循环和振动测试后,其技术成熟度达到 6 级。

图 7.2　抗恶劣环境、在 DSN 频段的上行链路和下行链路可实现高口径效率的 8×8 贴片阵列原型

7.2 研究现状

找到一个单层、单馈电并在两个目标频段上支持圆极化的阵列单元并不容易。传统的圆极化贴片天线属于窄带天线。定义反射系数在 -10dB 以下和轴比在 3dB 以下的带宽通常在 2% 左右。再加上双频要求,这个问题变得更加复杂。多年来,研究人员研究了圆极化贴片天线实现双频段或宽带性能的不同方法,包括层叠贴片天线[6]、开槽贴片形状、开槽接地板[7]、E 形贴片[8-9]、贴片开 U 形槽[10]、L 形贴片[11]等。上述所有解决方案都不能与可缩放到大型阵列的全金属解决方案兼容。

图 7.3 所示的朱诺微波辐射计单频线极化贴片阵列天线,是为 NASA 任务开发的第一个全金属贴片阵列。该天线的多个版本在木星轨道[4]上的朱诺号上成功飞行和工作。

图 7.3　Juno 微波辐射计单频线极化贴片阵列天线
(由 NASA 和加州理工喷气推进实验室供图)

在 W 波段设计了一个计划用于电扫描阵列的双极化金属贴片单元组成的 2×2 的贴片阵列(图 7.4)。该天线基于 Polystrata® 技术实现。

图 7.4　用于相控阵的双极化 W 波段金属贴片天线单元
(由 NASA 和加州理工学院喷气推进实验室供图)

RUAG Space 公司也为空间移动通信卫星开发了 L 波段和 S 波段的具有高口径效率的全金属贴片天线[13]（图 7.5）。

图 7.5　RUAG Space 在 L 波段和 S 波段为移动通信卫星系统开发的阵列单元（设计了贴片激励杯（PEC）单元实现高口径效率、极佳无源互调特性、低损耗及低质量。图片来源：RUGA Space [13]. © RUGA Space）

火星科学实验室的高增益天线（HGA）[14]，目前工作在火星"好奇"号漫游者（Curiosity Rover）上，在上行链路和下行链路频带上工作的效率分别约为 49% 和 45%（不考虑旋转连接的损耗）。这个天线是为了在火星环境中生存而设计的。火星天线的图片如图 7.6 所示。

图 7.6　位于火星"好奇"号漫游者上的高增益天线照片
（由 NASA 和加州理工学院喷气推进实验室供图）

我们提出了一种径向线缝隙阵列[15]（图 7.7），覆盖上行链路和下行链路频段。这些天线本质上是窄带的，但为了在两个频段获得合理的效率（分别约为 40% 和 20%），进行了权衡。这种设计的一个优点是没有电介质，它可以完全由金属制成。

图 7.7 径向线缝隙阵列照片(经 IEEE 授权复制)

通过 NASA 喷气推进实验室和加州大学洛杉矶分校(UCLA)的合作,首次尝试提供了圆极化的双频天线,如图 7.8 所示。厚电介质与半 E 形贴片单元相结合提高了带宽,成功地实现了两个频段的轴比性能,但反射系数有待改进[9]。总的来说,由于材料的老化性能、导致分层问题的热膨胀系数(CTE)失配、随温度变化的介电性能、较低的口径效率等问题,使在深空使用介质具有挑战性。例如,在 MarCO 上,低增益天线连接到一块铝板上,并进行了大量的测试,以确保这种连接能够经受住热循环。在之前的 NASA 任务中,我们曾目睹在空间飞行验证中出现的失败,原因是与 SMA 连接器连接的射频电缆焊接不当导致贴片脱落。

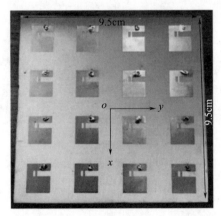

图 7.8 使用厚介质的圆极化贴片阵列天线[5]
(由 NASA 和加州理工学院喷气推进实验室供图)

值得一提的是另一个完全由金属制成的设计,即最近提出的一种金属增材制造的 Ka 波段调制超表面天线[16](图 7.9)。该天线工作在单一频带,但可能被设计为覆盖两个频带,如文献[17]中所述。该天线的口径效率约为 40%。

图 7.9　金属增材制造的 Ka 波段调制超表面天线[16]
(由 NASA 和加州理工学院喷气推进实验室供图)

7.3　双频段圆极化 8×8 贴片阵列天线

7.3.1　天线需求

天线应该适应立方星尺寸,避免任何不必要的展开。该天线的立方星平台是一颗 6U 类(12cm×24cm×36cm)或 12U 类(24cm×24cm×36cm)立方星。因此,天线应安装在 1cm×24cm×36cm 以内。

为了满足与 NASA 的深空网络在 X 波段的双频通信链路,天线需要满足上行链路和下行链路频段的严格要求,并有足够的热保护频段。天线应该是右旋圆极化的。为了分别在 7.1675GHz 和 8.425GHz 提供至少 23.9dBic 和 25.0dBic 的增益,其在两个频段的效率应高于 80%。天线轴比应优于 3dB,天线回波损耗应在两个频段保持在 14dB 以上。

天线必须适应 ±130℃ 内的温度变化并能工作,能抗高辐射水平和静电放电。此外,它还应能在真空中处理 25W 的输入功率。

7.3.2　单元优化

满足上述天线要求的关键创新是在上行链路和下行链路频段提供右旋圆极化的全金属单元。全金属单元如图 7.10 所示。这种单元是单馈电的,因此简化了馈电网络和天线组装。这个贴片单元完全由铝制成,并通过一个结构柱接到天线地面。这个结构柱并不影响天线的性能,因为它位于电流为零的地方。在无限阵列中对单元进行优化,以获得所需的方向图、轴比和阻抗。在这种设计条件下一旦实现了单元的性能,它在阵列中的性能就得到了验证。如果需要,可以在阵列结构中细化尺寸。一旦优化完成,将进行公差分析,以确保优化后的形状对小的尺寸或者形状变化不敏感。

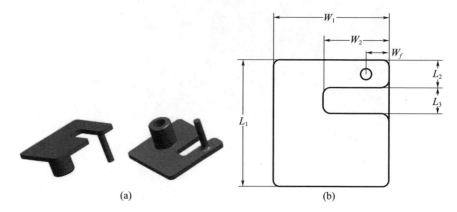

图 7.10 单馈电的、在发射和接收频带提供右旋圆极化的全金属单元
(a)包含馈电探针和结构柱的贴片单元的 CAD 模型;
(b)贴片单元几何形状,包含为了在两个频带实现右旋圆极化而优化的参数。

利用 CST MWS 有限积分技术(finite integration technique)和遗传算法对阵列单元进行优化,以便在接收和发射频段获得良好的反射系数和圆极化。被优化的参数向量定义为

$$\underline{p} = [W_1, W_2, W_f, L_1, L_2, L_3, h] \quad (7.1)$$

被优化的参数如图 7.10 所示,没有显示的贴片高度 h 也进行了优化。

在优化过程中对以下代价函数进行最小化:

$$C(\underline{p}) = \gamma_1 \cdot |\Delta_{\text{Re}}(\underline{p})| + \gamma_2 \cdot |\Delta_{\text{Im}}(\underline{p})| + \gamma_3 \cdot |\overline{\text{AR}}(\underline{p})| \quad (7.2)$$

其中

$$\Delta_{\text{Re}}(\underline{p}) = \frac{|\text{Re}(Z_{\text{ant}}(f_0,\underline{p}) - Z_0)| + |\text{Re}(Z_{\text{ant}}(f_3,\underline{p}) - Z_0)|}{2} - 20 \quad (7.3)$$

$$\Delta_{\text{Im}}(\underline{p}) = |\text{Im}(Z_{\text{ant}}(f_0,\underline{p})) - \text{Im}(Z_{\text{ant}}(f_3,\underline{p}))| - 15 \quad (7.4)$$

$$\overline{\text{AR}}(\underline{p}) = \frac{1}{4}\sum_{n=0}^{3} \text{AR}(f_n,\underline{p}) - \sqrt{2} \quad (7.5)$$

式中:Re(·)和 Im(·)分别为实部算子和虚部算子;Z_0 为贴片单元的输入阻抗(如 100Ω);$Z_{\text{ant}}(f,\underline{p})$ 为天线阻抗函数;AR($f,\underline{p}$)为在参数 $\underline{p}$ 和频率 f 时计算的轴比幅度;频率 $f_0 = 7.145\text{GHz}$, $f_1 = 7.190\text{GHz}$, $f_2 = 8.4\text{GHz}$, $f_3 = 8.45\text{GHz}$。代价

函数被预先编码,以包括加权控制 γ_1、γ_2、γ_3,从而强调每个优化性能参数(阻抗和轴比)的重要性。选取 $\gamma_1 = 1/10$、$\gamma_2 = 2/15$、$\gamma_3 = \sqrt{2}$,使阻抗和轴比的实部和虚部权重相等。优化后的贴片单元尺寸见在表7.1。

表 7.1　优化后的贴片单元尺寸

参数	优化后的尺寸/mm
W_1	15.6
W_2	8.8
W_f	3.7
L_1	17.3
L_2	1.9
L_3	3.5
h	4.1

假设单元间距约为 $0.62\lambda_0$。优化后的单元反射系数如图 7.11 所示。在两个频段内小于 -15 dB。在两个频段内,轴比均在 3dB 以下。计算得到的单元增益在上行链路和下行链路频段分别为 6.8dBic 和 8.7dBic。在 8×8 贴片阵列中,也成功地满足了对阻抗和轴比的要求。

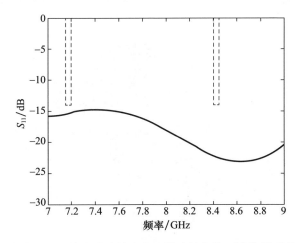

图 7.11　优化得到的单个贴片单元在无限边界条件下计算得到的反射系数

为了理解单元的特性和圆极化是如何产生的,图 7.12 显示两个时间点 $\omega t = \Omega_0$ 和 $\omega t = \Omega_0 + \pi/2$ 的电流,其中 Ω_0 是可以任意选择的参考相位。在第一个时间点,x 方向的模主导了电流,而在第二个时间点,y 方向的模主导了电流。相等的 x 和 y 分量也是圆极化辐射的一个重要特征,从该图中可以看出,x 方向和 y 方向的电流模具有相似的幅度。

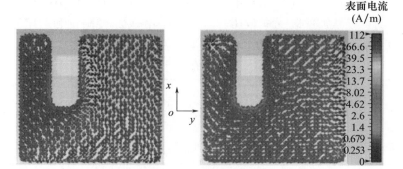

图 7.12 （见彩图）为了验证 7.145GHz 的圆极化，给出了两个不同时刻的单元表面电流矢量仿真结果

7.3.3 8×8 贴片阵列天线

8×8 贴片阵列的制造和组装是创新性的，但也非常精致和简单。该阵列的分解视图如图 7.13 所示。阵列的组装经过精心设计，使其复杂性最小化，从而降低最终结构的组装成本。它由 64 个贴片单元、顶部接地板、悬置介质板和上下壁形成"三明治"结构、底部接地板、连接件、6 个紧固件/垫圈/螺栓组成。

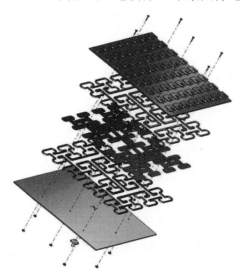

图 7.13 8×8 贴片阵列的分解视图

贴片是使用空气带状线馈电网络进行馈电的。空气带状线由悬置在间隔 1.75mm 的两个接地板之间的 0.305mm 厚的 Rogers 4003C 基板（$\varepsilon_r = 3.55$，$\tan\delta = 0.0027$）（图 7.14）组成。

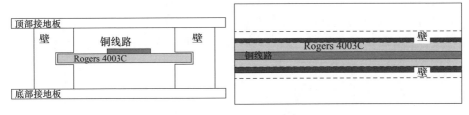

图 7.14　空气带状线示意图

空气带状线馈电网络的底视图如图 7.15 所示。它的设计目的是为每个单元提供等幅和同相激励。如图 7.16 所示，使用相同的功分器可以显著简化匹配网络、缩短设计时长。在这种情况下，每个功分器的输入和输出阻抗均为 100Ω。

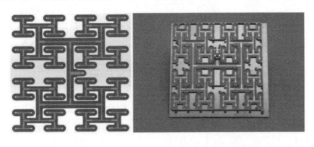

图 7.15　8×8 贴片阵列的馈电网络的底视图

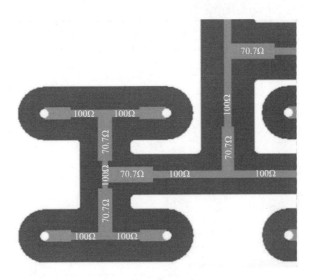

图 7.16　带状线馈电网络给出每段带状线的阻抗

空气带状线损耗非常低（小于 0.2dB）。选择两个接地板之间的距离使之具有足够的余量（超过 20dB）来防止发生微放电效应。

我们制作并测量了原型。阵列原型在暗室中的图片如图 7.2 所示。计算和实测的阵列反射系数如图 7.17 所示。相对介电常数变化 ±10% 时,在 7～9GHz 的范围内,反射系数保持在 -10dB 以下;在收发频段内,反射系数保持在 -15dB 以下。计算结果与测试结果一致。

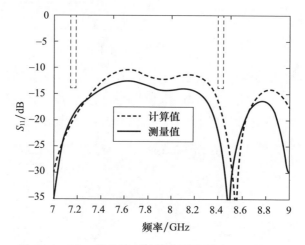

图 7.17　8×8 贴片阵列计算和测量的阵列反射系数

在加利福尼亚州帕萨迪纳 NASA 喷气推进实验室的平面近场天线测量场所测量了方向图。采用标准喇叭替代法测量了增益。计算和测量的辐射方向图见图 7.18。计算和测量结果具有极好的一致性。表 7.2 总结了天线的、方向性系数、增益和轴比。在上行链路和下行链路频带内,轴比大于 2.2dB。

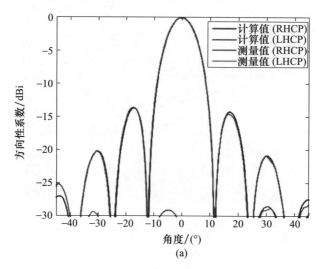

(a)

第 7 章 高口径效率全金属贴片阵列天线

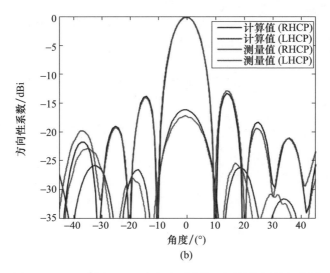

图 7.18 (见彩图)8×8 贴片阵列计算和测量的辐射方向图

(a)7.1675GHz;(b) 8.425GHz。

RHCP—右旋分量;LHCP—左旋分量。

表 7.2 计算和测量的方向性系数、增益及轴比

频率/GHz	方向性系数/dBi		增益/dBic		轴比/dB	
	计算值	测量值	计算值	测量值	计算值	测量值
7.1675	24.9	24.9	24.5	24.1±0.4	0.3	0.3
8.425	26.0	26.0	25.6	25.3±0.4	2.7	2.2

我们研究了由热变化或辐射引起的介电常数变化的影响。例如,Rogers 4003C 的相对介电常数(ε_r)的热系数为 $40\times10^{-6}/℃$。因此,10% 的变化是非常保守的,不可能由温度变化引起。反射系数计算结果如图 7.19 所示,在上行

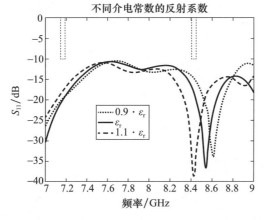

图 7.19 变化介电参数时(±10%),8×8 贴片阵列反射系数计算结果。

链路和下行链路频带内,反射系数保持在 -10dB 以下。天线在上行链路和下行链路上的视轴方向增益变化量分别保持在 0.1dB 和 0.03dB 以内。

7~9GHz 的较宽频带给出了天线的性能,包括增益(图 7.20)和轴比(图 7.21)。该天线在上行和下行频段之间的性能很好。如果有需要,轴比还可以进一步改善。

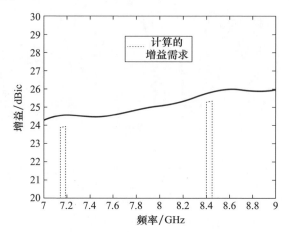

图 7.20　8×8 阵列的可实现增益随频率变化的计算结果

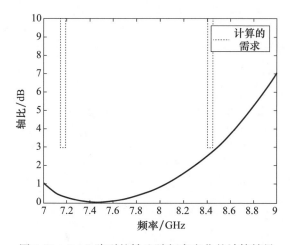

图 7.21　8×8 阵列的轴比随频率变化的计算结果

7.3.4　与现有研究比较

在本章中,我们将口径效率定义为天线的可实现增益与其标准方向性系数的比值。标准方向性系数为 $4\pi A/\lambda_0^2$,其中 A 为天线的口径面积,λ_0 为自由空间波长。这定义了天线的面积如何被有效地使用。天线的口径效率明显高于文献中发表的任何双频低轮廓天线。由于立方星的天线体积有限,所以口径效率是一个关键的品质因数。

在表7.3中,将提出的天线与火星探索漫游者(Mars Exploration Rover)[18]、"好奇"号漫游者(Curiosity Rover)[14]的高增益天线和双频螺旋径向缝隙阵列天线[15]进行了性能比较。本书介绍的金属贴片阵列的口径效率明显高于所列天线中的任何一种。径向缝隙阵列天线(RLSA)[15]显示出低效率(约40%和20%),因此,为了实现相同的增益,天线需要显著增大,不适合立方星的形状因子。

表7.3 与现有研究的性能对比

参数	口径效率/%	增益/dBic	面积/cm²	半功率波束宽度/(°)	质量/kg
本书	84/80	24.1/25.3	428.5	10.4/8.7	0.5
RLSA[15]	37/18	25.3/23.5	1256.6	6.0/5.1	1.24
MER[18]	25/49	20.5/24.8	615.8	10.0/8.4	1.1
MSL[14]	49/44	22.9/23.8	551.2	10.0/8.4	1.4

由于其增益、尺寸、重量和功率处理能力,该阵列是未来火星漫游者(Mars Rover)任务的有力候选,当与高功率放大器(100W 行波管,而不是目前使用的15W 固态功率放大器[14])相结合时,可以实现更高的数据速率。

7.3.5 其他阵列结构

贴片阵列的优点是它们可以很容易地以不同的结构出现。表7.4总结了各种阵列尺寸的性能,这些尺寸都与3U到12U立方星兼容。该表中给出了天线增益和半功率波束宽度,有利于任务规划。

表7.4 不同形状因子的金属贴片阵列

阵列规模	尺寸/cm×cm	增益/dBi		半功率波束宽度/(°)	
		UL	DL	UL	DL
2×2	5.2×5.2	12.5	14	37.2	33.4
2×4	5.2×10.4	15.4	16.9	20.0	17.2
4×4	10.4×10.4	18.2	19.8	20.0	17.2
8×4	20.8×10.4	21.0	22.2	10.4	8.7
8×8	20.8×20.8	24.1	25.3	10.1	8.7

7.4 小　　结

本章所描述的高增益天线主要由金属制成,能够在深空高辐射水平和极端温度的恶劣环境中生存。单馈和单个辐射单元完全由金属制成,这简化了阵列的制造和组装。该天线可以使用紧固件安装在公用平台的一侧,从而消除任何热膨胀系数不匹配。它甚至可以制造在公用平台上。

本章研究制作并测量了 8×8 贴片阵列,计算结果与实测结果非常吻合,两个频段的增益分别为 24.1dBic 和 25.4dBic。这意味着在上行波段和下行波段的口径效率分别为 84% 和 80%。该天线经过射频测量、热循环、振动测试和高温冲击测试,完全合格,达到技术成熟度 6 级。

参 考 文 献

[1] C. B. Phillips and R. T. Pappalardo, "Europa clipper mission concept: exploring Jupiter's ocean moon," *Eos, Transactions American Geophysical Union*, vol. 95, no. 20, pp. 165 – 167, May 2014.

[2] NASA/JPL, "Europa Lander study 2016 report, Europa Lander Mission," *JPL D – 97667*, Feb. 2017.

[3] N. Chahat, "All – metal dual frequency RHCP high gain antenna for a potential Europa Lander," *IEEE Transaction on Antennas and Propagation*, vol. 66, no. 12, pp. 6791 – 6798, Dec. 2018.

[4] N. Chamberlain, J. Chen, P. Focardi, R. Hodges, R. Hughes, J. Jakoboski, J. Venkatesan, and M. Zawadzki, "Juno microwave radiometer patch array antennas," *2009 IEEE Antennas and Propagation Society International Symposium*, APSURSI'09, Charleston, SC, 2009.

[5] J. M. Kovitz andY. Rahmat – Samii, "Using thicksubstrates andcapacitive probe compensation to enhance the bandwidth of traditional CP patch antennas," *IEEE Transactions on Antennas and Propagation*, vol. 62, no. 10, pp. 4970 – 4979, Oct. 2014.

[6] P. Nayeri, K. – F. Lee, A. Z. Elsherbeni, and F. Yang, "Dual – band circularly polarized antennas using stacked patches with asymmetric U – slots," *IEEE Antennas and Wireless Propagation Letters*, vol. 10, pp. 492 – 495, May 2011.

[7] X. Q. Nasimuddin and Z. N. Chen, "A wideband circularly polarized stacked slotted microstrip patch antenna," *IEEE Antennas and Propagation Magazine*, vol. 55, no. 6, pp. 84 – 99, Dec. 2013.

[8] F. Yang, X. Zhang, X. Ye, and Y. Rahmat – Samii, "Wide – band E – shaped patch antennas for wireless communications," *IEEE Transactions on Antennas and Propagation*,

vol. 49, no. 7, pp. 1094 – 1100, July 2001.

[9] J. M. Kovitz, J. P. Santos, Y. Rahmat – Samii, N. F. Chamberlain, and R. E. Hodges, "Enhancing communications for future mars rovers: using high – performance circularly polarized patch subarrays for a dual – band direct – to – Earth link," *IEEE Antennas and Propagation Magazine*, vol. 59, no. 4, pp. 50 – 61, Aug. 2017.

[10] K. – F. Tong and T. – P. Wong, "Circularly polarized U – slot antenna," *IEEE Transactions on Antennas and Propagation*, vol. 55, pp. 2382 – 2385, Aug. 2007.

[11] S. S. Yang, K. Lee, A. A. Kishk, and K. Luk, "Design and study of wideband single feed circularly polarized microstrip antennas," *Progress in Electromagnetics Research*, vol. 80, pp. 45 – 61, 2008.

[12] N. Chamberlain, M. S. Barbetty, G. Sadowy, E. Long, and K. Vanhille, "A dual – polarized W – band metal patch antenna element for phased array applications," *IEEE Antennas and Propagation Society International Symposium*, Memphis, TN, 2014, pp. 1640 – 1641.

[13] RUAG Space, "Mobile communication antennas," Available: online: https:// www. ruag. com/ sites/ default / fles/2016 – 12/Mobile_communication_Antennas. pdf.

[14] A. Olea, A. Montesano, C. Montesano, and S. Arenas, "X – band high gain antenna qualified for mars atmosphere," *Proceedings of the Fourth European Conference on Antennas and Propagation*, Barcelona, 2010.

[15] M. Bray, "A radial line slot array antenna for deep space missions," *2017 IEEE Aerospace Conference*, Big Sky, MT, 2017.

[16] D. Gonzalez – Ovejero, N. Chahat, R. Sauleau, G. Chattopadhyay, S. Maci, and M. Etorre, "Additive manufactured only – metal metasurface antennas," *IEEE Transactions on Antennas and Propagation*, vol. 66, no. 11, pp. 6106 – 6114, Nov. 2018.

[17] D. Gonzalez – Ovejero, G. Chattopadhyay, and S. Maci, "Multiple beam shared aperture modulated metasurface antennas," *2016 IEEE International Symposium on Antennas and Propagation (APSURSI)*, Fajardo, 2016, pp. 101 – 102.

[18] J. Taylor, A. Makovsky, A. Barbieri, R. Tung, P. Estabrook, and A. G. Thomas, "Mars exploration rover telecommunications," *JPL Deep Space Communications and Navigation Systems Center of Excellence: Design and Performance Summary Series*, Oct. 2005.

第❽章
小卫星超表面天线

David González – Ovejero[1], Okan Yurduseven[2],
Goutam Chattopadhyay[3], Nacer Chahat[3]
1 法国雷恩法国国家科学研究中心 IETR UMR 6164
2 英国贝尔法斯特贝尔法斯特女王大学
3 NASA 喷气推进实验室/美国加利福尼亚州帕萨迪纳加州理工学院

8.1 引　　言

　　超表面(MTS)是最近出现的一种非常通用的技术。它们确实能够在很大一部分电磁波谱中设计出无数的器件,从微波频率到光学频率,包括太赫兹频段[1-3]。在最受欢迎的应用中,包括控制波束传输/反射和超表面透镜[4-5]、操纵表面波(SW)的电路[6-10]以及天线[11-16]。虽然超表面天线的拓扑结构有数种[11-13],但在这里,我们将重点关注调制超表面[14-15,17]和全息天线[16,18]。在调制超表面天线中,感性阻抗边界条件(IBC)支持主模横磁(TM)表面波的传播。由于 IBC 调制,这种表面波逐渐辐射,使场展开中的 −1 阶 Floquet 模式成为漏波(LW)。类似地,在全息天线中,由一组超原子组成的全息模式允许其辐射全息技术中参考波携带的能量。

　　迄今为止,大多数调制超表面天线的实现都是由平面圆形口径组成的,这些口径由亚波长的贴片(或槽)印制(或蚀刻)在接地的介质板上,并在其中心由单极子天线馈电。另外还有由纯金属结构组成的替代方案。本章最后还将介绍利用准光学系统激励全息超表面天线的方法。无论怎样实现,这类天线本质上是平坦的和低重量的,这使它在一般的空间应用特别是立方星和小卫星平台上引起了人们极大的兴趣。

8.2 调制超表面天线

8.2.1 研究现状

超表面天线最吸引人的特点之一是能够在低轮廓结构下提供非常高的增益。传统的高增益天线,如抛物面反射器,由于其天线结构的性质,需要很大的体积。即使是最近流行的二维平面天线,如反射阵列和发射阵列,总体体积也很大,它需要一个在第三维度展开的馈源。相反,超表面天线是真正低轮廓的,因为它们由天线口径中心的探头或波导实现馈电,没有任何突出的部分。这种低剖面的特性使得超表面天线对许多应用有吸引力,包括空间系统[17],特别是立方星或小卫星。在其他优点中,重要的是其曲面共形能力,以及实现波束赋形、定向和扫描的简单口径场表面控制的能力。

调制超表面天线有自身的缺点。实际上,第一批实现的天线口径效率很低。例如,文献[17]中测试的半径为 10cm,工作在 17GHz 的螺旋漏波天线,获得了 25% 的口径效率。X 波段[19]的另外两个圆形天线的早期原型也提供了相对较低的口径效率,约为 36%。为了更好地说明这一局限性,让我们考虑圆形口径,忽略损耗的影响,并假设馈源将传输功率 100% 转换为表面波功率。在这些假设下,我们可以将天线效率计算为转换效率和锥削分布效率的乘积。转换效率表示辐射漏波功率相对于表面波功率的比例,而锥削分布效率则与给定口径相对于均匀分布的方向性损失有关。可以证明[20],对于均匀调制指数,当 $\alpha R = 0.9$ 时,理论效率最大为 58%,其中 α 为泄漏因子,R 为天线半径。尽管如此,我们可以通过使用非均匀调制指数 $M(\rho)$[21] 来克服这个基本限制。实际上,$M(\rho)$ 的最佳选择产生的理论值高达 $(R/\lambda_0)/(R/\lambda_0 + 2)$,其中 λ_0 是中心频率 f_0 处的自由空间波长[20]。在文献[22]中,可以发现两个调制超表面天线的例子,在 37dBi 边射笔形波束右旋圆极化天线中,测量的口径效率高达 70%,在 33dBi 倾斜波束右旋圆极化天线中,测量的口径效率高达 58%。

然而,高口径效率的设计对天线带宽有一定的影响。通过计算半径 $R > 3\lambda_0$ 的天线的相对带宽和 $M(\rho)$[23] 的最优选择,可以量化这一限制。相对带宽的近似表达式为 $\Delta f/f_0 = 1.2(R/\lambda_0)(v_g/c)$,其中 c 为自由空间中的光速,v_g 为沿均匀平均阻抗传播的表面波在 f_0 处的群速度。当天线增益为 40.0~28.5dBi 时,$\Delta f/f_0$ 的实际值可能在 3%~9% 之间变化(见文献[23]中的图 5)。然而,最近的研究已经证明,通过在天线口径上结合每个单独频率上所需的调制,也可以获得双频特性[22,24]。如果人们接受增益和带宽之间的折中,宽带超表面天线[22]也是可行的。为了增加带宽,可沿着圆形口径的半径按指数规律频变设计调制周期。获得的相对带宽（20%以上）比恒定周期超表面天线获得的相对带宽宽得多，同时这些天线仍然可以提供高增益的笔形波束。典型的低轮廓、宽带、有一个馈电点的天线由背靠高阻抗表面的对数螺旋组成。然而，用这种方法获得的增益通常是中等的。文献[25]提出的宽带超表面结构克服了螺旋天线的增益限制，在固定调制周期的情况下极大地扩展了超表面天线的带宽。

除了致力于提高超表面天线的口径效率和带宽的尝试之外，还有利用超表面控制口径场的能力来获得特定形状的波束和多波束天线的相关研究。例如，在文献[17,26]中描述了X波段低地球轨道（LEO）通信等通量轴对称天线的设计，包括对原型的测量。另外，文献[17]中描述的扇形等通量天线通过方位旋转保持指向地面站，实现了更高的增益和数据速率。在2dB纹波的条件下，相应的Ka波段（26.4GHz）原型的测量得到了2%的相对带宽，如文献[22]中的报道。

最后，在文献[27]中报道了一副工作在17 GHz、双波束方向图的共享口径超表面天线（图8.1）。文献[27]的作者表明，单点源可以获得双波束，或者通过在天线口径上引入多个源可以获得波束的独立控制[28-29]。这是超表面天线提供的一个有趣的特性，它可以非常方便地应用在一些特定的遥感科学中。

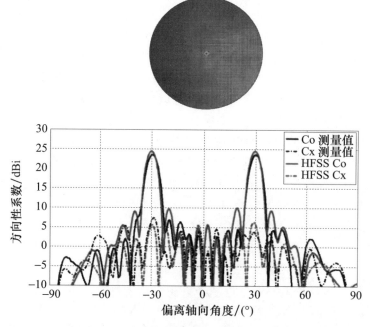

图8.1　（见彩图）工作于17GHz具有双波束辐射方向图的共享口径超表面天线以及仿真与实测方向性系数方向图对比结果（图片来源：Faenzi等[22]．©2019 John Wiley&Sons 以及 Gonzalez-Ovejero 等[27] ©2017 John Wiley&Sons）

图 8.1 所示的天线是一个直径 22cm 的天线,在 17GHz 时,每个波束的实测口径效率为 47.6%。这里,波束效率定义为 $NG/[\cos(\theta_0)(k_0R)^2]$,$G$ 是波束的增益,N 是波束的数量,$(\theta_0)(k_0R)^2$ 是被均匀照射的、半径为 R 的圆形口径在 θ_0 方向提供的最大增益。表 8.1 总结了上述的调制超表面天线的主要特征。

表 8.1 印刷贴片实现的调制超表面天线总结

文献	方向图类型	中心频率/GHz	3dB 增益相对带宽	f_0 处的口径效率/%
[17]	右旋圆极化 边射笔状波束	17	5.9% (16.25 ~ 17.25GHz)	24.7
[19]	右旋圆极化 边射笔状波束	7.165	4%	35.9
[19]	右旋圆极化 边射笔状波束	8.425	2.4%	33.8
[22]	右旋圆极化 边射笔状波束	29.75	4.7% (29.1 ~ 30.5GHz)	70
[22]	右旋圆极化 倾斜笔状波束	20	3.25% (19.65 ~ 20.3)GHz	58
[17,26]	等通量	8.6	8.5 ~ 8.6GHz	—
[22]	扇形等通量	26.4	2%	—
[27]	双波束	17	5.9%	47.6

表 8.1 中的所有超表面天线都由印刷在接地介质基板上的亚波长贴片组成。虽然这项技术对广泛的地面应用是适用的,但在高频下使用介质会造成更高的损耗,且使天线容易受到空间环境(热、辐射、静电放电)的影响。读者可参阅文献[14-15,22],其对印刷贴片制作的调制超表面天线进行了详细的综述。在本章中,我们将研究印刷在介质基板上的传统超表面的替代设计方法,以及 NASA 喷气推进实验室与法国国家科学研究中心(IETR,UMR 6164)和皇后大学合作的其他最新进展。在过去几年中,喷气推进实验室引入了一些创新的超表面天线,并进行了一些环境测试,以提高技术成熟度(TRL),目的是将这些天线安装在具有明确应用的仪器上。开发了内部代码来设计和优化这些天线,并研究了新的制造方法,作为基于介质的天线的替代解决方案,如硅微加工[30-31]和增材制造[32]。

图 8.2 所示的天线是一个工作在 300GHz 的螺旋调制超表面天线,使用圆形截面的金属柱体来实现。与使用传统介质基板的亚毫米波频段天线相比,采用全金属结构的目的是最小化亚毫米波频段的损耗。实现了一个创新的馈线来安装一个圆柱形 TM-SW 的金属结构。这种馈线采用到矩形波导的集成过渡,从而与固态倍频源的矩形波导输出兼容。超表面调制是通过改变固定尺寸

单元内圆柱的半径或高度来实现的。这种方法可以实现很宽范围的电抗值的综合。这个天线是用深反应离子刻蚀(DRIE)在硅上进行微加工,然后在NASA喷气推进实验室的微器件实验室通过溅射金进行金属化制成的。8.2.3节将提供关于该天线的设计、制造和测试的更多细节。

类似地,设计、制作和测试的一个完全由金属制成的Ka波段的超表面天线,用于与NASA的深空网络(DSN)进行通信。与以往采用圆柱体截面获得各向同性响应的设计不同,本设计采用了椭圆柱体来获得各向异性的响应。各向异性表面电抗增强了交叉极化隔离度,这对于需要圆极化的通信天线至关重要。该天线利用椭圆的方向和椭圆金属针的高度得到超表面调制[32]。图8.3为用金属增材制造工艺制作的天线。它工作在深空网络的Ka波段下行链路频段(31.8~32.3 GHz)。在8.2.4节将进一步详细讨论这幅天线。

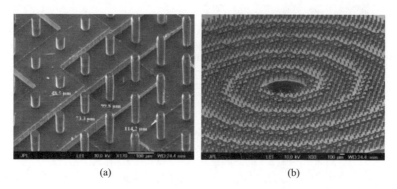

图8.2 工作于300GHz、采用硅微加工工艺制作的圆极化超表面天线的SEM
(扫描电子显微镜)照片
(a)针细节[30];(b)天线的中心区域[31]。

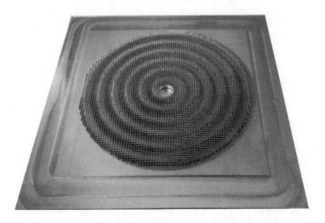

图8.3 使用金属增材制造工艺制作的Ka波段调制超表面天线[32]

本章关于调制超表面天线的其余内容组织如下。首先,简要回顾设计过程,重点关注全金属天线的实现。然后,详细介绍两种全金属超表面的设计,它们在上面的两段中已做简要介绍。

8.2.2 调制超表面天线设计

为了更好地理解调制超表面的辐射,我们首先简要回顾一下调制超表面技术起源的一篇论文[33]。在无调制的情况下,平均电感X_0支持 TM – SW 的传播,其波数β_{SW}为

$$\beta_{SW} = k\sqrt{1+\left(\frac{X_0}{\zeta}\right)^2} \tag{8.1}$$

式中:k 和 ζ 分别为自由空间波数和阻抗。文献[33]的作者研究了具有 x 方向上一维正弦调制的无限电感平面的正则问题:

$$X_S(x) = X_0\left[1 + M\sin\left(\frac{2\pi x}{p}\right)\right] \tag{8.2}$$

式中:x 为传播方向;M 为调制因子;p 为调制周期。在存在调制的情况下,该结构可以逐渐辐射由表面波所携带的能量。实际上,在这个周期问题的 Floquet 模式展开中,n 阶模式给出相对于 z 方向的横向波数等于:

$$k_{t,n} = \beta_{SW} + \beta_\Delta - j\alpha + \frac{2\pi n}{p} \tag{8.3}$$

式中:β_Δ 和 α 分别为调制对相位和衰减常数的扰动;β_{SW} 为式(8.1)给出的$k_t(M=0)$的无扰动值。

图 8.4 为对不同的平均阻抗X_0和调制指数 m 计算的β_Δ和 α 值。可以看出,调制指数和平均阻抗越大,则泄漏因数 α 越大。因此,这种设计曲线对于控制超表面天线的口径效率至关重要。另外,β_Δ相对于β_{SW}较小,在中等增益天线的设计中可以忽略。然而,在指标严格的设计中,必须考虑β_Δ引起的指向方向偏差。对电感张量也可以得到相同类型的曲线,如文献[34]所述。

当$|\Re\{k_{t,n}\}| < k$时,对应的模进入波谱的可见区域,成为漏模。$n = -1$ 模式为主要泄漏模式,其辐射方向为

$$\beta_{SW} + \beta_\Delta - \frac{2\pi}{p} = k\sin\theta_0 \tag{8.4}$$

式中:θ_0为相对于 z 轴的角。因此,在角度 θ_0 获得一个单前向波束所需的X_0和 p 的值可以用式(8.1)和式(8.4)联立求解。给定自由空间波长 λ,忽略β_Δ的影响,获得单个前向波束的周期为

$$p = \frac{\lambda}{\sqrt{1+\left(\frac{X_0}{\zeta}\right)^2} - \sin\theta_0} \tag{8.5}$$

此时 $\dfrac{\overline{X}}{\zeta} > \sqrt{4\sin\theta_0(1+\sin\theta_0)}$。

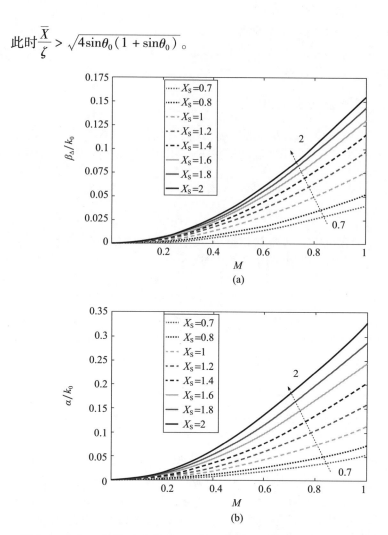

图 8.4 (a)β_{SW} 曲线；(b) 相对于 k 归一化的 α 对调制指数(M)的依赖规律，对于不同的平均阻抗值(X_{S})

虽然可以像文献[35]中那样直接使用 Oliner 和 Hessel 的理论[33]来设计一维超表面天线，但更普遍的平面口径情形要更复杂一些。接下来，我们将考虑半径为 R 的圆天线的设计，其在笛卡尔参考坐标系中的 $z=0$ 平面处呈现出与自由空间的平面界面，参考坐标系具有坐标(x,y,z)和单位矢量$(\hat{x},\hat{y},\hat{z})$。我们将用粗体字符表示矢量，单位矢量用带有脱字符号的粗体字符表示，张量用下方带有双画线的粗体字符表示。假设 $\exp(j\omega t)$ 表示时间因子并略去，其中 ω 为角频率。为了方便起见，我们将口径上的观测点定义为柱坐标(ρ,ϕ)系统中的 $\boldsymbol{\rho} = \rho\cos\phi\,\hat{x} + \rho\sin\phi\,\hat{y}$，具有单位矢量$(\hat{\boldsymbol{\rho}},\hat{\boldsymbol{\phi}})$。

图 8.5 为本章描述的圆形调制超表面天线的设计流程。设计过程的目标是找到一个能够产生目标口径场 E_A 的结构,以解析形式获得,也可以通过反问题[36]的解进行数值求解。在综合复杂方向图时,如等通量或赋形波束,我们通常采用后一种策略。E_A 的计算是设计过程的第一步,如图 8.5 所示。

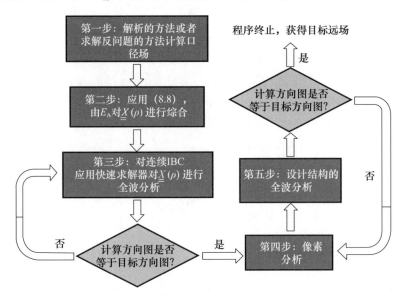

图 8.5 调制超表面天线的设计流程图

在第二步中,我们计算出理想的感性阻抗边界条件,在横磁-表面波(TM-SW)存在的情况下,它再现了天线口径上所需的 E_A。在我们的设计方法中,需要的口径场是由一个周期性调制的感性阻抗边界条件获得的。这个边界条件由张量 $\underline{\underline{X}}(\boldsymbol{\rho})$ 表示,将超表面口径上的总切向电场与切向磁场关联起来[17,32]:

$$E_t|_{z=0^+} = j\underline{\underline{X}}(\boldsymbol{\rho}) \cdot \hat{z} \times H_t|_{z=0^+} \tag{8.6}$$

此处,我们假设 $\underline{\underline{X}}(\boldsymbol{\rho}) = \underline{\underline{X}}(\boldsymbol{\rho} + p\hat{\boldsymbol{\rho}})$,其中 p 是调制周期。需要重点指出的是,式(8.6)中的场是在上界面计算的,$\hat{z}$ 是超表面的法向单位矢量。式(8.6)描述了一种不可穿透的感性阻抗边界[37]。在多数的超表面天线报道文献中,通常采用可穿透边界条件,因为这些超表面由介质材料上印刷的贴片单元构成。

在计算 $\underline{\underline{X}}(\boldsymbol{\rho})$ 时,我们假设超表面天线由发射波数为 β_{SW} 的圆柱表面波的源馈电。于是,不可穿透边界条件上的总口径场由下式计算得到

$$E_t = I_{TM} j\underline{\underline{X}}(\boldsymbol{\rho}) \cdot \hat{\boldsymbol{\rho}} H_1^{(2)}((\beta_{SW} - j\alpha)\rho) \tag{8.7}$$

式中:I_{TM} 为表面波的复激励系数;$H_1^{(2)}(\cdot)$ 为第二类第一阶 Hankel 函数。

为了求得 $\underline{\underline{X}}(\boldsymbol{\rho})$,将 E_A 视作式(8.7)中 E_t 的 -1 模式的贡献,表达如下:

$$\underline{\underline{X}}(\boldsymbol{\rho}) \cdot \begin{Bmatrix} \hat{\boldsymbol{\rho}} \\ \hat{\boldsymbol{\phi}} \end{Bmatrix} = \left[X_0 \begin{Bmatrix} \hat{\boldsymbol{\rho}} \\ \hat{\boldsymbol{\phi}} \end{Bmatrix} \pm 2\text{Im}\left(\frac{E_A}{I_{TM} H_1^{(2)}(\beta_{SW}\rho)}\right) \right] U_A \tag{8.8}$$

其中,上部和下部符号分别对应着$\hat{\rho}$和$\hat{\phi}$分量。调制周期 p 与表面波波数有关, $\beta_{SW}=2\pi/p$。关于式(8.8)的更多推导细节,读者可参阅文献[17]。

为了更好地展示 $\underline{X}(\boldsymbol{\rho})$ 的计算,假设目标口径场是要求获得线极化边射笔形波束的场,于是有

$$E_A = E_0 \hat{x} \sqrt{\frac{2}{\pi \beta_{SW} \rho}} e^{-\alpha\rho} U_A \tag{8.9}$$

式中:E_0 为场幅度;U_A 为阶跃函数,其在口径内为 1、口径外为 0。

将式(8.9)代入式(8.8)并将 $\underline{X}(\boldsymbol{\rho}) \cdot \hat{\rho}$ 沿着 $\hat{\rho}$ 和 $\hat{\phi}$ 投影,给出了不可穿透特性的电抗张量,该张量与圆柱形表面波相互作用将产生目标远场。例如,我们可以得到张量 $\underline{X}(\boldsymbol{\rho})$ 的 $X\rho\rho$ 分量的表达式为

$$\begin{aligned}
\underline{X} \cdot \hat{\rho} \cdot \hat{\rho} &= \left[X_0 + 2\mathrm{Im}\left(\frac{E_0[\hat{x} \cdot \hat{\rho}]\sqrt{\frac{2}{\pi \beta_{SW}\rho}}e^{-\alpha\rho}}{|I_{TM}|e^{j\psi}H_1^{(2)}(k_{sw}\rho)} \right) \right] U_A \\
&= \left[X_0 + 2\mathrm{Im}\left(\frac{E_0 \cos\phi}{|I_{TM}|e^{j\psi}e^{-j\beta_{SW}\rho}} \right) \right] U_A \\
&= X_0 \left[1 + \frac{2\,E_0}{I_{TM}X_0} \cos\phi \sin(\beta_{SW}\rho - \psi) \right] U_A
\end{aligned} \tag{8.10}$$

这里,我们可以任意确定 $\psi=0$,则 $2E_0/(I_{TM}X_0)$ 项对应调制指数。我们可以进行类似的操作以得到张量的其他分量,如下:

$$\begin{cases}
X_{\rho\rho}(\boldsymbol{\rho}) = X_0 \left[1 + M\cos(\phi)\sin\left(\frac{2\pi\rho}{p}\right) \right] \\
X_{\rho\phi}(\boldsymbol{\rho}) = X_{\phi\rho}(\rho) = -X_0 M\sin(\phi)\sin\left(\frac{2\pi\rho}{p}\right) \\
X_{\phi\phi}(\boldsymbol{\rho}) = X_0 \left[1 - M\cos(\phi)\sin\left(\frac{2\pi\rho}{p}\right) \right]
\end{cases} \tag{8.11}$$

如式(8.5)所述,X_0 和 p 之间的关系是 $p=2\pi/(k\sqrt{1+(X_0/\zeta)^2})$。请注意式(8.11)包含一个调制参数 M,我们假设它是常数。虽然在上述表达式和本章的例子中我们分析了调制指数 M 恒定的情况,但它可以用作设计参数。常数 M 意味着 α 独立于 ρ[17]。使用可变的 M 则可沿着 ρ 控制 α,并可用于逐渐减小场幅度以得到所需的参数[17,21]。因此,通过使用变量 α,可以增加口径效率,就像文献[20]和文献[21]中的印刷亚波长贴片一样。

在第三步中,我们利用第二步得到的天线口径上的值 $\underline{X}(\boldsymbol{\rho})$ 来计算远场。在许多情况下,特别是口径场对应于笔形波束时,式(8.8)中的 $\underline{X}(\boldsymbol{\rho})$ 的解析形式已经提供了一个与目标远场非常一致的模拟结果。如果不是这样,则可以定

义一些全局变量来优化 $\underline{\underline{X}}(\boldsymbol{\rho})$ 的参数,如图 8.5 中的第一个循环所示。如式(8.11)中那样的 $\underline{\underline{X}}(\boldsymbol{\rho})$ 的表达式,允许优化阻抗参数,重写那些简单的方程为 M 和 β_{SW} 的低阶多项式函数,多项式函数平滑地依赖 $\boldsymbol{\rho}$。

关于求解器的选择,由于 $\underline{\underline{X}}(\boldsymbol{\rho})$ 的演化通常是平滑的,因此期望阻抗平面上的电流也是平滑的,这是合理的。因此,这些电流可以用许多基函数来表示,大大低于实际印制在基板上的贴片所需的基函数。此外,在这个均质化问题的框架中,还可以使用专门的基函数[38-39]来进一步降低每次迭代的计算成本。例如,文献[38]表明,具有封闭形式频谱的高斯环基可以推导矩量法(MoM)矩阵元素的封闭形式的表达式。矩量法矩阵的解析计算大大减少了计算量。由于使用封闭形式的元素和少量的全域基函数,文献[38]中的公式对于优化 $\underline{\underline{X}}(\boldsymbol{\rho})$ 特别方便,且计算成本非常低。

一旦计算了在天线口径上空间相关张量 $\underline{\underline{X}}(\boldsymbol{\rho})$ 的表达式,必须找到一个几何特征,能够实现 $\underline{\underline{X}}(\boldsymbol{\rho})$ 的元素。找到合适的超表面单元是一个基本步骤,因为它将使实际天线能够实现。这个阶段对应流程图中的第四个步骤,在图 8.5 中称为像素设计。根据经验,超表面单元或像素的尺寸范围为 $\lambda/10 \sim \lambda/5$。完成特定设计所需的阻抗变化是通过改变它们的几何参数来实现的。单元可以是各向同性的(图 8.6(a))或各向异性的(图 8.6(b))。为了产生各向异性阻抗,像素的几何形状需要额外的特征,以改变沿不同轴传播的电磁特性。例如,这些特征可以是印刷椭圆形状的方向和偏心,就像在文献[40]中提出并通过准解析方法分析的那样。印刷单元在文献中有很好的记载[14-29]。因此,在接下来的章节中,我们将重点关注在图 8.6 底部一行中描述的全金属单元。

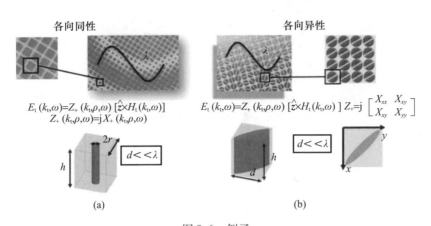

图 8.6 例子

(a)各向同性印刷超表面单元及其三维金属针等效;(b)各向异性印刷超表面像素及其三维椭圆圆柱等效

在为超表面像素选择合适的几何形状后,我们必须定义一个策略以便使用这些单元填充天线口径。为了达到这个目的,我们可以根据与所选像素相同尺寸的单元格的规则晶格来划分圆形区域。尽管三角形晶格或六边形晶格可能会带来一些好处,但直角晶格通常会提供良好的结果,并且实现更简单。因此,本章将分析方形单元格。另一个重要的方面是超表面平面的局部周期性。正如上面所提到的,$\underline{X}(\boldsymbol{\rho})$ 的变化是相当平滑的,即给定像素的几何形状和其相邻像素是相似的。该特性允许使用局部周期性条件(图 8.7(a))。在这个假设下,首先我们可以使用一个全波周期求解器来映射像素几何分布到相关的阻抗张量。其次,我们将构建映射(或数据库),将给定表面波入射方向的椭圆几何形状与阻抗张量值联系起来(图 8.7(b))。然后,理想张量 $\underline{X}(\boldsymbol{\rho})$ 在规则笛卡尔晶格上采样,其单元格大小等于用于构建数据库的像素(图 8.7(c))。最后,使用采样口径中对应单元内的超表面像素实现每个阻抗样本(图 8.7(d))。

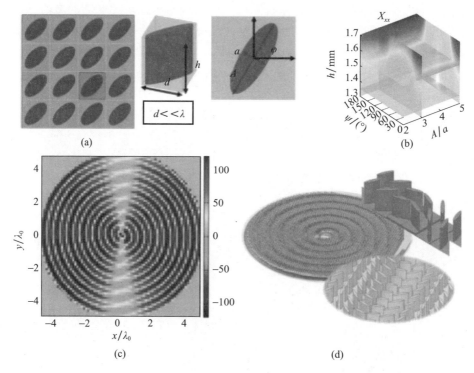

图 8.7 像素综合

(a)超表面单元及局部周期性假设;(b)将超表面单元的几何形状和 $\underline{X}(\boldsymbol{\rho})$ 的 X_{xx} 元素联系起来的阻抗图的例子;(c)笛卡尔晶格中天线口径的划分以及方形单元格中 $\underline{X}(\boldsymbol{\rho})$ 的值的取样;(d)最终的天线布局。

在第五步,也是最后一步,我们必须使用全波求解器来模拟实际的天线几何形状(作为第四步的输出)。这个步骤非常耗时,并且需要较多的计算资源。

然而,第三步和第五步计算的远场方向图通常非常相似,这个模拟只是最后的检验。如果在第三步(像素合成)中,我们选择的单元几何形状和单元格大小在足够好的近似范围内符合 $\underline{X}(\boldsymbol{\rho})$ 的均匀化,那么通常会保持这种良好的一致性。当然,开发专门的模拟技术来克服这一步骤中的计算负担是非常有意义的,因为它们可以实现其他的优化策略。在这方面,快速迭代技术(如快速多极子方法)和专门为像素几何形状定制的基函数是一种很有前途的方法[14-15,22]。当设计者只能使用商业软件时,目标远场方向图的偏差可以通过考虑像素设计中的非周期性效应或通过调整像素几何形状的全局变量来纠正。

最后,尽管在设计流程中没有涉及,但是我们必须记住,圆柱形横磁-表面波与超表面口径的有效耦合对于获得天线的正确响应至关重要。在基于贴片的超表面天线中,我们通常通过连接在环形加载的中心贴片上的一个同轴探针来获得这种耦合。在接下来的两节中,我们将描述一种仅使用波导电路的发射圆柱形横磁-表面波的替代方法。

8.2.3 300GHz 硅微加工超表面天线

1. 目标

本节的目标是设计一款工作于 300GHz 的低轮廓超表面天线。天线必须与基于硅微加工的制造工艺兼容,以便有效地与用同样的方法制造的亚毫米波前端接收机集成。其目的是开发新一代低功耗、低重量和高度紧凑的亚毫米波仪器,这些仪器可能用于立方星或小卫星平台。虽然喷气推进实验室在亚毫米波仪器方面有丰富的经验,但它们都采用了传统的天线,如喇叭或透镜阵列,或抛物面反射器,来实现高方向性系数。图 8.8 所示为全集成的硅微加工外差接收机。为了克服传统的基于介质的天线在亚毫米波频段的损耗,相关研究者设计并研制了一种全金属超表面天线。

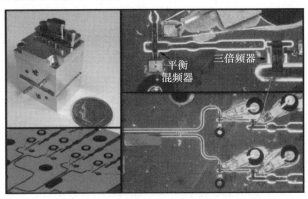

图 8.8 全集成的硅微加工接收机[41]

2. 调制的设计方法

螺旋调制超表面天线设计在 300GHz 频段,提供右旋圆极化中等增益。如 8.2.2 节所述,第一步是获得一个口径场,该口径场提供一个使用各向同性感性边界条件的右旋圆极化边射笔形波束。这样的场可表示为

$$\boldsymbol{E}_\mathrm{A} = E_0 e^{j\varphi}\hat{\boldsymbol{\rho}}\sqrt{\frac{2}{\pi\beta_\mathrm{SW}\rho}}e^{-\alpha\rho}U_\mathrm{A} \tag{8.12}$$

在式(8.8)中应用式(8.12)时,可以得到:

$$X_\mathrm{S} = X_0\left(1 + M\sin\left(\frac{2\pi}{p}\rho - \varphi\right)\right) \tag{8.13}$$

式中:ρ 和 φ 为极坐标中超表面平面上的位置。式(8.13)的推导遵循文献[17]第 IV – A 节的推理。在文献[42]中可以找到式(8.13)中的电抗分布引起的圆极化辐射的深入讨论。

3. 超表面单元

本书提出的超表面天线由在接地面上的金属圆柱体阵列组成,在周期性的晶格里排列,和图 6.8(a)底部的一样。这种单元格,通常被称为 Fakir 钉床,在过去被用于感性人工表面综合[1,43]。虽然这里我们只考虑具有圆形截面[31]的圆柱体的情况,但椭圆截面可以用于获得各向异性响应,如文献[30,32]中的内容。正如我们将在后面讨论的,各向异性表面电抗对提高交叉极化隔离度及天线效率是有用的。

超表面调制可以通过改变单元格内圆柱的半径或高度而保持其他尺寸不变来实现。后一种方法是首选的,因为改变圆柱的高度可以提供更大的电抗范围。为了得到与圆柱高度相关的电感值,首先假设局部周期性,用本征模求解器对由等高度圆柱构成的周期问题求解并得到了色散曲线,进而获得了感兴趣的频率 $-\beta_\mathrm{SW}$ 的对应关系。然后,使得 jX 和自由空间 TM 阻抗之间横向谐振($-j\zeta\sqrt{\beta_\mathrm{SW}^2 - k^2}/k, \beta_\mathrm{SW} > k$ for $\mathrm{SW_S}$),得到 $X = \zeta\sqrt{\beta_\mathrm{SW}^2 - k^2}/k$。图 8.9 显示了不同高度圆柱、半径为 17.5 μm、边长为 138.5 μm 的方形单元格的电抗值。单元格的侧边取 $d = p/N$,其中 $N = 6$ 个单元格每周期,p 是由式(8.5)得到的,其中 $\overline{X}/\zeta = 0.7$、指向角 $\theta_0 = 1°$。

为了确保天线可以可靠地使用深反应离子刻蚀工艺(DRIE)制造,高度与半径的比(h/r)应该始终小于 10。这种约束条件是设计必须满足的。

4. 天线设计、制造和测试

综合的表面电抗的表达式为式(8.13)。每个半径上的调制周期等于 $\lambda_\mathrm{SW} = 2\pi/\beta_\mathrm{SW} \approx 2\pi/\beta_0 = \lambda_0$。因此,两束相差 90° 的表面波波束会产生圆极化。本设计选择 $X_0 = 0.7\zeta, N = 6, M = 0.65, d = 138.5\mu m$。

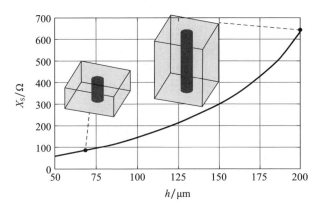

图8.9 接地板上圆柱组成的无限阵列的等效表面电抗,在300GHz,圆柱安排在方形晶格里,作为圆柱高度的函数。半径 r 固定为 $17.5\mu m$,单元格边长 d 固定为 $138.5\mu m$

将整个天线口径离散为边长为 a 的单元格,圆柱高度由式(8.13)和图8.9中的数据得到。天线口径上超表面的离散化如图8.10所示。每种颜色表示圆柱的不同高度。另外,需要注意的是,圆柱体的高度是通过改变接地板的高度而变化的。由于制造上的挑战,这是必要的,因为更容易保持顶部表面在相同的高度。

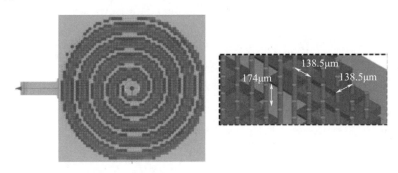

图8.10 (见彩图)天线口径上超表面的离散化

该天线设计采用中心馈电结构和来自亚毫米仪器的矩形波导输入。天线用一个过模圆波导馈电,只有 TM_{01} 模式传播,这为超表面上的横磁-表面波提供了最佳耦合。图8.11所示的馈电位于超表面下面。它将输入矩形波导的 TE_{10} 模式转换为圆波导中的第一个高阶 TM_{01} 模式。为了获得与表面波模式的良好耦合和较低的反射系数,必须在超表面存在的情况下设计馈电。反射系数采用两种不同的全波商业软件计算:CST Microwave Studio 和 Ansys – HFSS。两种商业软件仿真工具之间的一致性非常好,如图8.12所示,在300GHz时,回波损耗超过20dB。图8.13是用 Ansys – HFSS 计算的两个主平面的辐射方向图。

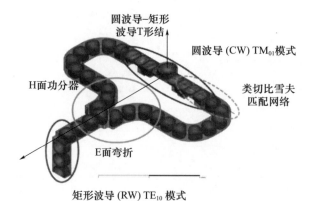

图 8.11 采用矩形波导输入端口的超表面天线的馈源

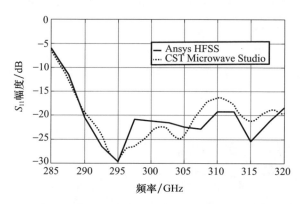

图 8.12 使用两种全波商业软件计算得到的天线反射系数：Ansys – HFSS(黑色实线)和 CST Microwave Studio(灰色虚线)

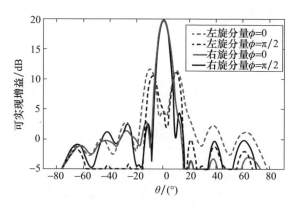

图 8.13 （见彩图）对图 8.10 中天线在两个主平面上计算得到的增益方向图（主极化分量用实线表示，交叉极化分量用虚线表示）

该天线是在喷气推进实验室的微器件实验室使用深反应离子刻蚀工艺进行微加工的。图 8.14 显示了制备的超表面平面的扫描电子显微镜(SEM)图像,包括一个总结了超表面针单元的标称尺寸和实现尺寸(见图 8.14(d))的表格。接着,图 8.15 显示了用于给超表面馈电的波导电路的扫描电子显微镜 SEM 图片,以及将超表面匹配到标准 WR-2.8 矩形波导的阶梯的标称尺寸和实现尺寸之间的比较(图 8.15(d))。在这两种情况下,通过目视检查测量的尺寸与标称尺寸高度吻合。在远场测量机构,对天线在 295GHz 的辐射方向图进行了测量。测量结果和计算结果一致,如图 8.16 所示。

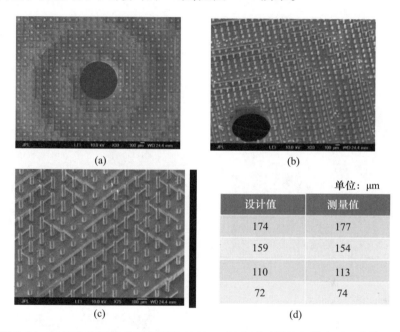

单位:μm

设计值	测量值
174	177
159	154
110	113
72	74

图 8.14 采用各向同性单元实现的 300GHz 超表面天线的扫描电子显微镜图片
(a)顶视图;(b)超表面中心区域的透视图,包括圆波导;(c)具有变化高度的针的透视图;
(d)针高度的标称值和实测值。

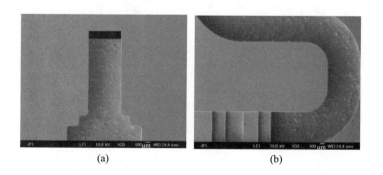

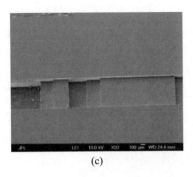

设计值	测量值
355	349
192	190
126	125
61	64
50	55

单位：μm

(c)   (d)

图 8.15　300GHz 馈源的扫描电子显微镜图片

(a) E 面弯折和 H 面功分器；(b) Y 形结一条枝节的输出；
(c) 类切比雪夫的匹配网络；(d) 匹配网络中标称和测量的尺寸。

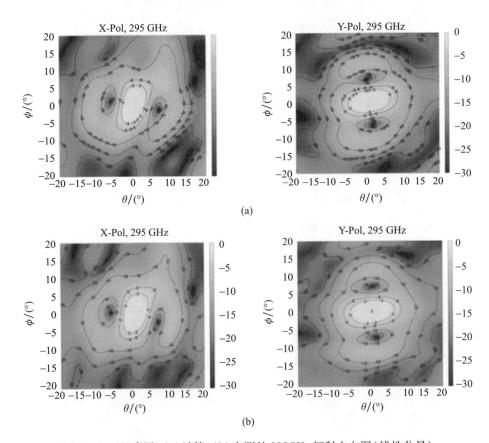

图 8.16　(见彩图)(a)计算；(b)实测的 295GHz 辐射方向图(线性分量)

5. 利用各向异性表面进行改进

文献[17]表明,虽然幅度综合可以提高各向同性天线的口径效率,但交叉极化场仍然很高。各向异性天线提供了更好的性能,具有较低的交叉极化和较高的效率。为了说明这一点,我们使用各向异性单元设计了与上面报道的相同半径的天线,如图 8.6(b)所示。图 8.17 为本设计的布局图,为了进行对比,各向同性和各向异性设计的辐射方向图分别如图 8.18(a)和(b)所示。各向异性设计的交叉极化隔离度改善明显,显著高于各向同性设计;增益也有所提高。

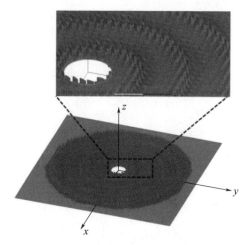

图 8.17 拥有边射右旋圆极化波束的 300GHz 天线的各向异性超表面的表面

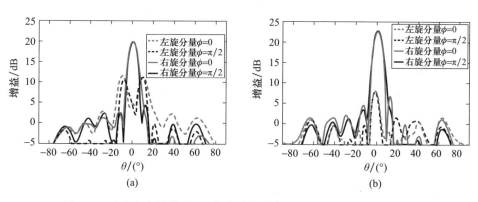

图 8.18 (a)各向同性和(b)各向异性超表面天线辐射方向图的比较

6. 结论

本节提出的 300GHz 超表面天线是目前亚毫米波行星科学仪器的一个很好的替代方案。该结构通过使用全金属超表面避免了 100GHz 以上的典型介质基板中的损耗。超表面平面上的横磁-表面波的激励是通过一个创新的馈电从矩形波导输入提供圆柱形表面波实现的。使用各向异性表面可以更有效地控制口径场,改善交叉极化和增加天线增益。8.2.4 节将更详细地讨论各向异性单元在全金属调制超表面天线设计中的应用。事实上,这种设计为微波频率和深空探测[44]需要的全金属设计开辟了新的可能性。8.2.4 节将给出各向异性全金属超表面设计的更多细节。

8.2.4 Ka 波段全金属无线通信天线

1. 目标

本节介绍了一种采用全金属亚波长单元的新型低轮廓天线,非常适合使用增材制造工艺加工。超表面单元主要是一个椭圆形截面的金属圆柱体,生长在接地板上,排列在亚波长正方形晶格中。该右旋圆极化天线设计在 Ka 波段中深空网络下行链路频段(31.8 ~ 32.3GHz)工作。目标增益为 26dBi,尽管更高增益的天线目前正在开发中。

2. 调制超表面天线的综合

获得具有各向异性感性边界条件的右旋圆极化边射笔状波束所需的口径场 E_A 为

$$\boldsymbol{E}_A = E_0[\hat{\boldsymbol{x}} + \mathrm{j}\hat{\boldsymbol{y}}]\sqrt{\frac{2}{\pi\beta_{\mathrm{WS}}\rho}}\mathrm{e}^{-\alpha\rho}U_A \qquad (8.14)$$

式中:E_0 为场幅值;U_A 为阶跃函数,口径内为 1,其他处为 0。在式(8.8)中使用式(8.14),沿着 $\hat{\boldsymbol{\rho}}$ 和 $\hat{\boldsymbol{\phi}}$ 投影 $\underline{\boldsymbol{X}}\cdot\hat{\boldsymbol{\rho}}$,得到不可穿透的电抗张量,它与圆柱形表面波相互作用将产生目标远场:

$$\begin{cases} X_{\rho\rho}(\boldsymbol{\rho}) = X_0\left[1 + M\sin\left(\frac{2\pi\rho}{p} - \phi\right)\right] \\ X_{\rho\phi}(\boldsymbol{\rho}) = X_{\phi\rho}(\boldsymbol{\rho}) = X_0 M\cos\left(\frac{2\pi\rho}{p} - \phi\right) \\ X_{\phi\phi}(\boldsymbol{\rho}) = X_0\left[1 - M\sin\left(\frac{2\pi\rho}{p} - \phi\right)\right] \end{cases} \qquad (8.15)$$

其中,X_0 和 p 的关系是 $p = 2\pi/\left(k\sqrt{1 + (X_0/\zeta)^2}\right)$。式(8.15)中的调制参数 M 是本设计中假设为常数的设计参数。

3. 金属超表面单元

一旦在口径上计算出空间相关张量 $\underline{\boldsymbol{X}}$ 的表达式,我们就必须仔细选择一个能够实现 $\underline{\boldsymbol{X}}$ 的元素的超表面单元。所选的超表面单元主要是一个具有椭圆截面的金属圆柱体,其位于接地板上(图 8.19(b))。图 8.19(a)显示了采用的单元格的等频色散椭圆。这些椭圆由本征模求解器得到,给出了每对相移($\psi_x = $

$\beta_{SW}^x d, \psi_y = \beta_{SW}^y d)$ 的基模传播频率。对于给定的设计频率 f_0，等频椭圆的方程可以写成 $f_0 = f(\beta_{SW}^x, \beta_{SW}^y)$。然后，通过最小二乘法，拟合模拟得到的等频椭圆，计算出相应的电抗张量可参考文献[45]中的式(19)。读者可以参阅文献[32]了解更多的细节。这些椭圆柱体在天线口径上表现出不同的高度和椭圆截面。通过改变这些几何特征，可以综合天线口径上不同的局部电感张量值。定义这些圆柱体几何形状的参数是：高度 h、方向角 ψ，以及椭圆截面的长轴 A 和短轴 a。圆柱体的端点和自由空间之间的界面保持平面，而圆柱体的底部通过改变高度来调控电抗参数。

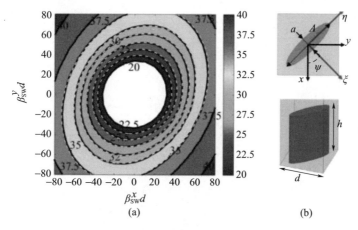

图8.19 （见彩图）插图中描述的单元格的等频色散等高图
（其中 $d=1.235\text{mm}, h=1.525\text{mm}, a=240\mu\text{m}, A=1.2\text{mm}$）

利用 CST Microwave Studio 的本征模全波求解器获得 $\underline{X}$ 的元素值。在假设具有局部周期性的条件下，通过施加周期性边界条件得到了求解结果。利用文献[32]中描述的方法，可以建立一个将表面电抗张量与单元几何形状相联系的数据库。图 8.20 显示了 X_{xx}、X_{xy} 和 X_{yy} 的值与圆柱体的方向角 ψ、A/a 比和高度 h 的函数关系。

4. 天线设计

为了实现式(8.15)，我们使用 $X_0 = 0.8\zeta, M = 0.4, d = 1.235\text{mm}, p = 6d$。天线直径为 10cm，或者说在 32GHz 时约为 10 λ_0。当综合式(8.15)中的张量时，阻抗表面在和数据库中相同单元格尺寸的规则笛卡儿晶格上采样。然后，通过从数据库中检索阻抗样本的几何形状，在相应的晶格单元内使用金属柱实现每个阻抗样本。

虽然式(8.15)提供了圆柱坐标系下 $\underline{X}$ 的元素，但它们可以通过旋转矩阵轻松地转换为笛卡儿坐标系。然后，可以与数据库中的值直接关联，如图 8.20

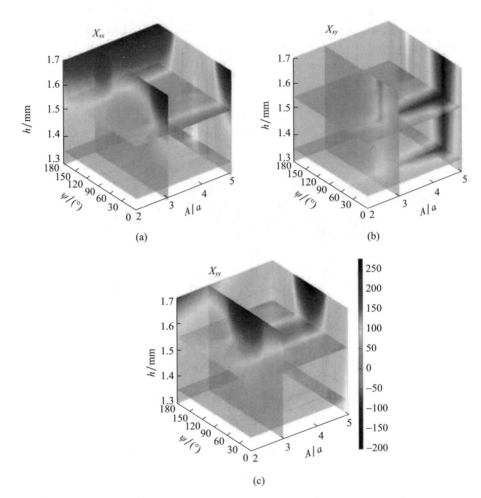

图 8.20 （见彩图）(a)$X_{xx} - X_0$、(b)$X_{xy} - X_0$、(c)$X_{yy} - X_0$对旋转角度ψ、比例A/a，以及圆柱体高度h的函数（仿真频率为$f_0 = 32\text{GHz}$，单元格边长为$d = 1.235\text{mm}$，$X_0 = 0.8\zeta$）所示。

计算得到的 32GHz 辐射方向图如图 8.21 所示。全金属超表面天线的峰值增益为 26.1dBi，这意味着口径效率为 40%。值得注意的是，通过逐渐减小调制指数，减小相应的局部衰减常数 α，可以获得更大的口径效率。

天线由第一高阶模 TM_{01} 激励的圆波导馈电。TM_{01} 模式在圆对称横磁-表面波模式的超表面平面上提供了一个有效的激励，在令人满意的近似下该模式与式(8.7)匹配。该结构与 8.2.3 节中介绍的结构相同，但其 Ka 波段的尺寸如图 8.22(c)所示。

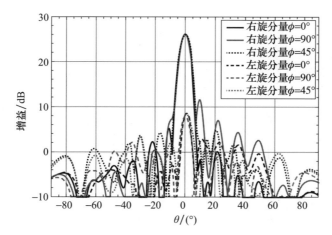

图 8.21 （见彩图）Ka 波段右旋圆极化全金属超表面天线 32GHz 在主平面和对角平面的仿真辐射方向图（实线表示主极化分量，而虚线代表交叉极化分量）

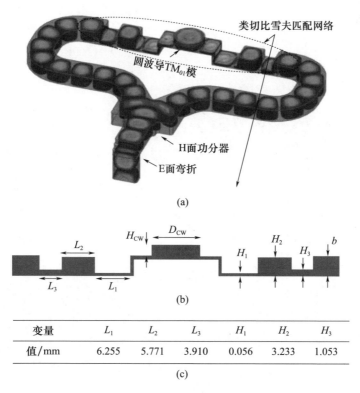

图 8.22 （a）32GHz 全金属超表面天线的馈电网络；（b）类切比雪夫匹配网络的几何结构细节；（c）优化后的馈源尺寸。

5. 制造

天线由两个模块组成，如图 8.23 所示。该天线通过结合两种工艺制造而成：金属增材制造和计算机数控（CNC）铣削的铝制底板。超表面单元是在 ProX DMP320 金属打印机上使用激光光束熔化（LBM）与 LaserForm AlSi10Mg 材料制造的。这种增材制造技术可以保证表面粗糙度达到 $10\mu m$。一旦 3D 打印完成，在背面的波导使用数控铣削加工工艺得到。制造的第一个 Ka 波段全金属超表面天线照片如图 8.24 所示。3D 打印的超表面单元如图 8.24（a）和（c）所示。在 Ka 波段，对齐公差是至关重要的，这就是为什么使用两个对齐销钉。

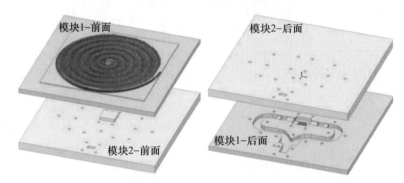

图 8.23 天线机械描述，在模块 1 的前面有 3D 打印的单元。模块 1 和模块 2 的背面是采用 CNC 机加工的

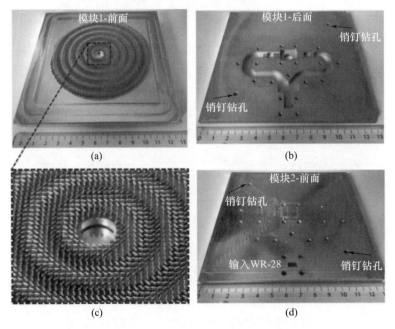

图 8.24 制作的第一个 Ka 波段全金属超表面天线照片

6. 测量

从反射系数和辐射方向图两方面对第一个加工的原型天线性能进行了评估。利用 CST Microwave Studio 计算了反射系数。计算结果与实测结果吻合得好。一个小的频率偏移可以用增材制造过程中的制造公差来解释（图 8.25）。

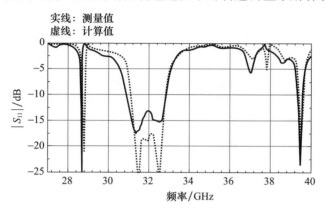

图 8.25　Ka 波段全金属超表面天线反射系数计算和实测结果

图 8.25 对原型天线的辐射方向图进行了测量，并与计算结果进行了比较。图 8.26 所示为方向性系数随频率变化的计算和测试结果。我们可以观察到实测的峰值方向性系数（实灰线）相对于模拟的峰值方向性系数（虚线）向低频偏移了 3%。为了更好地理解这种频率偏移的原因，我们再次运行了计算机辅助设计（CAD）模型，在 3D 打印的金属单元中考虑了 $10\mu m$ 表面粗糙度的影响。带有圆形标记的实黑线显示了新的方向性系数与频率的关系。仿真软件能够在考虑到表面粗糙度后预测频移。图 8.27(a) 和 (b) 分别比较了 $\phi=0$ 平面在 31GHz 和 31.5GHz 处的测量和计算的方向性系数方向图。虽然得到了满意的

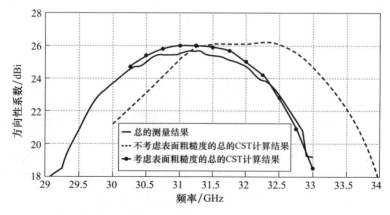

图 8.26　Ka 波段全金属超表面天线的方向性系数随频率变化的计算和测试结果

对比结果,但可以通过改进制作工艺来提高天线的性能。由于单元表面粗糙度引起的超表面的额外损耗,增益比预期低1dB。

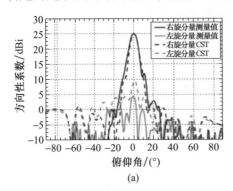
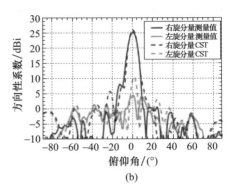

图8.27　Ka波段全金属超表面天线在$\phi=0$平面内的辐射方向图计算和测试结果
(a)31GHz;(b)31.5GHz。

喷气推进实验室正在努力改进这些天线的制造,因为它们可以满足对在恶劣环境下生存的全金属和平面天线的特定的任务需求。

7. 迈向20cm直径天线

本节设计并制作了直径20cm的天线。设计方法与先前报道的相同。重点是改进制造工艺以消除观察到的频移(图8.26)。使用相同的增材制造技术制造了20cm的全金属超表面。超表面单元被特意制作成较大的高度(3.27mm)。然后采用电火花加工(EDM)将超表面元件切割到设计高度(1.43mm)。使用数字显微镜验证超表面单元高度(图8.28)。制作的20cm直径Ka波段全金属天线如图8.29所示。在喷气推进实验室的平面近场室中测量了辐射方向图。在31.6GHz处计算和测试的辐射方向图如图8.30所示。计算结果与测量结果吻合很好,验证了工艺改进的有效性。测量的增益和效率如图8.31所示。测量的峰值效率为48%。请注意,效率被定义为天线的可实现增益与标准方向性系数的比值。标准方向性系数为$4\pi A/\lambda_0^2$,其中A为天线口径面积,λ_0为自由空间波长。

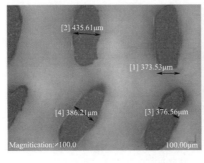
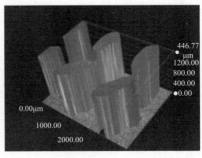

图8.28　用100倍放大倍率的显微镜对20 cm Ka波段纯金属天线的超表面单元的测量

图 8.29 制作的 20cm 直径 Ka 波段全金属天线

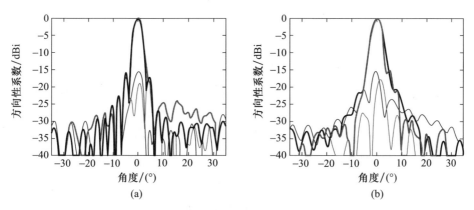

图 8.30 在 31.6GHz 处计算(黑色)和测试(灰色)的辐射方向图
(a)$\phi=0°$;(b)$\phi=90°$。

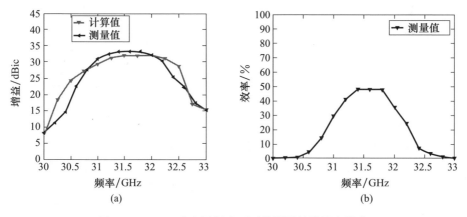

图 8.31 20cm 全金属超表面天线测量的增益和效率
(a)测量和计算的可实现增益;(b)测量的效率。

具有可靠的制造工艺的 20cm 直径全金属超表面天线的验证,是见证这些天线在太空中应用的一大步。我们团队目前正在努力实现幅度锥销分布,以将该天线的效率提高至 70%。我们团队还在研究使用可展开面板建造更大的天线。

8.3 应用全息超表面天线的波束综合

8.3.1 简介

超表面是使用分布在平面上的亚波长大小的超单元(或超原子)阵列综合的人工口径[1-3,46]。全息术是一个非常强大的概念,在文献中得到了广泛报道,尤其是在光学领域[47-51]。将全息概念与超表面天线相结合,作为控制天线辐射波前的一种手段,最近获得了关注,应用范围从波束综合[52-59]到压缩感知和毫米波成像[60-63]。为了理解全息术在波束综合和超表面口径设计中的应用,让我们考虑一个一维(1D)微带传输线,该传输线加载了一组亚波长、槽形超单元。图 8.32 所示的微带传输线本质上是一个一维超表面口径。

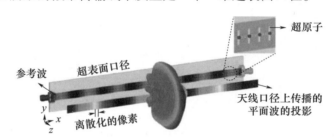

图 8.32 由加载亚波长、槽形超原子的微带传输线合成的一维全息超表面口径

对于图 8.32 所示的一维超表面口径,可以给出两个重要的定义:①激发超表面口径并作为全息图参考波的参考波;②期望的口径场分布,即辐射方向上平面波在天线口径上的投影。

根据天线理论,槽形辐射体可以被认为是金属辐射体的对偶形式,如电偶极子,所以它的辐射可以用磁偶极子建模。因此,在图 8.32 中,激励超表面超单元的全息导模参考波是准横向电磁模式(TEM)馈电端口发射的磁场。根据图 8.32 的坐标定义,将口径按亚波长极限离散化,该全息导模参考波可以表示为

$$H_{\text{ref}} = H_0 e^{-\gamma x} \hat{y} \tag{8.16}$$

式中:γ 为传播常数,$\gamma = \alpha + j\beta$,其中 α 为传输线损耗(导体损耗、介质损耗和辐射损耗)引起的衰减,β 为介质内的波数;H_0 为振幅项。此时,我们注意到波束保真度主要由相位信息[53]决定,因此,对于超表面口径的综合过程,我们考虑

式(8.16)的相位分布。

对于图 8.32 所示的 1D 超表面口径,只能沿 x 方向实现波束控制,阵因子 AF 定义如下:

$$\mathrm{AF}(\theta) = \sum_{i=1}^{N} \alpha_i\, \mathrm{e}^{-\mathrm{j}\beta x_i}\, \mathrm{e}^{-\mathrm{j}k_0 x_i \sin\theta} \tag{8.17}$$

在式(8.17)中,假设振幅均匀,当只考虑相位信息时,振幅的依赖性被舍弃。θ 为相对于侧面方向(z 轴)的辐射角,k_0 为自由空间的波数,x_i 为单元位置,指数 i 为设计得到的口径面上的超原子单元数,N 为超表面口径面上的离散亚波长像素数。考虑式(8.16)和式(8.17),在 θ 方向超表面天线的总相位超前可以表示为

$$\Psi(i) = \angle\, \mathrm{e}^{-\mathrm{j}\beta x_i}\, \mathrm{e}^{-\mathrm{j}k_0 x_i \sin\theta} \tag{8.18}$$

为了使波束指向给定的 θ 方向,有必要最大化式(8.17)中的指数函数,这可以通过定义一个超表面来实现,其超原子权重定义如下:

$$\alpha_i = \mathrm{e}^{\mathrm{j}\beta x_i}\, \mathrm{e}^{\mathrm{j}k_0 x_i \sin\theta} \tag{8.19}$$

式(8.19)与式(8.17)相互作用,使天线在 θ 方向的阵因子(AF)最大化,表明波束被导向 θ 方向。通过式(8.19)和式(8.17)的相互作用来计算用于全息导模参考源的位相光栅,这本质上是一个调制问题。将全息导模参考源调制到所需的口径波前可以采用多种调制方案,包括幅度调制和相位调制[52]。在本书中,我们利用幅度调制技术,表明只有相位式(8.19)低于某一阈值的点对辐射有贡献,而在口径面上的其他点上的超单元对辐射没有贡献。

这里值得一提的是,对于常规阵列天线,天线口径是在自由空间的奈奎斯特极限下综合的,即 $\lambda_0/2$。对于图 8.32 所示的超表面天线,口径是在更小的亚波长尺度下综合的,通常 $d < \lambda_g/10$,其中 λ_g 是导波波长。这使超表面口径能够以连续全息图的形式对导模参考源进行采样。尽管与传统阵列天线不同,全息超表面天线需要更精细的口径采样,但需要强调的是,使用这种技术进行波束合成不需要任何相移电路,显著简化了物理硬件架构,降低了功耗要求。

虽然图 8.32 提供的示例有助于可视化全息超表面天线的设计过程,但通常需要对三维空间进行波束综合,这需要综合一个二维口径。与图 8.32 所示的一维超表面类似,二维超表面天线的设计过程是从选择激励超表面的全息参考波开始的。图 8.33 中给出了由口径中心同轴探针激励的二维全息超表面天线。

将超表面口径按亚波长极限离散化,图 8.33 中中心馈电发射的磁场可以使用 Hankel 函数建模如下:

$$\boldsymbol{H}_{\mathrm{ref}} = \begin{cases} H_0^1(k_g r)\cos\zeta, & x\text{-极化} \\ H_0^1(k_g r)\sin\zeta, & y\text{-极化} \end{cases} \tag{8.20}$$

式中:粗体为矢量矩阵;H_0^1 为第一类零阶 Hankel 函数;r 和 ζ 为超表面口径离散

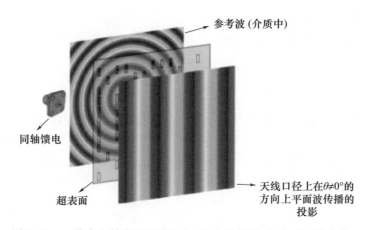

图 8.33 二维全息超表面天线(对于给出的例子,超表面天线由位于其中心的同轴馈电激励且波束指向是在 $\theta\neq 0°$ 的方向上(偏离轴向))

像素与中心馈点之间的距离矢量和角度。对于图 8.33 所示的超表面口径,槽形互补超单元沿 y 轴方向排列,表明磁场的 y 极化分量被认为是激励超单元的全息导模参考波。由于图 8.33 中的超表面的二维结构,可以在 θ 和 ϕ 两个维度上实现波束综合,因此天线的 AF 定义如下:

$$\mathrm{AF}(\theta,\phi) = \sum_{a=1}^{N}\sum_{b=1}^{N}\alpha_{a,b}H_0^1(k_g r_{a,b})\sin\zeta\ e^{-jk_0 x_a\sin\theta\cos\phi}e^{-jk_0 y_b\sin\theta\sin\phi} \quad (8.21)$$

式中: a 和 b 分别为 x 轴和 y 轴上超原子的单元数; x_a 和 y_b 为超原子在超表面上的位置。在 (θ,ϕ) 的指向上,超表面口径上的总相位超前可表示为

$$\Psi(a,b) = \angle H_0^1(k_g r_{a,b})\sin\zeta\ e^{-jk_0 x_a\sin\theta\cos\phi}e^{-jk_0 y_b\sin\theta\sin\phi} \quad (8.22)$$

与前面描述的一维超表面口径类似,为了将波束引导到给定的方向 (θ,ϕ),需要定义一组超原子的权重,以补偿式(8.22)中的总的相位超前,表达如下:

$$\alpha_{a,b} = H_0^1(k_g r_{a,b})^*\sin\zeta\ e^{jk_0 x_a\sin\theta\cos\phi}e^{jk_0 y_b\sin\theta\sin\phi} \quad (8.23)$$

式中:符号 * 为复共轭算子。在式(8.21)中代入式(8.23)确实最大化了 (θ,ϕ) 方向上的 AF 定义,这表明实现了 (θ,ϕ) 的波束控制。

8.3.2 全息超表面天线案例

利用全息波束赋形的概念,可以实现多种超表面天线设计。例如,在图 8.34 中给出了两种不同类型的全息超表面天线设计。图 8.34(a)给出了一个在近场辐射聚焦电场(或 E 场)方向图的 3D 打印的超表面天线。图 8.34(a)左侧的超表面实现了边射方向的波束聚焦,而右侧的超表面实现了偏离轴向的聚焦。图 8.34(b)所示的电场方向图测量结果证实了聚焦作用。图 8.34(c)为辐射多波束远场方向图的双极化印刷电路板超表面天线,图 8.34(d)为该天线的辐射方向图。

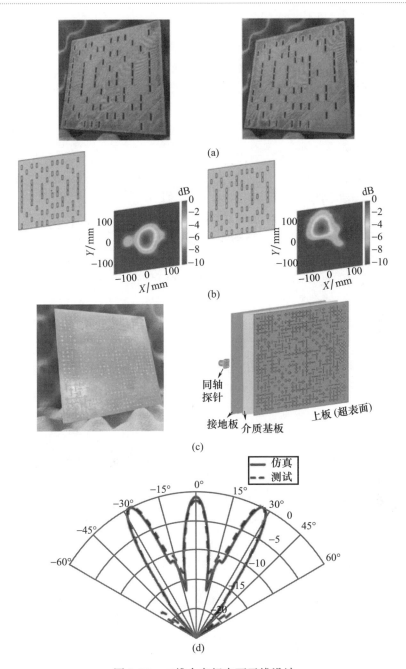

图 8.34 二维全息超表面天线设计

(图片来源:修改于 Yunduseven 和 Smith[58] © 2017 John Wiley & Sons)
(a)3D 打印的近场聚焦全息超表面天线,左:轴向聚焦;右:离轴聚焦;(b)在焦平面上测得的电场方向图,左:轴向聚焦,右:离轴聚焦;(c)极化全息超表面天线,用于产生多波束远场辐射方向图;(d)仿真和实测的多波束超表面天线的辐射方向图。

图 8.34 所示的例子证明了全息波束形成概念的能力,可以设计任何感兴趣的波形,在口径的近场和远场产生所需的辐射响应。

对于图 8.32～图 8.34 所示的一维和二维超表面天线,波束综合以静态方式实现。这意味着每次需要不同的指向角度时,都需要新的口径设计。然而,对于大多数实际应用,需要动态可重构性。超表面口径上的超材料单元的耦合响应可以通过多种机制动态控制,包括液晶衬底[64]和半导体元件,如变容二极管[65]和 PIN 二极管[53,60]。

在图 8.35 中,给出了一个动态可重构的一维超表面天线,可用于电子波束控制。利用开发的动态可重构性技术,我们研究了三种波束控制的情况:$\theta = -30°, \theta = 0°$ 和 $\theta = +30°$。对于每种结构,按式(8.17)计算了其阵因子,按照式(8.16)计算了它与导模参考源的相互作用。如图 8.35 所示,超表面口径上的超原子有 PIN 二极管,它们控制了超原子与全息导模参考源的耦合特性。当 PIN 二极管是正向偏置时,可以认为超原子是短路的,有效地将其谐振转移到一个更高的、不感兴趣的频带。因此,带正向偏压 PIN 二极管的槽形超原子不会耦合到全息导模参考源,不会辐射。另外,当 PIN 二极管反向偏置时,它表现出高阻抗(理想情况下开路),确保相应的超原子不短路并保持其预期的电长度,耦合到导模参考源并辐射到自由空间。图 8.35 所示的一维超表面天线的动态重构辐射方向图如图 8.36 所示。在图 8.36 中,也展示了超表面口径上超原子的开/关掩码状态。

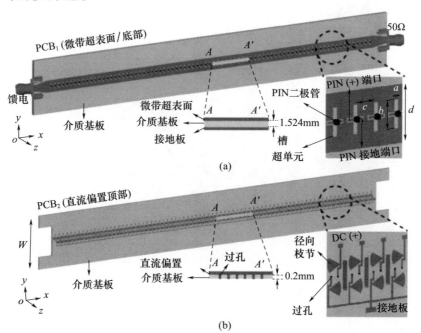

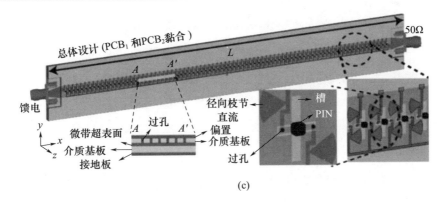

图 8.35 用于电子波束控制的一维动态可重构全息超表面天线

(a)底层;(b)顶层;(c)组合结构。(图片来源:Yurduseven 等[60]© 2018 光学学会)

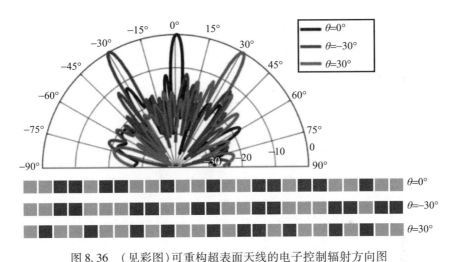

图 8.36 (见彩图)可重构超表面天线的电子控制辐射方向图

8.3.3 W 波段波束控制枕形盒超表面天线

值得注意的是,在二维版本上实现图 8.31 所示的架构将是非常有挑战性的,并且需要太多的偏置线。因此,为了在三维空间中实现动态波束赋形,最好采用如图 8.37 所示的金属条结构。

对于二维超表面口径,可以使用更先进的馈电装置,即"枕形盒"准光学波束形成器,进一步简化系统架构[66]。枕形盒馈电结构以准光学方式工作,通过在多个馈电端口之间切换来实现俯仰角方向的波束控制,同时可以通过调节超原子的开/关状态来实现方位角方向的波束控制。这种架构的优点是对在同一列的所有超原子使用一个偏置线。这种枕盒设计将取代图 8.37 所示的实现方案中的移相器。

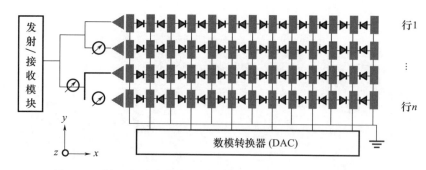

图 8.37 用于电子波束控制的二维动态可重构全息超表面天线

喷气推进实验室目前正在开发 W 波段波束控制天线。超表面天线的馈电结构为准光学枕形盒设计,如图 8.38 所示。在这种超表面天线设计中,枕形盒馈电结构使天线的辐射单元被一个平面波前激励[66]。这一特点使全息导模参考波的分析建模极为简单。枕形盒设计采用 3 个馈电喇叭实现波束控制。

如图 8.38 所示,枕形盒馈电网络由两层组成:一个厚度为 350μm 的硅(Si)(ε_r =11.9)层和一个厚度为 175 μm 的砷化镓(GaAs)(ε_r = 12.8)层。Si 和 GaAs 层都是高阻的,因此表现出低损耗正切。该枕形盒设计有一个在顶部导电板(在 GaAs 上)和底部接地板(在 Si 下)之间蚀刻的反射边缘。在硅和砷化镓半导体层之间,存在一个中间导电板,其中蚀刻一个耦合槽。如图 8.38 所示,枕形盒结构使用多个接地的共面波导(CPW)端口馈电,每个端口激励嵌入在硅层中的介质基板集成波导(SIW)喇叭天线。SIW 喇叭天线的口径宽度经过优化,在反射面边缘具有 -12dB 的电场衰减。

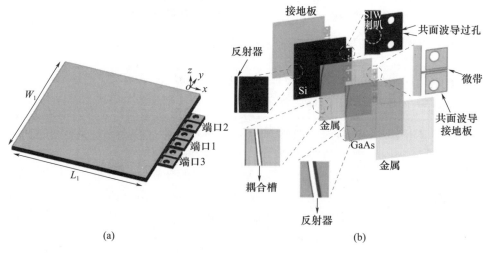

图 8.38 Si/GaAs 超表面天线的枕形盒馈电结构
(a)实际的枕形盒结构;(b)为了可视化的枕形盒结构分层。(尺寸:$W_1 = L_1$ =50mm)

全息超表面天线由二维超表面层组成,如图 8.39 所示。由于 GaAs 层内导模参考波的波前是平面的,并且每行的超原子单元分布相同,因此式(8.19)导出的极化分布是成立的,并且可以推广到二维超表面层的所有行。

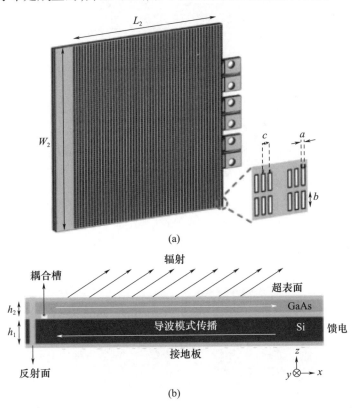

图 8.39　开发的 Si/GaAs 准光全息超表面天线

(a)超表面天线结构描述;(b)枕形盒结构内波导模式参考波的传播(展示了 $x-z$ 平面)。($L_2=44.5\text{mm}$,$W_2=49\text{mm}$,$a=0.085\text{mm}$,$b=0.38\text{mm}$ 渐变至 0.4mm,$c=0.17\text{mm}$,$h_1=350\mu\text{m}$,$h_2=175\mu\text{m}$)

为了优化口径效率,保证导模参考波在超表面层上沿传播方向到达末端时被衰减,槽形超原子的长度沿 x 轴逐渐变化,从 0.38mm 增加到 0.4mm,对应的电长度为 $\lambda_g/2.45 \sim \lambda_g/2.30$。超原子的宽度为 0.085mm,对应的电尺寸为 $\lambda_g/11$,其中 λ_g 为导模波长。

超表面天线枕形盒馈电结构的第一个组成部分是给天线馈电的 CPW – SIW(共面波导 – 介质集成波导)馈源转换结构的设计。提出的 CPW – SIW 转换技术如图 8.40 所示。CPW 输入通过一个 1.00mm 的端接连接器馈电,将准 – TEM 模式发射到 Si 基板,其随后激励嵌入 Si 基板中的 SIW 喇叭天线。在激励下,从 SIW 喇叭天线重新辐射的波前具有如图 8.41 所示的圆柱形波前。

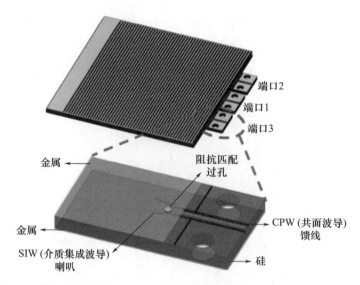

图 8.40 馈电端口处的 CPW – SIW 转换(所有端口均相同,仅展示端口3)

为了便于观察,图 8.40 顶部的金属和硅层设置为透明。阻抗匹配过孔宽 $50\mu m$,长 $85\mu m$。馈电端口嵌入在硅层中,因此,在近视图中,只显示了带有顶部和底部金属的硅层。

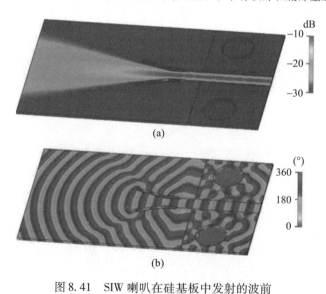

图 8.41 SIW 喇叭在硅基板中发射的波前

(a)幅度方向图;(b)相位方向图(相位方向图清晰地展示了 SIW 馈电喇叭发射的圆柱相位波前。给出了导模参考波的磁场分布)

SIW 喇叭天线的口径宽度被优化为 2mm,使在反射器的边缘电场获得 $-12dB$ 的衰减。CPW – SIW 变换器的反射系数如图 8.42 所示。在 94GHz 其 S_{11} 保持在 $-40dB$ 以下。

在对 CPW - SIW 馈电端口进行优化的基础上,分析了超表面的整个枕形盒馈电结构。图 8.43 显示了从 Si 衬底内 SIW 喇叭发射的圆柱形波前到 GaAs 衬底内的平面波前的转换,其激励了超表面口径内的超原子。

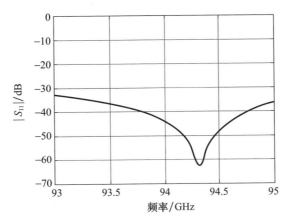

图 8.42 CPW - SIW 变换器的反射系数

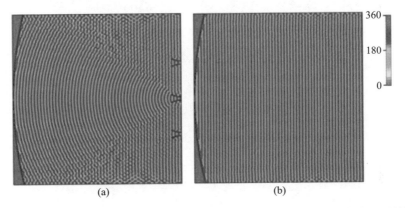

图 8.43 SIW 喇叭在硅基板中发射的圆柱波前(a)到 GaAs 基板中平面波前(b)的转换。磁场相位,作为槽形超单元的激励机制,也显示出来

在图 8.43 中,枕形盒结构通过第一个端口(中心馈电)激励。SIW 喇叭天线在硅层发射的圆柱形波前被反射器边缘反射,反射后耦合到顶部 GaAs 层,在那里导波的波前是平面的。这种超表面层的超原子的平面波前激励使得每一列的超原子的权重相同,这可以使用式(8.16)计算,确保每一列可以使用单一的偏置线进行偏置。这一优点大大简化了实现动态重构所需的偏置电路。图 8.40 所示的 W 波段超表面天线由 16536 个槽形超原子组成,这些超原子被蚀刻在超表面层上。虽然偏置每个超单元将需要相同数量的偏置线,这是不可行的,但准光学枕形盒馈电结构将所需的偏置线数量减少到 159 个。

制造的 W 波段 Si/GaAs 波束控制全息超表面天线原型如图 8.44 所示。

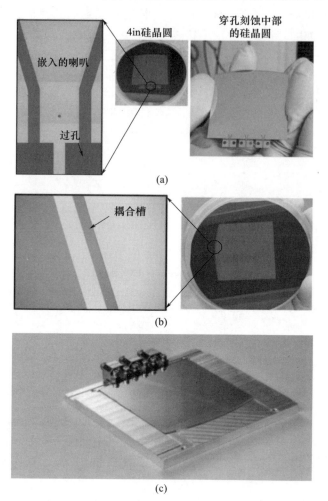

图 8.44　制作的 Si/GaAs 超表面天线在黏合前的照片
(a)硅层;(b)砷化镓层;(c)完全集成的超表面天线。

计算得到的超表面天线 S 参数如图 8.45 所示。超表面天线在端口 1 的反射系数在 -15dB 左右,而端口 2 和端口 3 的反射系数在 -20dB 以下。天线阻抗在所有 3 个输入端口都很好地匹配。对于 S_{21} 和 S_{31}(由于互易关系,S_{12} 和 S_{13} 也一样),输入端口之间的交叉耦合电平保持在 -20dB 以下,如图 8.45(b)所示。虽然在 94GHz 时仍然低于 -10dB,但由于反射器边缘的镜面反射,第二端口和第三端口(S_{23} 和 S_{32})之间的耦合相对高于其他交叉耦合组合。然而,应该提到的是,对于开发的超表面天线,输入端口不是同时被激励的,确保输入端口之间的隔离不是一个挑战。

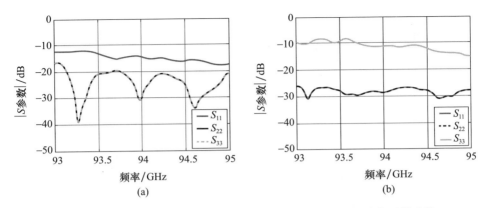

图8.45 W波段超表面天线 S 参数仿真结果：(a)输入端口处的反射系数
(b)输入端口间的交叉耦合。

图 8.46 给出了 3 个端口中的每一个端口的辐射方向图。当通过 1 号端口馈电时，超表面天线在 ($\theta = 15°, \varphi = 0°$) 处形成波束，天线定向增益为 31.9dBi，得到的口径效率为 59%。当切换到端口 2 和端口 3 时，超表面天线可将波束分别调整至仰角方向 ($\theta = 45°, \varphi = 90°$) 和 ($\theta = 45°, \varphi = -90°$)，并使天线的定向增益为 28.7dBi。波束控制被清楚地展示，如图 8.46 所示。值得一提的是，对于超表面的设计，波束角度的选择是任意的，并且可以选择任何其他指向。

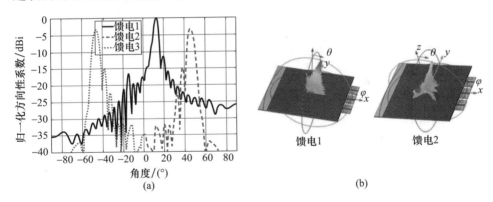

图 8.46 每个馈电端口的辐射方向图，展示了想要的波束指向
(a)天线辐射方向图(实线:端口 1E 面，虚线:端口 2H 面，点线:端口 3H 面);
(b)端口 1 和端口 2 的三维方向图。

对如图 8.44(c)所示的原型在平面近场暗室中进行了测量。由于在制造后发现了未对齐误差，因此对计算结果进行了修正，以考虑这种误差。未来将改进制造工艺，以确保在 x 和 y 方向上对准精度达到 $2\mu m$。计算结果和测量结果之间的一致性很好(图 8.47)。该设计通过从一个端口切换到另一个端口来实现无源波束控制。

请注意,这个设计可以很容易向上缩放到600GHz频段。文献[67]发表了一个类似的概念,用于工作在220~300GHz的单馈电天线(无无源控制)。

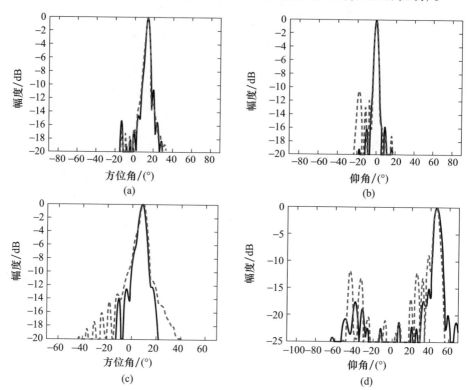

图8.47 辐射方向图计算和实测结果:馈电端口1的(a)E面(b)H面,馈电端口2的(c)E面(d)H面

8.3.4 关于有源波束控制天线

8.3.3节介绍的设计很难用二极管来实现。因此,我们还设计了一种完全兼容二极管实现的天线。该天线由三个主要部分组成,如图8.48所示。

(1)枕形盒准光学波束形成器构成了设计中的第一个单元;它在平行平板波导(PPW)中的反射器的焦平面上包括3个H面喇叭(每个波束一个喇叭)。在350μm厚的高阻硅(Si)晶圆($\varepsilon_r = 11.7$, $\tan\delta = 0.00016$)上,采用SIW技术实现了喇叭和反射器,采用微细加工实现过孔。由喇叭发射的波束经反射器准直后,通过在硅片顶部金属化层(M2)刻蚀的耦合槽传输至上层平行平板波导GaAs层($\varepsilon_r = 12.9$)。在之前的设计中,我们使用了一个槽。如果使用多个匹配槽,可以提高3个端口之间的隔离度并提高所有端口的匹配度。S参数如

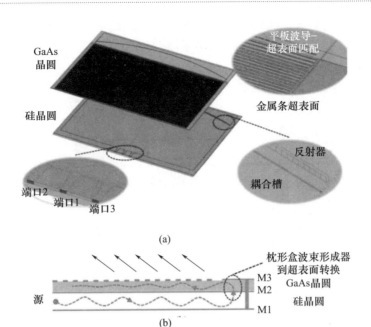

图 8.48 （a）天线的三维视图，描述了枕形盒结构、PPW 到超表面转换结构、调制超表面；
（b）天线的剖面图（未按比例）

图 8.49 所示。

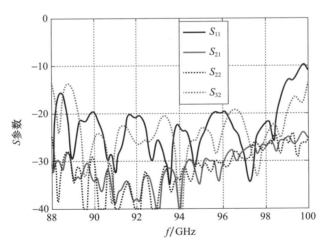

图 8.49 （见彩图）使用金属带作为超表面单元的改进的无源超表面的 S 参数

（2）将 GaAS 平行平板波导中的 TEM 模式转换为激励超表面天线的 TM - SW，使用了如图 8.48 所示的匹配槽。

（3）超表面天线，通过正弦调制一个等效的 IBC，逐渐辐射耦合到 TM 的功率。在这种情况下,通过改变间距为 290μm 的金属条的宽度来实现阻抗调制。在这种特殊情况下,我们还引入了幅值渐变来提高天线口径效率。方向性系数和增益见表 8.2。

表 8.2 使用金属条作为超表面单元的无源超表面的性能

性能	端口 1	端口 2 和端口 3
方向性系数/dBi	33.6	33.0
增益/dBi	31.0	30.3

图 8.50 给出了在 0~10mm 范围内不同的喇叭位置,在 ϕ 和 θ 方向的波束指向。

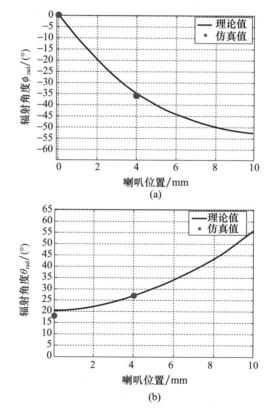

图 8.50 不同喇叭位置时的波束指向

使用金属条使这种天线很容易与需要偏置肖特基二极管的有源设计兼容。我们团队目前正在研究有源控制天线。阻抗调制将通过改变二极管的状态而不是改变金属条的宽度来实现。宽度和间距将保持相同。

8.4 小　　结

超表面天线在空间应用中极具吸引力。对于配载体积有限的平台,如立方星、小卫星、漫游者或登陆者,它们比反射阵列天线或抛物面反射器天线具有明显的优势。

它们是低轮廓的,其馈源位于天线的中心,这不同于馈源位于焦点的反射阵列天线或抛物面反射器。当设计可展开天线时,这是一个显著的优势,因为通过规避馈源展开,大大降低了展开的复杂性。

此外,我们在本章中提出了使用增材制造的全金属天线的解决方案。这些天线对于在高辐射水平和极端温度的恶劣环境中进行太空探索,是令人很感兴趣的。此外,这些天线可以采用微加工技术或增材制造技术,以较低的成本制作。

采用硅微加工技术制备了 300GHz 的超表面。该天线被设计为全金属结构,以克服传统电介质基板的损耗,并可在高频段(W 波段到亚毫米波频段)制作。

采用增材制造方法制作了圆极化 Ka 波段超表面,并成功在 32GHz 进行了测试以用于深空通信中。我们目前正在开发这种天线的更大版本(直径 20cm),目标是在未来任务中增加它们的技术成熟度(TRL =6)。

本章还介绍了喷气推进实验室正在研制的 W 波段波束控制天线。枕形盒馈电结构以准光学方式工作,并通过在多个馈电端口之间切换在俯仰角方向控制波束。通过调整超原子的开/关状态,可以实现方位角方向的波束控制。这种体系结构的优点是对同一列中的所有超原子使用单一的偏置线。得益于制造方法,这一概念可以扩展到亚毫米波频段。

虽然这些超表面天线的技术成熟度仍然很低(TRL4),但喷气推进实验室正在积极使得这项技术成熟,以便在未来几年内试飞首批原型机。

参 考 文 献

[1] S. Maci, G. Minatti, M. Casaletti, and M. Bosiljevac, "Metasurfng: addressing waves on impenetrable metasurfaces," *IEEE Antennas and Wireless Propagation Letters*, vol. 10, pp. 1499 – 1502, 2011.

[2] C. Holloway, E. F. Kuester, J. Gordon, J. O'Hara, J. Booth, and D. Smith, "An overview of the theory and applications of metasurfaces: the two – dimensional equivalents of metamaterials," *IEEE Antennas and Propagation Magazine*, vol. 54, no. 2, pp. 10 – 35,

Apr. 2012.

[3] S. B. Glybovski, S. A. Tretyakov, P. A. Belov, Y. S. Kivshar, and C. R. Simovski, "Metasurfaces: from microwaves to visible," *Physics Reports*, vol. 634, p. 1, 2016.

[4] C. Pfeiffer and A. Grbic, "Metamaterial Huygens surfaces: tailoring wave fronts with refectionless sheets," *Physical Review Letters*, vol. 110, no. 19, p. 197401, May 2013.

[5] N. Yu, P. Genevet, F. Aieta, M. A. Kats, R. Blanchard, G. Aoust, J. -P. Tetienne, Z. Gaburro, and F. Capasso, "Flat optics: controlling wavefronts with optical antenna metasurfaces," *IEEE Journal of Selected Topics in Quantum Electronics*, vol. 19, no. 3, p. 4700423, May 2013.

[6] R. Quarfoth and D. Sievenpiper, "Artifcial tensor impedance surface waveguides," *IEEE Transactions on Antennas and Propagation*, vol. 61, no. 7, pp. 3597 – 3606, July 2013.

[7] A. Patel and A. Grbic, "Transformation electromagnetics devices based on printed – circuit tensor impedance surfaces," *IEEE Transactions on Microwave Theory and Techniques*, vol. 62, no. 5, pp. 1102 – 1111, May 2014.

[8] M. Mencagli, E. Martini, D. González – Ovejero, and S. Maci, "Metasurfng by transformation electromagnetics," *IEEE Antennas and Wireless Propagation Letters*, vol. 13, pp. 1767 – 1770, Oct. 2014.

[9] M. Mencagli Jr., E. Martini, D. González – Ovejero, and S. Maci, "Metasurface transformation optics," *Journal of Optics*, vol. 16, no. 12, p. 125106, 2014.

[10] E. Martini, M. Mencagli, D. González – Ovejero, and S. Maci, "Flat optics for surface waves," IEEE *Transactions on Antennas and Propagation*, vol. 64, no. 1, pp. 155 – 166, Jan. 2016.

[11] C. Pfeiffer and A. Grbic, "A printed, broadband luneburg lens antenna," *IEEE Transactions on Antennas and Propagation*, vol. 58, no. 9, pp. 3055 – 3059, Sep. 2010.

[12] M. Bosiljevac, M. Casaletti, F. Caminita, Z. Sipus, and S. Maci, "Non – uniform metasurface luneburg lens antenna design," *IEEE Transactions on Antennas and Propagation*, vol. 60, no. 9, pp. 4065 – 4073, Sep. 2012.

[13] A. Epstein, J. P. S. Wong, and G. V. Eleftheriades, "Cavity – excited Huygens metasurface antennas for near – unity aperture illumination effciency from arbitrarily large apertures," *Nature Communications*, vol. 7, p. 10360, 2016.

[14] G. Minatti, M. Faenzi, M. Mencagli, F. Caminita, D. González – Ovejero, C. Della Giovampaola, A. Benini, E. Martini, M. Sabbadini, and S. Maci, "Metasurface antennas," in *Aperture Antennas for MillimeterandSub – Millimeter Wave Applications*, A. Boriskin and R. Sauleau, Eds., Cham: Springer, 2017.

[15] G. Minatti, D. González – Ovejero, E. Martini, and S. Maci, "Modulated metasurface antennas," in *Surface Electromagnetics: With Applications in Antenna, Microwave, and Optical Engineering*, F. Yang and Y. Rahmat – Samii, Eds., Cambridge: Cambridge University Press, June 2019. ISBN: 9781108556477.

[16] B. Fong, J. Colburn, J. Ottusch, J. Visher, and D. Sievenpiper, "Scalar and tensor holographic artificial impedance surfaces," *IEEE Transactions on Antennas and Propagation*, vol. 58, no. 10, pp. 3212 – 3221, Oct. 2010.

[17] G. Minatti, M. Faenzi, E. Martini, F. Caminita, P. De Vita, D. Gonzalez – Ovejero, M. Sabbadini, and S. Maci, "Modulated metasurface antennas for space: synthesis, analysis and realizations," *IEEE Transactions on* Antennas and Propagation, vol. 63, no. 4, pp. 1288 – 1300, Apr. 2015.

[18] D. Sievenpiper, J. Colburn, B. Fong, J. Ottusch, and J. Visher, "Holographic artificial impedance surfaces for conformal antennas," *Proceedings of IEEE Antennas and Propagation Society International Symposium*, vol. 1B, pp. 256 – 259, 2005.

[19] M. Faenzi, F. Caminita, E. Martini, P. De Vita, G. Minatti, M. Sabbadini, and S. Maci, "Realization and measurement of broadside beam modulated metasurface antennas," *IEEE Antennas Wireless Propagation Letters*, vol. 15, pp. 610 – 613, 2016.

[20] G. Minatti, E. Martini, and S. Maci, "Effciency ofmetasurface antennas," *IEEE Transactions on Antennas and Propagation*, vol. 65, no. 4, pp. 1532 – 1541, Apr. 2017.

[21] G. Minatti, F. Caminita, E. Martini, M. Sabbadini, and S. Maci, "Synthesis of modulated – metasurface antennas with amplitude, phase, and polarization control," *IEEE Transactions on Antennas and Propagation*, vol. 64, no. 9, pp. 3907 – 3919, Sep. 2016.

[22] M. Faenzi, G. Minatti, D. González – Ovejero, F. Caminita, E. Martini, C. D. Giovampaola, and S. Maci, "Metasurface antennas: new models, applications and realizations," *Scientifc Reports*, vol. 9, p. 10178, 2019.

[23] G. Minatti, M. Faenzi, M. Sabbadini, and S. Maci, "Bandwidth of gain in metasurface antennas," *IEEE Transactions on Antennas and Propagation*, vol. 65, no. 6, pp. 2836 – 2842, June 2017.

[24] M. Faenzi, D. González – Ovejero, F. Caminita, and S. Maci, "Dual – band self – diplexed modulated metasurface antennas," *12th European Conference on Antennas and Propagation*, London, 2018, pp. 1 – 4.

[25] M. Faenzi, D. González – Ovejero, and S. Maci, "Wideband Active Region Metasurface Antennas," in *IEEE Transactions on Antennas and Propagation*, vol. 68, no. 3, pp. 1261 – 1272, March 2020.

[26] G. Minatti, S. Maci, P. De Vita, A. Freni, and M. Sabbadini, "A circularly – polarized isofux antenna based on anisotropic metasurface," *IEEE Transactions on Antennas and Propagation*, vol. 60, no. 11, pp. 4998 – 5009, Nov. 2012.

[27] D. Gonzalez – Ovejero, G. Minatti, E. Martini, G. Chattopadhyay, and S. Maci, "Shared aperture metasurface antennas for multibeam patterns," *11th European Conference on Antennas and Propagation*, Paris, 2017, pp. 3332 – 3335.

[28] D. Gonzalez – Ovejero, G. Chattopadhyay, and S. Maci, "Multiple beam shared aperture modulated metasurface antennas," *Proceedings of IEEE Antennas and Propagation Society In-*

ternational Symposium, Fajardo, 2016, pp. 101 – 102.

[29] D. González – Ovejero, G. Minatti, G. Chattopadhyay, and S. Maci, "Multibeam by metasurface antennas," *IEEE Transactions on Antennas and Propagation*, vol. 65, no. 6, pp. 2923 – 2930, June 2017.

[30] D. González – Ovejero, T. J. Reck, C. D. Jung – Kubiak, M. Alonso – DelPino, and G. Chattopadhyay, "A class of silicon micromachined metasurface for the design of high – gain terahertz antennas," *Proceedings of IEEE Antennas and Propagation Society International Symposium*, Fajardo, 2016, pp. 1 – 4.

[31] D. González – Ovejero, C. Jung – Kubiak, M. Alonso – delPino, T. Reck, and G. Chattopadhyay, "Design, fabrication and testing of a modulated metasurface antenna at 300GHz," *Proceedings of 11th European Conference on Antennas* and Propagation, Paris, France, 2017, pp. 3416 – 3418.

[32] D. González – Ovejero, N. Chahat, R. Sauleau, G. Chattopadhyay, S. Maci, andM. Ettorre, "Additive manufactured metal – only modulated metasurface antennas," *IEEE Transactions on Antennas and Propagation*, vol. 66, no. 11, pp. 6106 – 6114, Nov. 2018.

[33] A. Oliner and A. Hessel, "Guided waves on sinusoidally – modulated reactance surfaces," *IRE Transactions on Antennas and Propagation*, vol. 7, no. 5, pp. 201 – 208, Dec. 1959.

[34] F. Caminita and S. Maci, "New wine in old barrels: the use of the Oliner's method in metasurface antenna design," *44th European Microwave Conference*, Rome, 2014, pp. 437 – 439.

[35] A. M. Patel and A. Grbic, "A printed leaky – wave antenna based on a sinusoidally – modulated reactance surface," *IEEE Transactions on Antennas and Propagation*, vol. 59, no. 6, pp. 2087 – 2096, June 2011.

[36] O. Bucci, G. Franceschetti, G. Mazzarella, and G. Panariello, "Intersection approach to array pattern synthesis," *Proceedings ofthe IEEE*, vol. 137, no. 6, pp. 349 – 357, 1990.

[37] E. F. Kuester, M. Mohamed, M. Piket – May, and C. Holloway, "Averaged transition conditions for electromagnetic felds at a metaflm," *IEEE Transactions on Antennas and Propagation*, vol. 51, no. 10, pp. 2641 – 2651, Oct. 2003.

[38] D. González – Ovejero and S. Maci, "Gaussian ring basis functions for the analysis of modulated metasurface antennas," *IEEE Transactions on Antennas and Propagation*, vol. 63, no. 9, pp. 3982 – 3993, Sep. 2015.

[39] M. Bodehou, D. González – Ovejero, C. Craeye, and I. Huynen, "Method of moments simulation of modulated metasurface antennas with a set of orthogonal entire – domain basis functions," *IEEE Transactions on Antennas and Propagation*, vol. 67, no. 2, pp. 1119 – 1130, Feb. 2019.

[40] M. Mencagli, E. Martini, and S. Maci, "Surface wave dispersion for anisotropic metasurfaces constituted by elliptical patches," *IEEE Transactions on Antennas and Propagation*, vol. 63, no. 7, pp. 2992 – 3003, July 2015.

[41] G. Chattopadhyay, T. Reck, A. Tang, C. Jung-Kubiak, C. Lee, J. Siles, E. Schlecht, Y. M. Kim, M.-C. F. Chang, and I. Mehdi, "Compact terahertz instruments for planetary missions," *9th European Conference on Antennas and Propagation (EuCAP)*, Lisbon, 2015, pp. 1-4.

[42] G. Minatti, F. Caminita, M. Casaletti, and S. Maci, "Spiral leaky-wave antennas based on modulated surface impedance," *IEEE Transactions on Antennas and Propagation*, vol. 59, no. 12, pp. 4436-4444, Dec. 2011.

[43] R. King, D. V. Thiel, and K. Park, "The synthesis of surface reactance using an artifcial dielectric," *IEEE Transactions on Antennas and Propagation*, vol. 31, no. 3, pp. 471-476, May 1983.

[44] N. Chahat, B. Cook, H. Lim, and P. Estarbook, "All-metal dual frequency RHCP high gain antenna for a potential Europa lander," *IEEE Transactions on Antennas and Propagation*, vol. 66, no. 12, pp. 6791-6798, Dec. 2018.

[45] H. Bilow, "Guided waves on a planar tensor impedance surface," *IEEE Transactions on Antennas and Propagation*, vol. 51, no. 10, pp. 2788-2792, Oct. 2003.

[46] P. Joseph, S. Wong, M. Selvanayagam, and G. V. Eleftheriades, "Design of unit cells and demonstration of methods for synthesizing Huygens metasurfaces," *Photonics and Nanostructures-Fundamentals and Applications*, vol. 12, p. 360, 2014.

[47] D. Gabor, "A new microscopic principle," *Nature*, vol. 161, p. 777, 1948.

[48] D. Gabor, "Theory of communication," *Journal of Institution of Electrical Engineers*, vol. 93, p. 329, 1946.

[49] E. Leith and J. Upatnieks, "Reconstructed wavefronts and communication theory," *JOSA*, vol. 52, pp. 1123-1128, 1962.

[50] E. N. Leith and J. Upatnieks, "Wavefront reconstruction with continuous-tone objects,". *JOSA*, vol. 53, p. 1377, 1963.

[51] J. Goodman, *Introduction to Fourier optics*, New York: McGraw-Hill, 2008.

[52] D. R. Smith, O. Yurduseven, L. P. Mancera, P. Bowen, and N. B. Kundtz, "Analysis of a waveguide-fed metasurface antenna," *Physical Review Applied*, vol. 8, no. 5, p. 054048, 2017.

[53] O. Yurduseven, D. L. Marks, J. N. Gollub, and D. R. Smith, "Design and analysis of a reconfigurable holographic metasurface aperture for dynamic focusing in the Fresnel zone," *IEEE Access*, vol. 5, pp. 15055-15065, 2017.

[54] A. Grbic and G. V. Eleftheriades, "Leaky CPw based slot antenna arrays formillimeter-wave applications," *IEEE Transactions on Antennas and Propagation*, vol. 50, p. 1494, 2002.

[55] D. F. Sievenpiper, "Forward and backward leaky wave radiation with large effective aperture from an electronically tunable textured surface," *IEEE Transactions on Antennas and Propagation*, vol. 53, p. 236, 2005.

[56] S. Pandi, C. A. Balanis, and C. R. Birtcher, "Design of scalar impedance holographic metasurfaces for antenna beam formation with desired polarization," *IEEE Transactions on Anten-

nas and Propagation, vol. 63, p. 3016, 2015.

[57] S. Sun, Q. He, S. Xiao, Q. Xu, X. Li, and L. Zhou, "Gradient – index meta – surfaces as a bridge linking propagating waves and surface waves," *Nature Materials*, vol. 11, p. 426, 2012.

[58] O. Yurduseven and D. R. Smith, "Dual – polarization printed holographic multibeammetasurface antenna," *IEEE Antennasand Wireless Propagation Letters*, vol. 16, pp. 2738 – 2741, 2017.

[59] D. R. Smith, V. R. Gowda, O. Yurduseven, S. Larouche, G. Lipworth, Y. Urzhumov, and M. S. Reynolds, "An analysis of beamed wireless power transfer in the Fresnel zone using a dynamic, metasurface aperture," *Journal of Applied Physics*, vol. 121, no. 1, p. 014901, 2017.

[60] O. Yurduseven, D. L. Marks, T. Fromenteze, and D. R. Smith, "Dynamically reconfigurable holographic metasurface aperture for a Mills – Cross monochromatic mic – rowavecamera," *Optics Express*, vol. 26, no. 5, pp. 5281 – 5291, 2018.

[61] O. Yurduseven, P. Flowers, S. Ye, D. L. Marks, J. N. Gollub, T. Fromenteze, B. J. Wiley, and D. R. Smith, "Computational microwave imaging using 3D printed conductive polymer frequency – diverse metasurface antennas," *IET Microwaves, Antennas & Propaga – tion*, vol. 11, no. 14, pp. 1962 – 1969, 2017.

[62] J. N. Gollub, O. Yurduseven, K. P. Trofatter, D. Arnitz, M. F. Imani, T. Sleasman, M. Boyarsky, A. Rose, A. Pedross – Engel, H. Odabasi, and T. Zvolensky, "Large metasurface aperture for millimeter wave computational imaging at the human – scale," *Scientific Reports*, vol. 7, p. 42650, 2017.

[63] O. Yurduseven, V. R. Gowda, J. N. Gollub, and D. R. Smith, "Printed aperiodic cavity for computational and microwave imaging," *IEEE Microwave Wireless Components Letters*, vol. 26, no. 5, pp. 367 – 369, May 2016.

[64] M. C. Johnson, S. L. Brunton, N. B. Kundtz, and J. N. Kutz, "Sidelobe canceling for reconfigurable holographic metamaterial antenna," *IEEE Transactions on Antennas and Propagation*, vol. 63, no. 4, pp. 1881 – 1886, Apr. 2015.

[65] D. F. Sievenpiper, J. H. Schaffner, H. J. Song, R. Y. Loo, and G. Tangonan, "Two – dimensional beam steering using an electrically tunable impedance surface," *IEEE Transactions on Antennas and Propagation*, vol. 51, no. 10, pp. 2713 – 2722, Oct. 2003.

[66] M. Ettorre, R. Sauleau, and L. Le Coq, "Multi – beam multi – layer leaky – wave SIW pillbox antenna for millimeter – wave applications," *IEEE Transactions on Antennas and Propagation*, vol. 59, no. 4, pp. 1093 – 1100, Apr. 2011.

[67] A. Gomez – Torrent, M. Garcfa – Vigueras, L. Le Coq, A. Mahmoud, M. Ettorre, R. Sauleau, and J. Oberhammer, "A low – profile and high – gain frequency beam steering sub – THz antenna enabled by silicon micromachining," *IEEE Transactions on Antennasand Propagation*, vol. 68, no. 2, pp. 672 – 682, Feb. 2020.

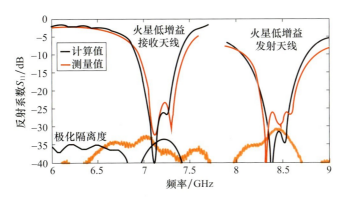

图 2.12 两个火星低增益天线的反射系数(接收和发射天线)以及发射天线和接收天线的隔离度

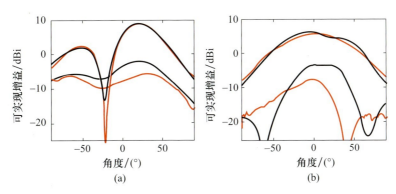

图 2.13 火星低增益接收天线在 7.1675GHz 的辐射方向图
(a)俯仰面;(b)方位面。

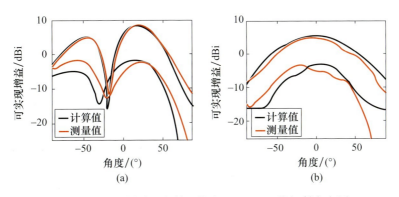

图 2.14 火星低增益发射天线在 8.425GHz 的辐射方向图
(a)俯仰面;(b)方位面。

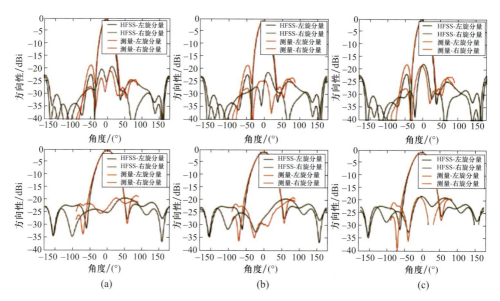

图 2.24 馈源的辐射方向图（顶）俯仰面（底）方位面
(a) $f=8.4\text{GHz}$；(b) $f=8.425\text{GHz}$；(c) $f=8.45\text{GHz}$。

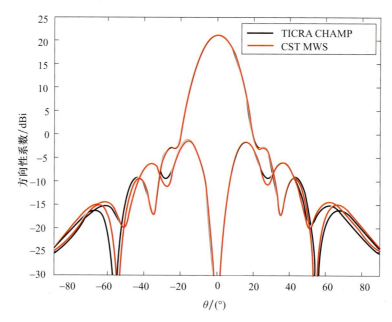

图 3.16 优化后的多张角喇叭馈源的辐射方向图（在 35.75GHz，$\psi_0=15.5°$ 提供了 -11.5dB 的锥销度，辐射方向图取的是 $\varphi=45°$ 平面）

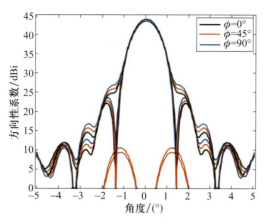

图 3.24 使用 30 个肋拱的散焦效应(副反射器重新聚焦以补偿肋拱的影响,重新聚焦增益为 43.9dBi,散焦增益 = 43.4dBi)

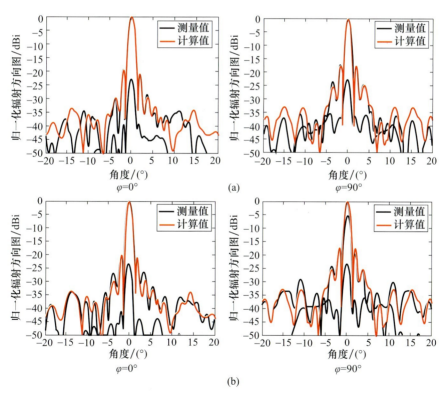

图 3.32 测量和计算的辐射方向图
(a)Gore 形固态非展开反射器天线模型;(b)可展开网状反射面天线。
(图片来源:Chahat 等[24] © 2016 IEEE)

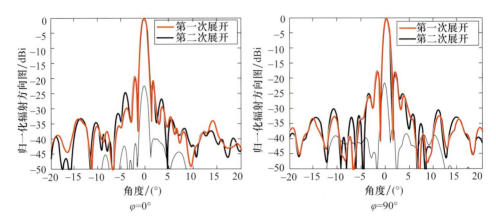

图 3.33　两次展开后方向图比较

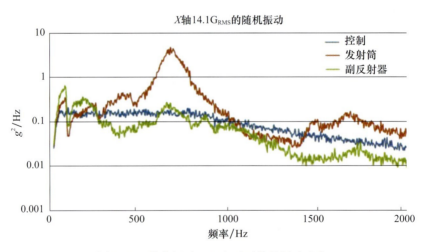

图 3.37　载荷超过 $100G'_s$ 时天线的振动响应

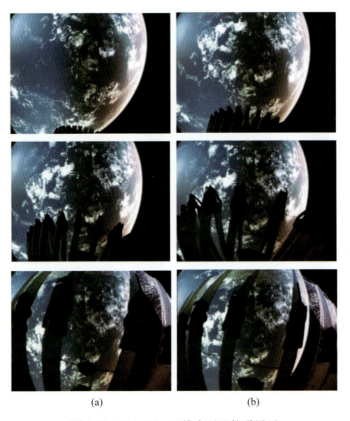

图 3.41 RainCube 天线在近地轨道展开

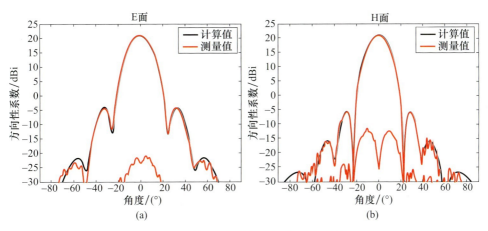

图 4.11 伸缩馈源喇叭在 35.75GHz 的辐射方向图
(a) $\varphi=0°$ 平面；(b) $\varphi=90°$ 平面。

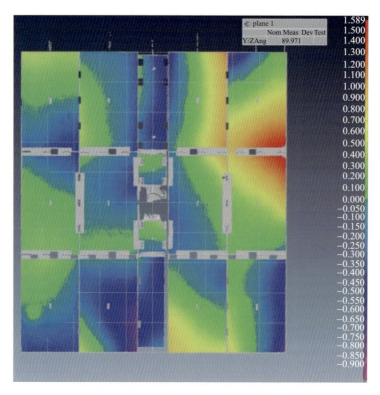

图 4.19　最终调节后的反射阵列表面轮廓,彩条上的单位是 mm

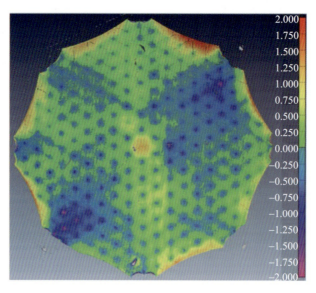

图 5.16　网格反射面表面精度测量,显示 0.38mm 的表面粗糙度

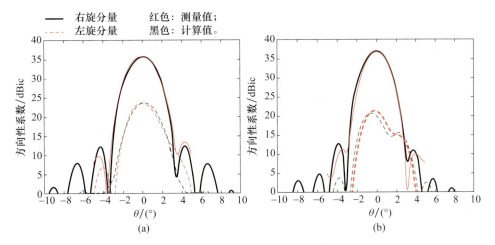

图 5.23　X 波段网状反射面天线辐射方向图

(a) 7.1675GHz；(b) 8.425GHz。

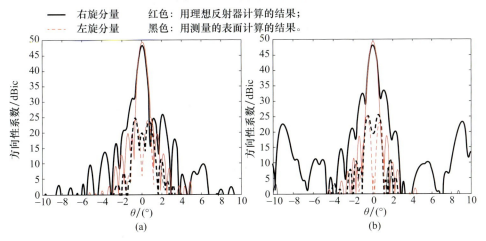

图 5.27　Ka 波段测量的辐射方向图

(a) $\varphi=0°$；(b) $\varphi=90°$。

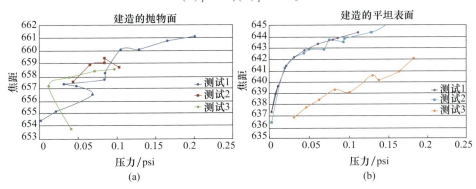

图 6.23　天线变形和天线压力的关系是高度可变的

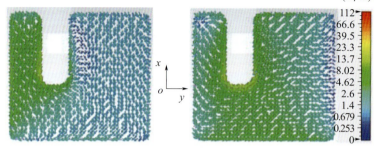

图 7.12 为了验证 7.145GHz 的圆极化,给出了两个不同时刻的单元表面电流矢量仿真结果

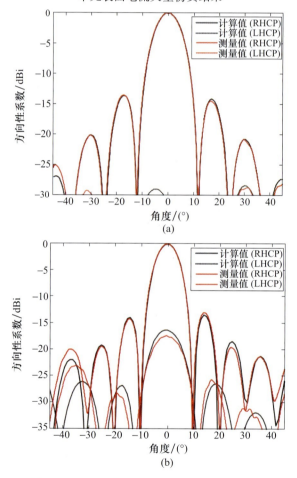

图 7.18 8×8 贴片阵列计算和测量的辐射方向图
(a) 7.1675GHz;(b) 8.425GHz。
RHCP—右旋分量;LHCP—左旋分量。

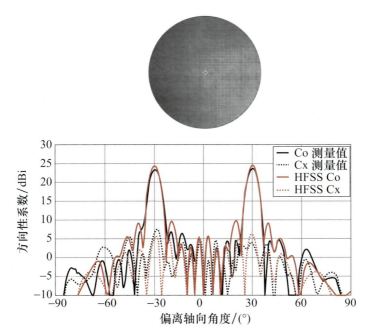

图 8.1 工作于17GHz 具有双波束辐射方向图的共享口径超表面天线以及仿真与实测方向性系数方向图对比结果（图片来源：Faenzi 等[22]．© 2019 John Wiley&Sons 以及 Gonzalez–Ovejero 等[27] © 2017 John Wiley&Sons）

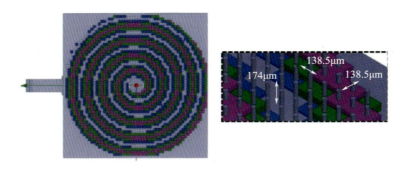

图 8.10 天线口径上超表面的离散化

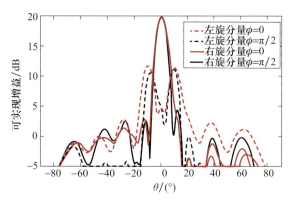

图 8.13　对图 8.10 中天线在两个主平面上计算得到的增益方向图
（主极化分量用实线表示，交叉极化分量用虚线表示）

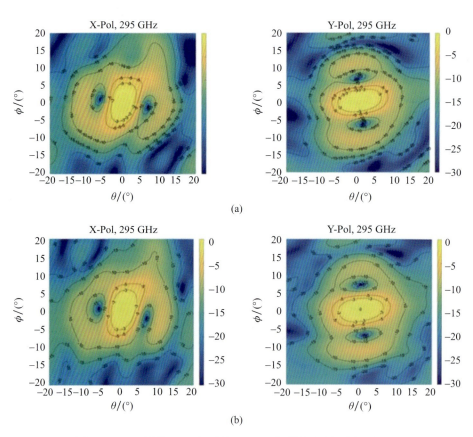

图 8.16　(a)计算；(b)实测的 295GHz 辐射方向图（线性分量）

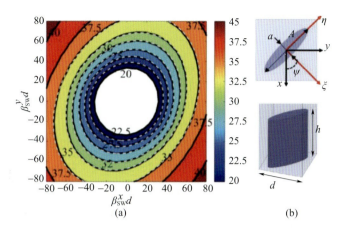

图 8.19 插图中描述的单元格的等频色散等高图
(其中 $d = 1.235\mathrm{mm}, h = 1.525\mathrm{mm}, a = 240\mu\mathrm{m}, A = 1.2\mathrm{mm}$)

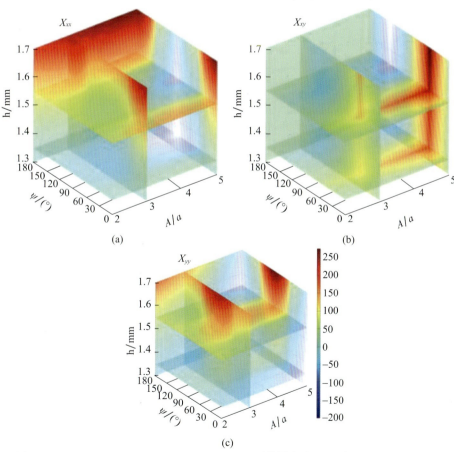

图 8.20 (a)$X_{xx} - X_0$、(b)$X_{xy} - X_0$、(c)$X_{yy} - X_0$ 对旋转角度 ψ、比例 A/a,以及圆柱体高度 h 的函数(仿真频率为 $f_0 = 32\mathrm{GHz}$,单元格边长为 $d = 1.235\mathrm{mm}, X_0 = 0.8\zeta$)

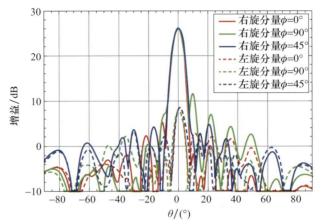

图 8.21　Ka 波段右旋圆极化全金属超表面天线 32GHz 在主平面和对角平面的仿真辐射方向图（实线表示主极化分量，而虚线代表交叉极化分量）

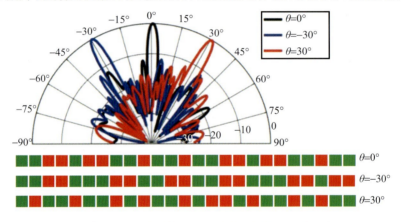

图 8.36　可重构超表面天线的电子控制辐射方向图

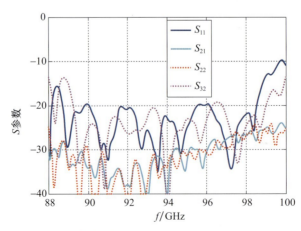

图 8.49　使用金属带作为超表面单元的改进的无源超表面的 S 参数